T0219559

Anschauliche Gruppentheorie

Stephan Rosebrock

Anschauliche Gruppentheorie

Eine computerorientierte geometrische Einführung

3. Auflage

 Springer Spektrum

Stephan Rosebrock
Institut für Mathematik und Informatik
Pädagogische Hochschule Karlsruhe
Karlsruhe, Deutschland

Die Vorauflagen dieses Buches sind unter dem Titel „Geometrische Gruppentheorie" erschienen.

ISBN 978-3-662-60786-2   ISBN 978-3-662-60787-9   (eBook)
https://doi.org/10.1007/978-3-662-60787-9

Die Deutsche Nationalbibliothek verzeichnet diese Publikation in der Deutschen Nationalbibliografie; detaillierte bibliografische Daten sind im Internet über http://dnb.d-nb.de abrufbar.

Planung/Lektorat: Kathrin Maurischat
Springer Spektrum ist ein Imprint der eingetragenen Gesellschaft Springer-Verlag GmbH, DE und ist ein Teil von Springer Nature.
Die Anschrift der Gesellschaft ist: Heidelberger Platz 3, 14197 Berlin, Germany

Gewidmet Felix und Saskia

Numbers measure size, groups measure symmetry.

M. A. ARMSTRONG

Vorwort

Symmetrie ist überall. Blüten, Kristalle, viele Naturphänomene und Artefakte erscheinen uns schön, gerade in ihrer symmetrischen Erscheinung. Man mag sich an dieser Schönheit erfreuen und es bei der Bewunderung dafür bewenden lassen. Hier wird ein systematisierender Zugang zur Symmetrie vorgeschlagen: Sie soll so weit und so allgemein wie möglich mathematisch verstehbar gemacht werden.

Im engeren Sinn geht es im vorliegenden Buch um Gruppentheorie. Man kann Gruppen als algebraische Objekte auffassen, die die Symmetrie von geometrischen Objekten beschreiben. Das wird hauptsächlich der im Folgenden eingenommene Blickwinkel sein, und somit ist dieses Buch auch ein Buch über Geometrie. Gruppen beschreiben Symmetriephänomene algebraisch – man rechnet mit Spiegelungen, Drehungen usw. allgemein mit Abbildungen von Räumen auf sich.

In der Gruppentheorie lassen sich Definitionen und Sätze oft sehr knapp formulieren. Der Aufbau der Gruppentheorie ist klar und logisch, und so wurde sie auch vor nicht allzu langer Zeit in der Regel gelehrt: viele Definitionen und Sätze mit Beispielen versehen. Dieser abstrakte Aufbau der Gruppentheorie ist aber weder genetisch fundiert, noch ist es der strukturell einfachste. Jedes Lernen von neuem mathematischem Stoff, sei es bei Kindern oder bei Erwachsenen, muss an Vorwissen anknüpfen – bekanntlich heißt Lernen, Neues in Bekanntes sinnvoll zu integrieren bzw. Wissensstrukturen dann neu zu organisieren, wenn die Lerngegenstände es erfordern. Für die Gruppentheorie eignet sich die Geometrie als Anschauungsfeld in hervorragender Weise. Spiegelungen und manchmal auch Drehungen sind bekannt, sie sind bereits Stoff in der Grundschule und jedem Studierenden vertraut. Viele Bücher nehmen dagegen ein Großteil ihres Beispielmaterials aus dem Bereich der Matrixgruppen. Matrizen sind Thema in den ersten beiden Semestern eines Mathematikstudiums, doch oft ist der Begriff der Matrix und der linearen Abbildung bei Anfängern im Bereich Gruppentheorie noch nicht so gefestigt, dass Matrixgruppen als Beispiele anschaulich werden können. Matrixgruppen finden sich daher im vorliegenden Band erst im Anhang. Erst dort werden Kenntnisse der linearen Algebra vorausgesetzt.

Hinzu kommen zwei weitere Schwierigkeiten für den Gruppentheorieanfänger: Im schulischen Mathematikunterricht werden die Schülerinnen und Schüler im Allgemeinen 13 Jahre lang ausschließlich mit abelschen Operationen konfrontiert – das obwohl man sogar in einer 5. Hauptschulklasse und in der Grundschule meiner

Erfahrung nach so sinnvoll wie erfolgreich Anfänge von Gruppentheorie betreiben kann. Anfängerstudierenden ist also in der Regel das nichtabelsche Denken aufgrund ihrer Schulkarriere fern und fällt ihnen entsprechend schwer. Zudem arbeitet man in der Schule und am Anfang des Studiums in der Mathematik mit konkreten Objekten (Zahlen, Funktionen, Matrizen,...), Lernende müssen meist etwas ausrechnen. In der Gruppentheorie wird dagegen axiomatisch vorgegangen: „Stell' dir eine Menge vor, die das und das erfüllt". Dieses Vorgehen stellt bei der gegenwärtigen Sozialisation in mathematisches Denken höhere Ansprüche an die Abstraktionsfähigkeit.

Nun hat die Geometrie in der Gruppentheorie aber nicht nur hohen didaktischen Wert; auch moderne Entwicklungen in der Gruppentheorie zeigen in diese Richtung. Der Satz von Švarc-Milnor, die hyperbolischen Gruppen von Gromov usw. deuten Gruppen über ihre Operationen auf geometrischen Räumen; mehr noch: Die Gruppen selbst werden (über ihre Cayley-Graphen) zum geometrischen Objekt. Das ist eine fundamental andere Sicht von Gruppen, die sich seit den letzten 15 Jahren langsam durchsetzt und ihrerseits an Arbeiten von Max Dehn und anderen vom Anfang des zwanzigsten Jahrhunderts anknüpft. Grundideen sind bereits im sogenannten „Erlanger Programm" von Felix Klein aus dem Jahr 1872 zu finden, in dem er vorschlägt, Gruppen zur Klassifikation von Geometrien zu verwenden (siehe Abschnitt 9.1). Diese „neue" Sicht von Gruppentheorie ist in der Literatur bisher fast nur in neueren Forschungsaufsätzen zu finden.

Diese Entwicklungen im Bereich der Theorie und grundsätzliche mathematikdidaktische Methodenreflexionen haben mich zu dem vorliegenden Band angeregt. Erstens sollte eine leicht verständliche Einführung für alle, die Gruppentheorie lernen wollen, entstehen. Er enthält deshalb die wesentlichen Grundlagen, die man zum Basiswissen Gruppentheorie rechnen kann, ohne viel mehr vorauszusetzen als die elementare Geometrie der Sekundarstufe I und Grundkenntnisse über Funktionen (injektiv, surjektiv, bijektiv). Dabei liegt der Schwerpunkt auf der Deutung einer Gruppe als Menge von Abbildungen, die auf einem Raum operieren, ohne jedoch den allgemeinen Fall einer abstrakt gegebenen Gruppe außer Acht zu lassen. Zum Zweiten soll das Buch in die modernen mathematischen Entwicklungen der Gruppentheorie einführen. Auch hier wird möglichst elementar vorgegangen. Es ist freilich nicht zu vermeiden, dass der Text in den hinteren Kapiteln schwieriger zu lesen ist als im vorderen Teil. Trotzdem sind einige zentrale mathematische Inhalte so weit elementarisierbar, dass sie sich nahtlos an die ersten Kapitel anschließen lassen. Drittens lernt man in diesem Buch einiges über Geometrie. Die Struktur der euklidischen und hyperbolischen Ebene ebenso wie die der 2-Sphäre wird durch ihre Isometrien untersucht. Es ergibt sich ein tieferes Verständnis der Symmetrieeigenschaften bekannter Räume, wie zum Beispiel der regulären Polyeder. Schließlich werden viele Beispiele mit dem frei erhältlichen Gruppentheorieprogramm GAP umgesetzt. Gruppen sind für viele Anfänger etwas so Abstraktes, dass ihnen jede Konkretisierung weiterhelfen kann. GAP ebenso wie die geometrische Veranschaulichung leisten das. Es ist mit der fortschreitenden Computertechnik für mathematisch Interessierte sicherlich sinnvoll, den Umgang mit einem Algebraprogramm zu lernen – das geschieht beim Lesen des Textes gewissermaßen nebenbei.

Das Buch wendet sich an Bachelor-, Master- und Lehramtsstudierende der Mathematik und Naturwissenschaften, die zum ersten Mal mit Gruppentheorie in Berührung kommen. Ebenso ist es aber für Studierende und Wissenschaftler gedacht, die sich in die modernen geometrischen Aspekte der Gruppentheorie hineinlesen wollen.

Im ersten Kapitel wird die Geometrie behandelt, soweit sie für die weiteren Kapitel notwendig ist. Es geht um Isometrien und ihre Notation, Permutationen sowie die Hintereinanderausführung von Isometrien. Im zweiten und dritten Kapitel werden die Grundlagen der Gruppentheorie so geometrisch wie möglich gelegt. Insbesondere dieser Teil ist dabei so geschrieben, dass man sich auch im Selbststudium, ohne begleitende Vorlesung, den Stoff aneignen kann.

Im vierten Kapitel werden bei der Einführung der symmetrischen und alternierenden Gruppe erstmals Permutationen abstrakt, ohne Bezug zur Geometrie, betrachtet. Hier wird formalisiert, was in Kapitel 2 und 3 schon geometrisch gemacht wurde: Gruppen operieren auf Mengen. Im Abschnitt 4.6 wird an einem Beispiel der Satz von ŠVARC-MILNOR erläutert. Eine präzise Formulierung dieses Satzes findet sich in Kapitel 10. Hier, wie an vielen anderen Stellen, wird ein methodisches Konzept des Buchs deutlich: Die Ideen, die hinter den betreffenden Sachverhalten stehen, werden anhand von Beispielen vor der präzisen mathematischen Formulierung dargestellt. In Kapitel 5 wird die Darstellung einer Gruppe durch Erzeugende und Relationen behandelt. In engem Zusammenhang damit stehen die von Max Dehn am Anfang des zwanzigsten Jahrhunderts formulierten Entscheidungsfragen. Im darauffolgenden sechsten Kapitel werden Produkte von Gruppen thematisiert. Präsentationen von direkten, freien und semidirekten Produkten von Gruppen werden entwickelt. Das Kapitel endet mit einer Übersicht über die Translationsuntergruppen diskontinuierlicher Gruppen der Ebene.

Kapitel 7 behandelt endliche Gruppen. Die klassischen Sylow-Sätze werden, der Idee des Buches folgend, über Operationen von Gruppen bewiesen. In Abschnitt 7.5 werden die regulären Zerlegungen der 2-Sphäre systematisch analysiert.

Kapitel 9 widmet sich der hyperbolischen Geometrie und den Gruppen, die auf der hyperbolischen Ebene operieren. Knapp wird der axiomatische Ansatz der Geometrie behandelt, um dann einige intuitive geometrische Vorstellungen von hyperbolischer Geometrie bei den Lesern und Leserinnen zu erzeugen. Abschließend werden Zerlegungen der hyperbolischen Ebene betrachtet und Präsentationen ihrer Symmetriegruppen angegeben.

In Kapitel 10 werden die aus dem vorigen Kapitel gewonnenen Vorstellungen und Erkenntnisse auf den Cayley-Graphen einer Gruppe angewendet und ausgebaut. Hier wird die Idee der Quasiisometrie und der hyperbolischen Gruppen erläutert und einer der wesentlichen Sätze aus der Theorie der hyperbolischen Gruppen bewiesen, nämlich die Existenz einer linearen isoperimetrischen Ungleichung für hyperbolische Gruppen. Am Ende des Buches können nicht mehr alle Hilfsmittel bewiesen werden; das würde den Rahmen des Projekts sprengen. Es werden aber die jeweils leitenden Ideen und Methoden deutlich gemacht.

Im Anschluss an die meisten Abschnitte finden sich Übungsaufgaben. Dort wird dazu angeregt, die gewonnenen Erkenntnisse durch aktives Umsetzen zu vertiefen. Lösungshinweise, manchmal auch die ganzen Lösungen, sind im Anhang aufgeführt. Natürlich verderben sich die Leserinnen und Leser die Chance auf Selbstevaluation, wenn sie hinten nachschauen, ohne die Aufgaben zunächst eigenständig anzugehen! Wenn Sie Fehler, Defizite oder Verbesserungsvorschläge anmerken können, bitte ich um Nachricht unter `rosebrock@ph-karlsruhe.de` .

Abschließend ist es mir ein Bedürfnis, mehreren Leuten meinen Dank auszusprechen. Als Erstes ist hier sicher Frau Dr. CYNTHIA HOG-ANGELONI zu nennen. Ohne ihre Hilfe wäre es mir nicht möglich gewesen, das nun vorliegende Buch zu verwirklichen. Sie hat mich von Anfang an bei meinem Vorhaben begleitet. Frau Dr. HOG-ANGELONI hat für jedes der Kapitel mit mir die Thematik, ihre Konzeptualisierung und Methodisierung diskutiert und im Anschluss so manchen Fehler gefunden. Ihr danke ich besonders nachdrücklich. Frau ANNA SCHILL hat die ersten drei Kapitel gelesen und sich dabei in ein ihr fremdes Gebiet eingearbeitet. Sie hat mich auf viele Stellen hingewiesen, die dank ihrer Hilfe lesbarer gemacht werden konnten. Ich danke außerdem ULRIKE KRELL für die Erstellung der Abbildungen 7.3 und 9.10, HANNO REHN für Abbildung 9.9 und SASKIA ROSEBROCK für die Mithilfe bei der Nachbearbeitung der Abbildungen, Prof. Dr. WOLFGANG METZLER, STEPHANIE GINAIDI und HOLGER BLASUM für inhaltliche Anregungen und Prof. Dr. CORNELIA ROSEBROCK für sprachliche Korrekturen.

Friedrichstal, 21. März 2004   Stephan Rosebrock

Vorwort zur 2. Auflage

Die zweite Auflage gibt mir Gelegenheit, nochmals einiges zu überarbeiten. An vielen Stellen gibt es kleinere Änderungen, manches ist deutlich erweitert worden. Im Kapitel über endliche Gruppen werden zum Beispiel jetzt die endlichen Gruppen (sehr) kleiner Ordnung klassifiziert.
Schließlich hatten sich in die 1. Auflage, trotz sorgfältigen Lesens, ein paar kleinere Fehler eingeschlichen, die jetzt eliminiert werden konnten. Ich danke allen, die mich auf Fehler aufmerksam gemacht haben.

Friedrichstal, 9. November 2009   Stephan Rosebrock

Vorwort zur 3. Auflage

Es gab einige Änderungen zur 3. Auflage. Zunächst passt der neue Titel besser in
die heutige Zeit. Die Konjugation, die bisher etwas spartanisch behandelt wurde,
hat jetzt einen eigenen Abschnitt 4.3. Ein weiterer neuer Abschnitt 7.6 behandelt
einen Satz zum Zählen von Bahnen. Ein neues Kapitel 8 widmet sich der Klassifikation der endlich erzeugten abelschen Gruppen und den auflösbaren Gruppen. An
vielen Stellen im Buch gab es Ergänzungen, neue Theoreme, Beispiele und Übungsaufgaben. Die Schreibweise für Präsentationen und Erzeugendensysteme wurde von
$< >$ zu dem inzwischen gebräuchlichen $\langle \rangle$ geändert. Für die Isomorphie zwischen
Gruppen wurde das Zeichen $\cong$ eingeführt. Das Zeichen für *Teilmenge* wurde von
$\subseteq$ zu $\subset$ geändert.
Inhaltliche Fehler wurden in der 2. Auflage nur wenige gefunden und hier verbessert.

Ich danke Frau Maurischat, Frau Groth und Frau Strasser, die das Projekt beim
Springer-Verlag geduldig und mit viel Engagement begleitet haben.

Karlsruhe, 3. Dezember 2019   Stephan Rosebrock

Inhaltsverzeichnis

Kapitel 1

Einführung in die euklidische Geometrie

Im ersten Kapitel geht es noch nicht um Gruppen. Hier wird Bekanntes aus der Schule wiederholt, wie zum Beispiel Spiegelungen und Drehungen, und formalisiert. Darüber hinaus werden solche Abbildungen hintereinander ausgeführt, sodass wir mit ihnen rechnen können. Zusätzlich beweisen wir ein paar Sätze der euklidischen Geometrie, die uns die Struktur der euklidischen Ebene und höherdimensionaler Räume klarer machen. Wir wollen hier Geometrie in einer Weise verstehen, die es uns ermöglicht, sie algebraisch zu fassen.

1.1 Isometrien

Stellen wir uns vor, wir hätten ein gleichseitiges Dreieck aus Holz gegeben. Wenn wir es in den Händen halten, können wir es um 120 Grad oder um 240 Grad drehen und haben es wieder exakt in derselben Position in der Hand. Wir können es aber auch umklappen, wobei wir eine der drei Ecken festhalten. Umklappen geht also auf drei Weisen, je nachdem, welche Ecke wir festhalten.

Etwas formaler: Wie können wir ein gleichseitiges Dreieck auf sich abbilden? Da gibt es die Identität id, die jeden Punkt auf sich abbildet. Wir können das Dreieck auch an einer Geraden durch eine Ecke und den Mittelpunkt der gegenüberliegenden Kante spiegeln (das entspricht dem Umklappen oben). Von diesen Geraden gibt es drei, in Abbildung 1.1 mit a, b, c bezeichnet.
Spiegeln wir beispielsweise an a, so wird der Punkt 1 auf den Punkt 2 abgebildet, und 3 wird auf sich abgebildet. Die Abbildung, die durch Spiegelung an a gegeben ist, heiße s_a. Es gilt also: $s_a(1) = 2$, $s_a(2) = 1$ und $s_a(3) = 3$.
Gibt es weitere Abbildungen dieses Dreiecks auf sich? Wir können das Dreieck um seinen Mittelpunkt gegen den Uhrzeigersinn drehen, und zwar entweder um

© Springer-Verlag GmbH Deutschland, ein Teil von Springer Nature 2020
S. Rosebrock, *Anschauliche Gruppentheorie*,
https://doi.org/10.1007/978-3-662-60787-9_1

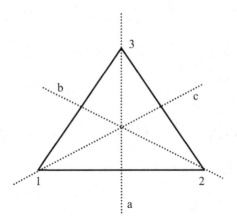

Abbildung 1.1: Ein gleichseitiges Dreieck

120 Grad oder um 240 Grad. Nennen wir diese Drehungen d_{120} und d_{240}. Weitere Drehungen des Dreiecks gibt es nicht: Eine Drehung um 360 Grad ist dasselbe wie eine Drehung um 0 Grad, denn wir betrachten Abbildungen des Dreiecks auf sich, und als Abbildung gesehen ist eine Drehung um 0 Grad dasselbe wie eine Drehung um 360 Grad. Bei beiden Abbildungen wird der Punkt 1 auf den Punkt 1 abgebildet, 2 auf 2 und 3 auf 3.

Es ergibt sich also für die Menge der Abbildungen des regulären Dreiecks auf sich:

$$D_3 = \{id, d_{120}, d_{240}, s_a, s_b, s_c\}$$

Mehr Abbildungen des Dreiecks auf sich gibt es nicht: Bei jeder solchen Abbildung wird nämlich Eckpunkt auf Eckpunkt abgebildet. Die Eckpunkte werden also permutiert (vertauscht). Es gibt aber nur 6 Permutationen von 3 Punkten und eine gegebene Permutation der Eckpunkte legt die gesamte Abbildung fest.

Die Abbildungen aus D_3 bilden nicht nur das Dreieck auf sich ab, sondern sogar die ganze Ebene auf sich, wenn wir uns das Dreieck in der Ebene gegeben denken. Alle Abbildungen in D_3 sind *längenerhaltend*: Werden zwei Punkte A und B mit Abstand r mit einer Abbildung $f \in D_3$ abgebildet, so haben auch $f(A)$ und $f(B)$ den Abstand r. Jede Strecke wird durch eine längenerhaltende Abbildung auf eine Strecke gleicher Länge abgebildet.

Als *Ebene* bezeichnen wir hier die *euklidische Ebene*, also die Menge aller Punkte von $\mathbb{R} \times \mathbb{R} = \{(x, y) \mid x, y \in \mathbb{R}\}$, in der sich Abstände nach dem Satz des Pythagoras messen lassen: Zu Punkten $P_1 = (x_1, y_1)$ und $P_2 = (x_2, y_2)$ ist ihr Abstand definiert als

$$d_e(P_1, P_2) = \sqrt{(x_1 - x_2)^2 + (y_1 - y_2)^2}.$$

Definition 1.1 *Eine (ebene)* Isometrie *(oder auch eine* Bewegung*) ist eine längenerhaltende bijektive Abbildung der Ebene auf sich.*

Isometrien erhalten nicht nur Längen, sondern auch Winkel, wie man sich leicht klarmacht. Isometrien bilden immer Geraden in Geraden ab.

Typische Beispiele von Isometrien sind folgende:

- Hat man in der Ebene eine feste Gerade a ausgezeichnet, so ist die *Spiegelung* s_a an a eine Isometrie.

- Eine *Drehung* um einen bestimmten Punkt mit einem bestimmten Winkel gegen den Uhrzeigersinn ist eine Isometrie. Bei jeder Drehung bleiben nämlich die Abstände zweier Punkte erhalten.

- Ebenso ist eine *Translation*, also eine Verschiebung der Ebene um einen festen Betrag in eine feste Richtung, eine Isometrie. Jeder Punkt der Ebene wird um denselben Betrag in dieselbe Richtung bewegt. Eine Translation lässt sich durch einen Vektor beschreiben, dessen Länge der Betrag der Translation ist und dessen Richtung die Translationsrichtung anzeigt.

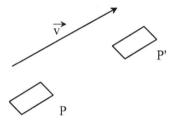

Abbildung 1.2: Translation

In Abbildung 1.2 verschiebt der Vektor $\vec{v}$ die gesamte Ebene in die vorgegebene Richtung um seine Länge. Unter dieser Abbildung t_v wird beispielsweise das Parallelogramm P auf P' abgebildet.

- Eine *Gleitspiegelung* ist eine Spiegelung gefolgt von einer Translation in Richtung der Spiegelachse. Diese Spiegelachse heißt *Gleitspiegelachse* oder *Achse der Gleitspiegelung*. Stellt man sich das *Bandornament* (also eine unendlich lange, sich stets wiederholende Figur. Eine genaue Definition findet sich auf Seite 127) von Abbildung 1.3 in beide Richtungen unendlich fortgesetzt vor,

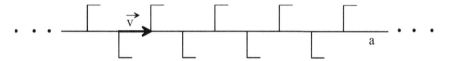

Abbildung 1.3: Bandornament

so ist die Abbildung, die aus der Spiegelung an a gefolgt von der Translation mit dem Vektor $\vec{v}$ besteht, eine Gleitspiegelung, die das Bandornament auf sich abbildet.

Beispiel 1.2 *Wir betrachten die Zerlegung der Ebene in Quadrate von Abbildung 1.4. Translationen in senkrechter und waagerechter Richtung um ganzzahlige Vielfache der Kästchenbreite sind* Symmetrien *dieser Zerlegung, bilden also die Zerlegung auf sich ab.*

Weitere solche Symmetrien sind Spiegelungen an allen eingezeichneten Geraden, an allen Diagonalen und Senkrechten auf den Seitenmitten der Quadrate. Drehungen um 90, 180 und 270 Grad lassen sich um alle Kreuzungspunkte von Geraden und um Mittelpunkte von Quadraten durchführen. Um die Mittelpunkte von Randkanten von Quadraten kann man um 180 Grad drehen. Es gibt auch noch Gleitspiegelungen: Die zugehörigen Achsen verlaufen durch die Mittelpunkte benachbarter Kanten eines Quadrats.

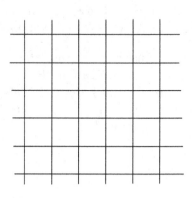

Abbildung 1.4: Zerlegung der Ebene in Quadrate

Natürlich ist auch die *identische Abbildung*, die wir mit *id* bezeichnen, also die Abbildung, die jeden Punkt der Ebene auf sich abbildet, eine Isometrie. Wir können *id* auch als Drehung um 0 Grad (*triviale Drehung*) oder als Translation mit einem Translationsvektor der Länge 0 (*triviale Translation*) auffassen. Deswegen brauchen wir die Identität nicht separat aufzuführen. Auch die in der Schule oft behandelte *Punktspiegelung* muss als Isometrie der Ebene nicht extra erwähnt werden. Eine Spiegelung am Punkt P in der Ebene ist dasselbe wie eine Drehung um 180 Grad um den Punkt P.

Im Anhang wird bewiesen, dass es nur die oben genannten 4 Typen ebener Isometrien (Translation, Drehung, Spiegelung und Gleitspiegelung) gibt.

Aufgaben

1. Welche Isometrien bilden eine Zerlegung der Ebene in kongruente gleichseitige Dreiecke auf sich ab?

2. Beschreiben Sie alle Isometrien eines regulären n-Ecks in der Ebene.

3. Zeichnen Sie ein Bandornament, das eine Spiegelung, aber keine Drehungen zulässt.

1.2 Figuren und Permutationen

Definition 1.3 *Eine* Figur *ist eine Teilmenge der Ebene.*

Zum Beispiel ist ein *reguläres n-Eck*, also ein n-Eck mit gleich großen Innenwinkeln und gleich langen Kanten, eine Figur. Ebenso ist das Bandornament aus Abbildung 1.3 eine Figur.

Definition 1.4 *Eine* Deckabbildung *einer Figur ist eine Isometrie der Ebene, die die Figur auf sich abbildet.*

Oben haben wir bereits die Menge der Deckabbildungen eines regulären Dreiecks gefunden: $D_3 = \{id, d_{120}, d_{240}, s_a, s_b, s_c\}$ mit der Identität, 2 Drehungen und 3 Spiegelungen.

Jede Figur hat die Identität id als Deckabbildung. Es gibt Figuren, die keine weiteren Deckabbildungen zulassen. Je mehr Deckabbildungen eine Figur zulässt, umso symmetrischer erscheint sie dem Betrachter. So gesehen ist der Kreis sehr symmetrisch. Jede Gerade durch den Kreismittelpunkt ist Spiegelachse. Außerdem kann man um jeden Winkel um den Mittelpunkt des Kreises drehen.

Als weiteres Beispiel betrachten wir die Raute aus Abbildung 1.5. Außer der Identität können wir an a oder b spiegeln und die Raute um ihren Mittelpunkt um 180 Grad drehen, d.h.:

$$R = \{id, s_a, s_b, d_{180}\}$$

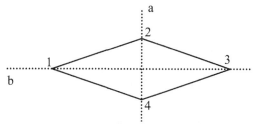

Abbildung 1.5: Raute

Es gibt eine praktische Notation für viele Isometrien in der Ebene. Dazu machen wir uns klar, dass bei jeder Isometrie eines regulären n-Ecks (und bei vielen anderen Figuren auch) allein durch die Angabe der Bilder der Eckpunkte bereits die gesamte Abbildung bestimmt ist. Zum Beispiel bildet die Abbildung $s_a \in D_3$ den Punkt 1 auf den Punkt 2 und den Punkt 2 auf den Punkt 1 ab und lässt 3 fix (siehe Abbildung 1.1).

Wir benutzen die *Permutationsschreibweise*, in unserem Beispiel $s_a \simeq (1,2)(3)$. In jedem Klammerpaar wird ein Punkt auf den Punkt abgebildet, der ihm folgt. Die Klammern werden zyklisch gelesen. Also wird die letzte Zahl in einem Klammerpaar auf die erste abgebildet. Die erste Klammer sorgt in $s_a \simeq (1,2)(3)$ dafür, dass die 1 auf die 2 und die 2 auf die 1 abgebildet wird, und die zweite Klammer bedeutet, dass die 3 fest bleibt. Die Spiegelung an der Geraden a ist natürlich nicht dasselbe wie die Permutation $(1,2)(3)$, in der nur Zahlen vertauscht werden. Das Zeichen $\simeq$ soll andeuten, dass $(1,2)(3)$ die Spiegelung s_a beschreibt. Das gilt natürlich nur dann, wenn die Ecken des Dreiecks nummeriert sind wie in Abbildung 1.1.

Für die Identität gilt $id \simeq (1)(2)(3)$. Es gilt $d_{120} \simeq (1,2,3)$, also wird die 1 auf die 2, die 2 auf die 3 und die 3 auf die 1 abgebildet. Statt $s_b \simeq (1,3)(2)$ schreiben wir auch $s_b \simeq (1,3)$ und lassen also die Punkte, die festbleiben, weg. Mit dieser Kurznotation dürfen wir $id \simeq ()$ schreiben.

Da die Klammern zyklisch zu lesen sind, gilt: $(1,2,3) = (3,1,2) = (2,3,1)$. Insgesamt können wir die Isometrien des regulären Dreiecks also beschreiben durch:

$$D'_3 = \{(), (1,2,3), (1,3,2), (1,2), (1,3), (2,3)\}$$

Eine Beschreibung der Isometrien der Raute ergibt sich analog:

$$R' = \{(), (1,3), (2,4), (2,4)(1,3)\}$$

Die Drehung um 180 Grad um den Mittelpunkt der Raute lässt sich durch $(2,4)(1,3)$ beschreiben, was keinesfalls mit $(2,4,1,3)$ zu verwechseln ist. Die letzte Permutation kommt nicht von einer Isometrie der Raute. Eine *Permutation* ist eine bijektive Abbildung einer Menge auf sich, und mit der Permutationsschreibweise kann man Permutationen endlicher Mengen beschreiben.

Wir wollen nun Isometrien miteinander verknüpfen und Eigenschaften dieser Verknüpfung studieren. Die Verknüpfung (*Hintereinanderausführung*) zweier längenerhaltender Bijektionen ist wieder eine längenerhaltende Bijektion. Verknüpfen wir also 2 Elemente aus D_3 (d.h. führen wir die zugehörigen Abbildungen hintereinander aus), so muss sich ein drittes aus D_3 ergeben. Man sagt, *die Menge D_3 ist bezüglich Hintereinanderausführung abgeschlossen*. Ebenso ist die Addition ganzer Zahlen abgeschlossen, denn die Summe zweier ganzer Zahlen ist wieder eine ganze Zahl.

Die Hintereinanderausführung von Isometrien wird oft in Permutationsschreibweise beschrieben. Wir führen als Beispiel erst s_a und dann s_b aus, also die Isometrie $s_b \circ s_a$. Wir verfolgen die Bilder der Eckpunkte unter dieser Isometrie:

$s_a(1) = 2$ und $s_b(2) = 2$. Also ist $s_b \circ s_a(1) = 2$.
$s_a(2) = 1$ und $s_b(1) = 3$. Also ist $s_b \circ s_a(2) = 3$.
$s_a(3) = 3$ und $s_b(3) = 1$. Also ist $s_b \circ s_a(3) = 1$.

Insgesamt gilt also $s_b \circ s_a \simeq (1,2,3) \simeq d_{120}$.

Man kann die Isometrien s_a und s_b auch in ihrer Permutationsschreibweise notieren und direkt die Bilder der Eckpunkte verfolgen:

$s_b \circ s_a \simeq (1,3) \circ (1,2) = (1,2,3)$

Hier ist eine gewisse Vorsicht angebracht: Wir halten uns an die Konvention, die Produkte von rechts auszuwerten, also heißt $y \circ x$ erst x und dann y. In der Literatur findet man beide Leserichtungen, und beide haben Vor- und Nachteile. Vorteil unserer Konvention ist, dass wir Isometrien verknüpfen können, wie bei Funktionen üblich.

Häufig taucht die Frage auf, ob die Spiegelachsen mitgespiegelt werden. Das ist nicht der Fall. Also bleibt bei der Isometrie $s_b \circ s_a$ bei der Spiegelung an a die Spiegelgerade b an ihrem ursprünglichen Platz.

Einige weitere Beispiele:
$d_{120} \circ d_{120} = d_{120}^2 \simeq (1,2,3) \circ (1,2,3) = (2,1,3) \simeq d_{240}; \; d_{120}^3 = id;$

$$s_a \circ s_b \simeq (1,2) \circ (1,3) = (1,3,2) \simeq d_{240} \neq s_b \circ s_a$$

Die Hintereinanderausführung von Isometrien ist also im Allgemeinen nicht kommutativ! Das ist anders als bei der Addition oder Multiplikation ganzer Zahlen, bei denen immer das Kommutativgesetz gilt.

Die Menge der Deckabbildungen einer beliebigen Figur sind stets abgeschlossen bezüglich ihrer Hintereinanderausführung: Eine Isometrie, die eine gegebene Figur festlässt, verknüpft mit einer weiteren Isometrie, die dieselbe Figur festlässt, lässt insgesamt die Figur fest.

Die identische Abbildung id verhält sich bezüglich Hintereinanderausführung wie die 0 bezüglich Addition: Verknüpft man eine beliebige Isometrie g mit der Identität, so erhält man wieder g. Die Identität id ist *neutrales Element* bezüglich Hintereinanderausführung.

Verknüpfen wir eine Spiegelung mit der Drehung der Raute:

$$s_a \circ d_{180} \simeq (1,3) \circ (2,4)(1,3) = (2,4)(1)(3) = (2,4) \simeq s_b$$

Zu jeder Isometrie ist die Abbildung, die diese Isometrie rückgängig macht, bijektiv und längenerhaltend und daher auch eine Isometrie. Es gibt also zu jeder Isometrie eine weitere, so dass die Hintereinanderausführung der beiden Isometrien die Identität ergibt. Zu jeder Isometrie gibt es die sogenannte *inverse Isometrie*.

Um beispielsweise eine beliebige Spiegelung rückgängig zu machen, spiegelt man an derselben Geraden noch einmal. In D_3 gilt also $s_a \circ s_a = s_a^2 = id$. Es gilt $d_{120} \circ d_{240} = id$. Die Inverse zur Isometrie f wird mit f^{-1} bezeichnet. Es ist also $s_a^{-1} = s_a$ und $d_{120}^{-1} = d_{240}$.

Bezüglich Addition gibt es in den natürlichen Zahlen keine Inversen. Man kann zu einer gegebenen natürlichen Zahl keine weitere finden, so dass die Summe 0 wird. In den ganzen Zahlen gibt es aber Inverse: Das Inverse der 7 ist die -7 und das Inverse der -26 ist die 26.

Aufgaben

1. Welche Deckabbildungen lässt ein Rechteck und welche ein Parallelogramm zu?

2. Was ergibt die Hintereinanderausführung zweier Spiegelungen mit senkrecht zueinander stehenden Spiegelachsen a, b? Gilt in dem Fall $s_a \circ s_b = s_b \circ s_a$?

3. Geben Sie eine unendliche Figur an, die eine Translation, aber keine Spiegelung oder Gleitspiegelung als Deckabbildung zulässt.

1.3   Struktur von Isometrien

Sei F_n ein reguläres n-Eck in der Ebene (z.B. das reguläre Dreieck aus Abbildung 1.1 oder das Quadrat aus Abbildung 1.6). Welche Deckabbildungen lässt F_n zu? Jede Figur hat die Identität als Deckabbildung. Das n-Eck lässt Drehungen um $k * 2\pi/n$ für k von 1 bis $n-1$ zu. Fassen wir die Identität als Drehung um 0 Grad auf, so haben wir Drehungen um

$$0, \ \frac{2\pi}{n}, \ 2\frac{2\pi}{n}, \ 3\frac{2\pi}{n}, \ldots, \ (n-1)\frac{2\pi}{n}.$$

Wir können natürlich noch weiterdrehen, bekommen dann aber keine neuen Abbildungen. Eine Drehung um $n * 2\pi/n = 2\pi$ entspricht der Identität, und eine Drehung um $(n+3) * 2\pi/n$ entspricht derselben Abbildung wie eine Drehung um $3 * 2\pi/n$. Die 4 Drehungen des Quadrats aus Abbildung 1.6 lauten in Permutationsschreibweise $\{(), (1,2,3,4), (1,3)(2,4), (1,4,3,2)\}$.

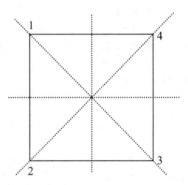

Alle Drehungen erhalten die *Orientierung*, d.h., sie erhalten die zyklische Ordnung der Eckpunkte, abgelesen gegen den Uhrzeigersinn. Bis auf die zyklische Ablesung lauten die 4 Eckpunkte des Quadrats nach einer Drehung immer noch 1

Abbildung 1.6: Quadrat

2 3 4. Das Quadrat wird bei einer Drehung nicht „umgeklappt". Drehungen ebenso wie Translationen sind deshalb *orientierungserhaltende Isometrien*. Orientierungserhaltende Isometrien erhalten eine Drehrichtung in der Ebene.

Ein reguläres n-Eck hat noch weitere Isometrien, nämlich n Spiegelungen. Ist n ungerade wie beim gleichseitigen Dreieck, so verlaufen die Spiegelachsen jeweils durch eine Ecke und die gegenüberliegende Kantenmitte. Ist n gerade, wie beim Quadrat, so verlaufen $n/2$ Spiegelachsen durch gegenüberliegende Eckpunkte und $n/2$ Spiegelachsen durch gegenüberliegende Kantenmitten. Spiegelungen sind immer *orientierungsumkehrend*, sie ändern die zyklische Reihenfolge der Eckpunkte bei Ablesung gegen den Uhrzeigersinn. Die Figur, und damit die ganze Ebene, wird „umgeklappt". Bei einer Spiegelung geht eine Wahl einer Drehrichtung in die umgekehrte Drehrichtung über. In Abbildung 1.7 wird das Wort „Auto" an der Geraden a gespiegelt, und damit ändert sich die eingezeichnete Drehrichtung.

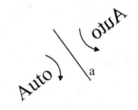

Abbildung 1.7: Spiegelung

Insgesamt besteht die Menge der Deckabbildungen eines regulären n-Ecks aus $2n$ Elementen. Bezeichnet d die Drehung um $2\pi/n$ und $s_1, \ldots, s_n$ die Spiegelungen, so hat F_n die Deckabbildungen:

$$D_n = \{id, d, d^2, \ldots, d^{n-1}, s_1, \ldots, s_n\}$$

(Vorsicht: Manche Autoren nennen diese Menge D_{2n}).

Mehr Deckabbildungen eines regulären n-Ecks kann es nicht geben. Jede Deckabbildung eines regulären n-Ecks erhalten wir nämlich auf folgende Weise: Den Eckpunkt 1 können wir auf n verschiedene Eckpunkte abbilden, ergibt n Möglichkeiten. Für den Punkt 2 haben wir nur noch die Möglichkeit, ihn rechts oder links neben den Bildpunkt der 1 abzubilden, ergibt insgesamt $2n$ Möglichkeiten. Dann ist aber die Abbildung festgelegt, so dass es nicht mehr als $2n$ Isometrien eines regulären n-Ecks geben kann.

Die Hintereinanderausführung zweier orientierungserhaltender Isometrien ist orientierungserhaltend. Führt man zwei orientierungsumkehrende Isometrien hintereinander aus, so hat man die Orientierung doppelt umgekehrt. Man erhält also insgesamt eine orientierungserhaltende Isometrie.

Definition 1.5 *Ist f eine Isometrie in der Ebene $\mathbb{R}^2$, so heißt jeder Punkt $P \in \mathbb{R}^2$, für den $f(P) = P$ gilt, Fixpunkt von f. Die Isometrie f heißt* fixpunktfrei, *wenn für alle Punkte P der Ebene gilt: $f(P) \neq P$.*

Bildet eine Isometrie f eine Figur F auf sich ab (also $f(F) = F$), so heißt F *invariant* unter f. Vorsicht, dabei muss f auf der Figur F keine Fixpunkte haben, wie zum Beispiel bei einer 120 Grad Drehung des gleichseitigen Dreiecks um seinen Mittelpunkt.

Satz 1.6 *Eine Isometrie der Ebene mit Fixpunkt ist eine Drehung, wenn sie die Orientierung erhält, eine Spiegelung, wenn sie die Orientierung nicht erhält. Eine Isometrie der Ebene ohne Fixpunkt ist eine Translation, wenn sie die Orientierung erhält, und sonst eine Gleitspiegelung.*

Der Beweis dieses Satzes findet sich im Anhang und kann beim ersten Lesen übergangen werden. Drehungen, Spiegelungen, Translationen und Gleitspiegelungen sind also alle vorkommenden Isometrien in der Ebene.

Drei Punkte in der Ebene heißen *kollinear*, wenn sie auf einer Geraden liegen.

Satz 1.7 *Jede Isometrie der Ebene, die 3 nichtkollineare Fixpunkte hat, ist die Identität.*

Beweis: Seien P, Q, R nichtkollineare Fixpunkte der Isometrie f. Da f die Punkte P und Q festhält und Längen erhält, muss es auch die Gerade l durch P und Q festhalten. Damit ist f die Identität oder eine Spiegelung an l. Die Spiegelung hat aber nicht den Fixpunkt R, weil R nicht auf l liegt. $\square$

Korollar 1.8 *Eine Isometrie der Ebene ist eindeutig durch das Bild dreier nicht-kollinearer Punkte bestimmt.*

Beweis: Seien g, h zwei Isometrien, für die gilt: $g(P) = P'$, $g(Q) = Q'$, $g(R) = R'$ und $h(P) = P'$, $h(Q) = Q'$, $h(R) = R'$ für nichtkollineare Punkte P, Q und R. g und h können sich höchstens um eine Isometrie f unterscheiden, die P, Q, R festlässt, also $g = h \circ f$ und $f(P) = P, f(Q) = Q, f(R) = R$. Nach Satz 1.7 muss f die Identität sein, so dass $g = h$ folgt. $\square$

Satz 1.9 *Das Produkt zweier Spiegelungen entlang paralleler Geraden ist eine Translation senkrecht zu den Spiegelachsen um das Doppelte ihres Abstands. Das Produkt zweier Spiegelungen entlang Spiegelachsen, die sich in einem Punkt P schneiden, ist eine Drehung um diesen Punkt um den doppelten Winkel der beiden Spiegelachsen.*

Beweis: Seien a und b zwei parallele Spiegelachsen. Die Isometrie $t = s_a \circ s_b$ lässt alle Geraden, die senkrecht auf a und b stehen, invariant, und deswegen ist t keine Drehung. t ist als Produkt zweier orientierungsumkehrender Isometrien orientierungserhaltend, und damit ist t, weil es keine Drehung ist, nach Satz 1.6 eine Translation. Jeder Punkt auf a wird durch die Isometrie s_b, und damit durch t, um das Doppelte des Geradenabstands verschoben. Gilt das für Punkte auf a, so gilt das natürlich auch für alle anderen Punkte.

Seien jetzt a und b zwei Spiegelachsen, die sich im Punkt P schneiden. Jeder Kreis mit Mittelpunkt P bleibt unter s_a ebenso wie unter s_b invariant und damit auch unter $d = s_a \circ s_b$. d ist als Hintereinanderausführung zweier orientierungsumkehrender Isometrien orientierungserhaltend und damit nach Satz 1.6 eine Drehung um P. Verfolgt man einen Punkt auf a unter d, so sieht man, dass der Drehwinkel gerade dem doppelten Winkel zwischen den Spiegelachsen entspricht. $\square$

Aufgaben

1. Beschreibt $(1, 3)(2, 4)$ (oder $(1, 2, 3)$) eine Deckabbildung des Quadrats aus Abbildung 1.6? Wenn ja, welche? Wenn nein, warum nicht?

2. Erzeugen Sie eine Gleitspiegelung aus der Hintereinanderausführung dreier Spiegelungen (Hinweis: Erzeugen Sie eine Translation durch 2 Spiegelungen nach Satz 1.9).

1.4 Höherdimensionale Räume

Wir haben Isometrien bisher nur in der Ebene betrachtet. Genauso kann man Isometrien in höherdimensionalen euklidischen Räumen betrachten. Eine *Isometrie* ist eine längenerhaltende bijektive Abbildung des $\mathbb{R}^n$ auf sich. Für $n = 2$ erhalten wir die ursprüngliche Definition der ebenen Isometrie. Im $\mathbb{R}^3$ können wir beispielsweise an einer Ebene spiegeln oder um eine Gerade drehen.

Betrachten wir einmal die Deckabbildungen des Würfels aus Abbildung 1.8. Wir können beispielsweise um die Gerade a Drehungen um $90, 180$ und 270 Grad im Uhrzeigersinn durchführen. Die Drehung um 90 Grad hat in Permutationsschreibweise die Form: $(1, 5, 6, 2)(4, 8, 7, 3)$. Von diesem Typ Drehachse gibt es drei. Es gibt auch Drehungen um Geraden durch Kantenmitten gegenüberliegender Würfelkanten um 180 Grad. Drehen wir zum Beispiel um die Gerade durch die Kantenmitten der Kanten 2,6 und 4,8 um 180 Grad, so ergibt sich die Drehung $(2, 6)(4, 8)(5, 3)(1, 7)$. Von diesem Typ Drehachse gibt es sechs.

Es gibt aber auch Drehungen um 120 und 240 Grad jeweils um die 4 Raumdiagonalen des Würfels. Die Drehung $(4, 2, 5)(3, 6, 8)$ ist eine solche. Die zugehörige Drehachse geht durch die Punkte 1 und 7.

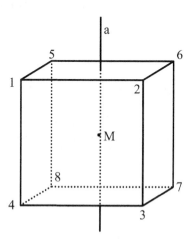

Abbildung 1.8: Würfel

Wir zählen alle Drehungen: Die Identität, 9 Drehungen um Seitenmitten, 8 Drehungen um Raumdiagonale und 6 Drehungen um gegenüberliegende Kantenmitten ergeben zusammen 24 orientierungserhaltende Isometrien.

Wir können an der Ebene durch die Punkte 2,3,5,8 spiegeln und erhalten die Spiegelung $(1, 6)(4, 7)$. Es gibt sechs solche Spiegelebenen, auf denen gegenüberliegende Kanten des Würfels liegen. Eine zu einer Würfelseite parallele Ebene, die durch den Mittelpunkt des Würfels geht, ist ebenso Spiegelebene. $(1, 4)(2, 3)(5, 8)(6, 7)$ beschreibt eine zugehörige Spiegelung. Von diesem Typ Spiegelung gibt es drei.

Außerdem lässt der Würfel eine *Punktspiegelung* s_M zu. Dabei wird jeder Punkt $P \in \mathbb{R}^3$ am Mittelpunkt M des Würfels in folgender Weise gespiegelt: $s_M(P)$ liege auf der Geraden durch P und M so, dass M genau in der Mitte zwischen P und $s_M(P)$ liegt. Die Punktspiegelung am Würfelmittelpunkt lässt sich also durch $(1, 7)(5, 3)(6, 4)(2, 8)$ beschreiben.

Weitere orientierungsumkehrende Isometrien des Würfels sind nicht so leicht vorstellbar. Verknüpft man aber eine Drehung mit s_M, so erhält man eine orientierungsumkehrende Isometrie. Von diesen gibt es also auch 24.

Allgemein kann man eine Spiegelung im $\mathbb{R}^n$ an einem $n-1$-dimensionalen *Hyperraum* durchführen, das ist ein $\mathbb{R}^{n-1} \in \mathbb{R}^n$. Ein anderes Beispiel ist die Drehung um einen $n-2$-dimensionalen Hyperraum (eine Gerade im $\mathbb{R}^3$ oder einen Punkt in der Ebene). Man kann aber auch an einer Geraden im $\mathbb{R}^3$ spiegeln. Diese Isometrie entspricht einer Drehung um die Gerade um 180 Grad. Spiegelt man an a in Abbildung 1.8, so erhält man die Isometrie beschrieben durch $(1,6)(2,5)(4,7)(3,8)$. Es gelten analoge Sätze zu Satz 1.7 und Korollar 1.8:

Satz 1.10 *Eine Isometrie im $\mathbb{R}^n$, die $n+1$ linear unabhängige Punkte festhält, ist die Identität.*

Beweis: Für $n = 2$ entspricht die Behauptung Satz 1.7. Nehmen wir induktiv an, jede Isometrie im $\mathbb{R}^{n-1}$, die n linear unabhängige Punkte festhält, ist die Identität. Seien $n+1$ linear unabhängige Punkte $P_1, \ldots, P_{n+1}$ im $\mathbb{R}^n$ und eine Isometrie f gegeben mit $f(P_i) = P_i$. Nach Induktionsannahme bildet f den $n-1$-dimensionalen Hyperraum W, in dem die Punkte $P_1, \ldots, P_n$ liegen, identisch ab. f ist also entweder Spiegelung an W oder die Identität. Die Spiegelung an W hätte aber nicht P_{n+1} als Fixpunkt. $\qquad\square$

Der Beweis des folgenden Korollars entspricht dem von Korollar 1.8.

Korollar 1.11 *Eine Isometrie im $\mathbb{R}^n$ ist eindeutig durch das Bild von $n+1$ linear unabhängigen Punkten bestimmt.*

Aufgaben

1. Welche Isometrien lässt eine Kugeloberfläche (ein Tetraeder) im $\mathbb{R}^3$ zu?

2. Berechnen Sie das Resultat der Hintereinanderausführung der Drehung beschrieben durch $(4,2,5)(3,6,8)$ und der Punktspiegelung am Mittelpunkt beim Würfel.

3. Beweisen Sie:

   (a) Jede Isometrie des $\mathbb{R}^n$ lässt sich durch die Hintereinanderausführung von Translationen, Drehungen und Spiegelungen darstellen.

   (b) Jede Isometrie des $\mathbb{R}^n$ lässt sich durch die Hintereinanderausführung von Spiegelungen darstellen.

Kapitel 2

Einführung in Gruppen

In diesem Kapitel definieren wir den Begriff der Gruppe. Unsere Beispiele von
Gruppen sind meistens, aber nicht immer, die Menge aller Symmetrien einer Figur. Wir lernen erste wichtige Eigenschaften von Gruppen kennen und wie wir
viele Gruppen jeweils mit wenigen Elementen „erzeugen" können. Wir beantwor-
ten damit Fragen wie: *Wie bekomme ich aus wenigen Isometrien einer Figur alle
anderen?* Dann studieren wir die von einem Element erzeugten Gruppen. Etwas
ausführlicher betrachten wir gegen Ende dieses Kapitels alle Symmetrien des Tetraeders.

Obwohl bereits GAUSS implizit Gruppen nutzte (er führte eine Operation auf qua-
dratischen Formen ein, die damit eine Gruppe bilden) und schon vorher wichtige
Sätze aus der Gruppentheorie bewiesen wurden (etwa von LAGRANGE und EULER),
wurden Gruppen doch erst explizit von dem genialen französischen Mathematiker
EVARISTE GALOIS [1811–1832] genutzt. Das Problem der algebraischen Lösung von
Gleichungen wurde von ihm mithilfe von Gruppen vollständig gelöst. 1815 unter-
suchte AUGUSTIN-LOUIS CAUCHY [1789–1857] als Erster systematisch Gruppen.
Bei ihm waren es Gruppen von Permutationen. ARTHUR CAYLEY [1821–1895] war
der Erste, der im Jahr 1854 abstrakt Gruppen einführte.

2.1 Gruppendefinition und die Diedergruppen

Im letzten Kapitel betrachteten wir die Menge $D_3 = \{id, d_{120}, d_{240}, s_a, s_b, s_c\}$ der
Deckabbildungen eines regulären Dreiecks in der Ebene. Dabei sind s_a, s_b und s_c
Spiegelungen an Achsen a, b und c. d_{120} und d_{240} sind Drehungen um 120 und 240
Grad wie in Abbildung 1.1. id ist die identische Abbildung. Außerdem haben wir
festgestellt, dass die Isometrien aus D_3 bezüglich der Hintereinanderausführung $\circ$
abgeschlossen sind. Die Menge D_3 mit der Verknüpfung der Hintereinanderausführung ist ein typisches Beispiel einer Gruppe.

© Springer-Verlag GmbH Deutschland, ein Teil von Springer Nature 2020
S. Rosebrock, *Anschauliche Gruppentheorie*,
https://doi.org/10.1007/978-3-662-60787-9_2

Definition 2.1 *Sei G eine Menge und · eine Verknüpfung, bezüglich der G abgeschlossen ist. Das Paar* $(G, \cdot)$ *heißt* Gruppe, *wenn es folgende Eigenschaften erfüllt:*

1. *(*Assoziativität*) Für alle* $u, v, w \in G$ *gilt:*

$$(u \cdot v) \cdot w = u \cdot (v \cdot w) \tag{2.1}$$

2. *(Existenz eines neutralen Elements) Es gibt ein* $e \in G$*, so dass*

$$e \cdot g = g \cdot e = g, \quad \forall g \in G. \tag{2.2}$$

   e heißt neutrales Element *der Gruppe G.*

3. *(Existenz inverser Elemente) Zu jedem* $g \in G$ *gibt es ein* $g' \in G$*, so dass*

$$g \cdot g' = g' \cdot g = e, \tag{2.3}$$

   wobei e ein neutrales Element ist. g' *heißt das* Inverse *zu g.*

Wir werden in Satz 2.17 auf Seite 26 beweisen, dass es in jeder Gruppe nur genau ein neutrales Element gibt. Wichtiger ist uns im Moment aber, eine Vorstellung von Gruppen zu gewinnen.

Wir wollen unsere Betrachtungen am Computer mitverfolgen. Dazu nutzen wir das im Internet frei erhältliche Programmpaket GAP (siehe [GAP19]). Wir können dort eine Gruppe durch die Angabe ihrer Elemente in Permutationsschreibweise definieren:

```
gap> D3:=Group((),(1,2,3),(1,3,2),(1,2),(1,3),(2,3));
Group([ (), (1,2,3), (1,3,2), (1,2), (1,3), (2,3) ])
```

Eingaben werden in GAP nach dem Prompt `gap>` getätigt. Ausgegeben wird die zweite Zeile.

Betrachten wir noch einmal unser Paar $(D_3, \circ)$. Wir werden gleich nachweisen, dass $(D_3, \circ)$ eine Gruppe ist. Zum Beispiel ist das neutrale Element die Identität *id*.

Es gilt nämlich $g \circ id = g$ für alle Elemente $g \in D_3$.

```
gap> ()*(1,2);
(1,2)
```

Das Verknüpfungszeichen $\circ$ ist in GAP der `*`.

Das Inverse von d_{120} ist das Element d_{240} (d.h. $d'_{120} = d_{240}$). Verknüpft man (führt man hintereinander aus) nämlich d_{120} mit d_{240}, so erhält man die Identität:

```
gap> (1,3,2)*(1,2,3);
()
```

In GAP werden Elemente von links nach rechts miteinander verknüpft, wir verknüpfen von rechts nach links.

Eine Spiegelung macht man dadurch rückgängig, dass man an derselben Achse noch einmal spiegelt, d.h. $s_a \circ s_a = s_a^2 = id$ oder, anders ausgedrückt, $s_a = s_a'$. Eine nichttriviale Abbildung, die zu sich selbst invers ist, heißt Involution. Oder allgemein: Ein Element einer Gruppe, das nicht die Identität ist, aber dessen Quadrat die Identität ist, heißt *Involution*.

Eine Spiegelung ist zu sich selbst invers:

```
gap> (1,2)*(1,2);
()
```

Überprüfen wir noch die Assoziativität an einem Beispiel:

$$(d_{240} \circ s_c) \circ s_a = d_{240} \circ (s_c \circ s_a)$$
$$\Leftrightarrow \quad (1,3) \circ s_a = d_{240} \circ (1,3,2)$$
$$\Leftrightarrow \quad (1,2,3) = (1,2,3)$$

Dasselbe in GAP:

```
gap> ((1,2)*(2,3))*(1,3,2);
(1,2,3)
gap> (1,2)*((2,3)*(1,3,2));
(1,2,3)
```

Allgemeiner haben wir folgenden Sachverhalt:

Beispiel 2.2 *Für $n \geq 2$ bildet $(D_n, \circ)$ eine Gruppe, die sogenannte* Diedergruppe.

Beweis: Führt man zwei längenerhaltende Abbildungen, die eine Figur festlassen, hintereinander aus, so erhält man wieder eine längenerhaltende Abbildung, die dieselbe Figur festlässt. Das beweist die Abgeschlossenheit. Wir überprüfen die Assoziativität (2.1) aus Definition 2.1: Sei x ein beliebiger Punkt der Ebene. Es folgt für alle $u, v, w \in D_n$: $(u \circ v) \circ w(x) = u(v(w(x))) = u \circ (v \circ w)(x)$. Die Hintereinanderausführung von Abbildungen ist immer assoziativ.
Die identische Abbildung ist das neutrale Element. Es fehlt noch die Existenz der Inversen (2.3): Zu einer längenerhaltenden Abbildung g, die eine Figur festlässt, ist die Abbildung g', die g rückgängig macht, auch längenerhaltend und lässt die Figur fest. g' ist also auch eine Deckabbildung derselben Figur und damit Element von D_n. $\qquad\square$

Manchmal, wie in dem obigen Beweis, schreiben wir nur D_n statt $(D_n, \circ)$, oder auch G statt $(G, \cdot)$, wenn es keine Missverständnisse bezüglich der Operation geben kann.
Wir haben, wenn wir ein reguläres n-Eck durch eine beliebige Figur ersetzen, mit dem letzten Beweis noch mehr gezeigt:

Satz 2.3 *Die Deckabbildungen einer Figur in der Ebene bilden bezüglich der Hintereinanderausführung eine Gruppe, die* Symmetriegruppe *der Figur.*

Als weiteres Beispiel betrachten wir die Gruppe D_4 des Quadrats (siehe Abbildung 1.6). Sie besteht aus vier Spiegelungen an den vier eingezeichneten Achsen und vier Drehungen um den Quadratmittelpunkt um die Winkel 0, 90, 180 und 270 Grad, entsprechend den Elementen $id, d, d \circ d, d \circ d \circ d$.

Manchmal schreiben wir statt $d \circ d$ kürzer d^2, mit höheren Potenzen entsprechend. Damit schreiben sich die Drehungen der D_4 als: id, d, d^2, d^3 oder, weil $id = d^4$, auch als d^4, d, d^2, d^3.

Es sei $G_{(4,4)}$ (der Name wird später erklärt) die Symmetriegruppe der Zerlegung der Ebene in Quadrate aus Beispiel 1.2 auf Seite 4. Sie besteht aus unendlich vielen Elementen. In jedem Quadrat der Zerlegung lassen sich die acht Symmetrien des Quadrats ausführen. Dabei wird nicht nur das jeweilige Quadrat auf sich abgebildet, sondern die ganze Zerlegung.

Wie wir im Beweis von Beispiel 2.2 begründet haben, ist die Hintereinanderausführung von Isometrien assoziativ. Man kann sich aber durchaus Operationen vorstellen, die nicht assoziativ sind:

Beispiel 2.4 *Wir definieren die Operation $a \diamond b = a + 2b$ auf den ganzen Zahlen. Es gilt also beispielsweise $3 \diamond 4 = 11$ oder $2 \diamond -3 = -4$.*

Diese Operation ist nicht assoziativ, weil zum Beispiel:

$$(1 \diamond 2) \diamond 3 = 5 \diamond 3 = 11 \quad \text{aber} \quad 1 \diamond (2 \diamond 3) = 1 \diamond 8 = 17$$

Es ist sehr mühsam und bei Gruppen mit unendlich vielen Elementen unmöglich, immer alle Gruppenelemente einer Gruppe hinzuschreiben, um eine Gruppe zu definieren. Man möchte nur die Elemente schreiben, die notwendig sind, um aus Produkten von diesen und ihren Inversen alle zu erzeugen. In der Gruppe des Quadrats braucht man nicht extra d^2 und d^3 zu notieren, weil die aus d erzeugt werden können.

Definition 2.5 *Eine Gruppe G wird* erzeugt *von den Elementen $E = \{g_1, \ldots, g_n\}$, wenn jedes Element von G durch Verknüpfung der Elemente aus E und deren Inversen dargestellt werden kann. Dabei heißt die Menge E* Erzeugendensystem *der Gruppe G. Schreibweise $G = \langle g_1, \ldots, g_n \rangle$.*

Wir weisen mit Hilfe von GAP nach, dass die Symmetriegruppe des regulären Dreiecks in der Ebene von s_a und d_{120} erzeugt wird. In GAP genügt zur Definition einer Gruppe die Angabe der Erzeugenden.

```
gap> D3:=Group((1,2),(1,2,3));
Group([ (1,2), (1,2,3) ])
gap> Elements(D3);
[ (), (2,3), (1,2), (1,2,3), (1,3,2), (1,3) ]
```

In der Tat erhalten wir auf diese Weise alle Elemente der D_3. Wir schreiben
$D_3 = \langle s_a, d_{120} \rangle$, um anzuzeigen, dass die Gruppe D_3 von s_a und d_{120} erzeugt wird.
Es ist nicht schwer zu beweisen, dass die Gruppe D_n von einer Drehung um $360/n$
Grad und einer Spiegelung erzeugt wird (siehe Aufgabe 5).

In Abschnitt 1.4 haben wir bereits Isometrien im 3-dimensionalen Raum untersucht. Jedem 3-dimensionalen Körper im $\mathbb{R}^3$ kommt natürlich, ganz analog zum
ebenen Fall, auch eine Symmetriegruppe zu.
Die Symmetriegruppe des Würfels wird von allen Drehungen und der Punktspiegelung am Mittelpunkt des Würfels erzeugt. Es genügen aber wesentlich weniger
Erzeugende, wie wir in Abschnitt 7.5 begründen werden. Durch das doppelte Se-
mikolon wird in GAP die Ausgabe verhindert.

```
gap> a:=(1,2)(5,6)(4,3)(8,7);; b:=(1,3)(5,7);; c:=(5,4)(6,3);;
gap> W:=Group(a,b,c);
Group([ (1,2)(3,4)(5,6)(7,8), (1,3)(5,7), (3,6)(4,5) ])
```

Beispiel 2.6 *Die Symmetriegruppe $G_{(4,4)}$ der Zerlegung der Ebene in Quadrate
besteht aus unendlich vielen Elementen. Es genügen jedoch endlich viele Elemente,
um die Gruppe zu erzeugen.*

In Satz 4.31 auf Seite 80 und Aufgabe 2 von Abschnitt 4.6 auf Seite 95 wird
gezeigt, dass die drei Spiegelungen s_a, s_b und s_c entlang den Achsen a, b und c aus
Abbildung 2.1 die Gruppe $G_{(4,4)}$ erzeugen. Man kann sich klarmachen, dass s_a und

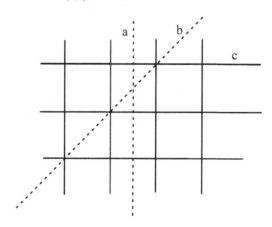

Abbildung 2.1: Erzeugende der Gruppe $G_{(4,4)}$

s_b allein die Gruppe desjenigen Quadrats erzeugen, in dem die zugehörigen Achsen
sich schneiden. Zusammen mit s_c erhält man alle möglichen Isometrien. Das kann
man sehen (im wörtlichen Sinne), wenn man 3 Spiegel auf die Achsen a, b, c der
(vergrößerten) Abbildung 2.1 stellt und von oben hineinsieht.

Aufgaben

1. Schreiben Sie die Elemente der Gruppe D_4 in Permutationsschreibweise. Geben Sie zu jeder Deckabbildung des Quadrats die inverse Deckabbildung an. (Tipp: Nutzen Sie GAP, indem Sie eine Menge von Erzeugenden der Gruppe D_4 finden. Auch die Inversen können Sie mit GAP bestimmen.)

2. Beweisen Sie: $(\mathbb{Q}, +)$ bildet eine Gruppe.

3. Sei F eine Menge von Geraden in der Ebene, die durch folgende Funktionen beschrieben sind:

$$F = \{f \mid f(x) = ax + b,\, a, b \in \mathbb{R}\}$$

Sei $\cdot$ eine Verknüpfung auf F, die durch $f \cdot g = f(x) + g(x)$ definiert ist. Zeigen Sie, dass $(F, \cdot)$ eine Gruppe ist.

4. Definieren Sie eine „wilde" Operation auf den ganzen Zahlen (wie etwa die Operation aus Beispiel 2.4), die abgeschlossen ist. Prüfen Sie, ob die Operation assoziativ und/oder kommutativ ist. Gibt es genau ein neutrales Element? Hat Ihre Operation zu jedem Element ein Inverses? Handelt es sich bei Ihrer Operation zusammen mit den ganzen Zahlen um eine Gruppe?

5. Beweisen Sie, dass die Gruppe D_n von einer Drehung um $d = 360/n$ Grad und einer beliebigen Spiegelung s erzeugt wird (Hinweis: Nur mit der Drehung d erzeugen Sie alle Drehungen. Verknüpfen Sie s mit allen Drehungen, so erhalten Sie alle Spiegelungen.).

2.2 Gruppenordnung und abelsche Gruppen

Definition 2.7 *Die Ordnung einer Gruppe ist die Anzahl ihrer Elemente.*

Auf Seite 9 haben wir begründet, dass es $2n$ Deckabbildungen des regulären n-Ecks gibt. Die Gruppe D_n hat also die Ordnung $2n$ (man schreibt auch $|D_n| = 2n$).

In unserem GAP Eingabefenster gibt es noch die Gruppe W des Würfels. `Size` gibt uns die Gruppenordnung:

```
gap> Size(W);
48
```

Da den Elementen a, b, c aus dem obigen GAP-Code Spiegelungen des Würfels aus Abbildung 1.8 auf Seite 11 entsprechen und die Symmetriegruppe des Würfels 48 Elemente hat (siehe Abschnitt 1.4 auf Seite 11), hat GAP gezeigt, dass a, b, c Erzeugende der Würfelgruppe sind.

Beispiel 2.8 *Die Symmetriegruppe der Raute ist eine Gruppe der Ordnung 4.*

Im letzten Kapitel haben wir bereits die Deckabbildungen der Raute notiert. Die Symmetriegruppe der Raute lässt sich danach schreiben als

$$R = \{id, s_a, s_b, d_{180}\},$$

wobei a und b zueinander senkrechte Spiegelachsen durch gegenüberliegende Ecken der Raute sind und d_{180} eine 180-Grad-Drehung um den Mittelpunkt der Raute ist (siehe Abbildung 1.5).

Satz 2.9 *Sei $\mathcal{R}$ die Gerade, die Ebene oder der 3-dimensionale Raum. Dann bilden die Isometrien von $\mathcal{R}$ eine Gruppe bezüglich der Hintereinanderausführung.*

Beweis: Führt man zwei längenerhaltende Abbildungen hintereinander aus, so erhält man wieder eine längenerhaltende Abbildung. Das zeigt die Abgeschlossenheit der Hintereinanderausführung.
Die Assoziativität sieht man wie in Beispiel 2.2. Die identische Abbildung ist das neutrale Element. Es fehlt noch (2.3) aus Definition 2.1: Zu einer längenerhaltenden Abbildung g ist die Abbildung, die g rückgängig macht, auch längenerhaltend. Deswegen ist sie eine Isometrie auf $\mathcal{R}$. $\square$

Die in Satz 2.9 erwähnten Gruppen haben alle die Ordnung unendlich. Ebenso hat die Symmetriegruppe des Bandornaments aus Abbildung 1.3 die Ordnung unendlich, sie enthält nämlich unendlich viele Translationen. Wir führen für die Isometriegruppe der Ebene die Bezeichnung $\mathcal{E}$ ein.

Die Elemente einer Gruppe müssen nicht Abbildungen sein, und die Verknüpfung muss nicht die Hintereinanderausführung sein. Als Gruppenelemente kann man (unter anderem) Zahlen nehmen und als Verknüpfung etwa die normale Addition oder Multiplikation.
Die natürlichen Zahlen bilden mit der Addition keine Gruppe. Es gibt nicht einmal ein neutrales Element. Nehmen wir die 0 zu den natürlichen Zahlen hinzu, so haben wir wegen $n + 0 = 0 + n = n$ ein neutrales Element. Es fehlen aber die Inversen. Dafür brauchen wir die negativen ganzen Zahlen:

Beispiel 2.10 *Die ganzen Zahlen mit der gewohnten Addition $(\mathbb{Z}, +)$ bilden eine Gruppe.*

Beweis: Die Summe zweier ganzer Zahlen ist wieder eine ganze Zahl. Also ist die Addition auf den ganzen Zahlen abgeschlossen.
Die Assoziativität sieht man leicht geometrisch ein. Wir müssen zeigen: $(n + m) + k = n + (m + k)$ für alle ganzen Zahlen n, m, k. Fügt man Strecken mit den Längen n, m, k in der Reihenfolge aneinander, so erhält man die Länge $n + m + k$, egal ob man zuerst die Strecken mit den Längen n und m zu einer Einheit zusammenfasst und dann die Strecke der Länge k hinzufügt, oder ob man

zuerst die Strecken mit den Längen m und k zusammenfasst und danach die Strecke der Länge n hinzufügt.

Das neutrale Element ist die 0 und das Inverse zu einer beliebigen ganzen Zahl n ist $-n$.   □

Das Inverse der 3 in $\mathbb{Z}$ schreibt man nicht $3'$ sondern, wie üblich -3. Das Minuszeichen ist also eigentlich keine Operation, wie man in der Grundschule lernt, sondern ein Invertierungszeichen und korrekterweise müsste man statt $5-3$ schreiben: $5+(-3)$. Ist die Gruppenoperation die Multiplikation oder die Hintereinanderausführung, so wird das Inverse zu g als g^{-1} geschrieben.

Es gilt $|\mathbb{Z}| = \infty$, denn es gibt unendlich viele ganze Zahlen.

Im ersten Kapitel haben wir bereits gesehen, dass in der Gruppe D_3 für die Spiegelungen s_a und s_b gilt:

$$s_b \circ s_a \simeq (1,3) \circ (1,2) = (1,2,3) \simeq d_{120} \neq s_a \circ s_b.$$

In der Gruppe D_3 gilt also nicht das Kommutativgesetz. In GAP:

```
gap> (1,3)*(1,2);
(1,3,2)
gap> (1,2)*(1,3);
(1,2,3)
```

Für je zwei ganze Zahlen n, m gilt jedoch immer $n + m = m + n$. Das motiviert die folgende Definition:

Definition 2.11 *Eine Gruppe $(G, \cdot)$ heißt abelsch oder kommutativ, wenn für je zwei $g, h \in G$ gilt: $g \cdot h = h \cdot g$.*

Die Gruppen $(D_n, \circ)$ sind für $n \geq 3$ nicht abelsch: Nach Satz 1.9 auf Seite 10 ist das Produkt zweier Spiegelungen eine Drehung um den Winkel 2α, wenn die Spiegelachsen sich schneiden und im Schnittpunkt den Winkel α bilden. Die Drehung ist im Uhrzeigersinn oder gegen den Uhrzeigersinn auszuführen, je nachdem, welche Spiegelung zuerst ausgeführt wurde. Das reguläre n-Eck hat zwei Spiegelachsen a, b, die sich im Winkel $180/n$ Grad schneiden. Deren Produkt ist also eine Drehung um $360/n$ Grad. Für $n = 2$ wäre das eine Drehung um 180 Grad. In dem Fall käme dieselbe Drehung heraus, egal ob im, oder gegen den Uhrzeigersinn gedreht wurde. Für $n \geq 3$ folgt jedoch $s_a s_b \neq s_b s_a$, da die Drehung im Uhrzeigersinn eine andere ist, als gegen den Uhrzeigersinn (siehe Abbildung 2.2).

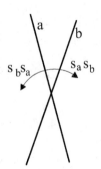

Abbildung 2.2: $s_a s_b$ und $s_b s_a$

Ist die Gruppenoperation $\circ$ oder $*$, so lassen wir, wie hier, das Operatorzeichen oft weg, schreiben also etwa gh statt $g * h$.

$(\mathbb{Z}, +)$ ist abelsch, denn $n + m = m + n$ ist für alle ganzen Zahlen n, m wahr.

Bilden die rationalen Zahlen mit der gewöhnlichen Multiplikation eine Gruppe? Das Produkt zweier rationaler Zahlen ist rational (Abgeschlossenheit), die Zahl 1 ist das neutrale Element. Es gilt das Assoziativitätsgesetz. Das Inverse zu a/b ist b/a für ganze Zahlen a, b. Doch halt, die 0 hat kein Inverses. Daher:

Beispiel 2.12 $(\mathbb{Q} - \{0\}, \cdot)$ *ist eine abelsche Gruppe.*

Beweis: Man überzeugt sich leicht, dass $(\mathbb{Q} - \{0\}, \cdot)$ abelsch ist: $a/b \cdot c/d = ac/bd = ca/db = c/d \cdot a/b$. Da wir die Null aus den rationalen Zahlen herausgenommen haben, müssen wir uns noch einmal Gedanken über die Abgeschlossenheit machen: Das Produkt zweier Zahlen aus $\mathbb{Q} - \{0\}$ wird niemals null und bleibt rational, d.h. liegt wieder in $\mathbb{Q} - \{0\}$. $\qquad\square$

Sei D_n^+ die Menge der Drehungen aus D_n einschließlich dem Element id (das ist eine Drehung um 0 Grad). Wie wir bereits gesehen haben, gilt:

$$D_n^+ = \{id, d, d^2, d^3, \ldots, d^{n-1}\}$$

Diese Drehungen bilden bezüglich der Hintereinanderausführung eine Gruppe, denn verknüpft man zwei Drehungen miteinander, so erhält man wieder eine Drehung (Abgeschlossenheit), die Identität als neutrales Element ist vorhanden, und zu jeder Drehung d^i gibt es eine weitere, so dass deren Verknüpfung die Identität ergibt. Das ist die Drehung d^{n-i}, denn $d^i \circ d^{n-i} = d^{i+n-i} = d^n = id$. D_n^+ ist kommutativ, denn $d^n d^m = d^{n+m} = d^{m+n} = d^m d^n$.

Aufgaben

1. Ist die Symmetriegruppe der Raute abelsch?

2. Beweisen Sie: Die Menge der Paare ganzer Zahlen

$$\mathbb{Z} \times \mathbb{Z} = \{(n, m) \,|\, n, m \in \mathbb{Z}\}$$

   bildet mit der komponentenweisen Addition

$$(n, m) + (p, q) = (n + p, m + q)$$

   eine abelsche Gruppe.

3. Schreiben Sie die Elemente der Gruppe D_n^+ in Permutationsschreibweise. Beweisen Sie: Das Produkt zweier beliebiger Spiegelungen der Gruppe D_n ist ein Element aus D_n^+ (Hinweis: Benutzen Sie Satz 1.9).

4. Beweisen Sie: Die Menge der geraden ganzen Zahlen $\{2n \mid n \in \mathbb{Z}\}$ bildet mit der normalen Addition eine Gruppe. Bilden die ungeraden ganzen Zahlen bezüglich der Addition eine Gruppe?

5. Sind Diedergruppen abelsch?

6. Beweisen Sie: $\mathbb{Z} = \langle 1 \rangle$. Es gilt auch etwa $\mathbb{Z} = \langle 2, 3 \rangle$, aber $\mathbb{Z} \neq \langle 6, 15 \rangle$. Welche Mengen ganzer Zahlen erzeugen $\mathbb{Z}$?

2.3 Zyklische Gruppen

Betrachte die Gruppe D_4^+. Wie wir oben gesehen haben, kann man D_4^+ schreiben als: $D_4^+ = \{d^4,\ d,\ d^2,\ d^3\}$. Jedes Element dieser Gruppe lässt sich also als Potenz eines einzigen Elements, nämlich d, darstellen. Solche Gruppen nennt man zyklisch. Genauer:

Definition 2.13 *Eine Gruppe G heißt* zyklisch, *wenn sie von einem Element erzeugt wird.*

Äquivalent dazu ist: Eine Gruppe heißt *zyklisch*, wenn es ein $g \in G$ gibt, so dass alle $h \in G$ als $h = g^n$ geschrieben werden können für eine ganze Zahl n (oder, falls die Gruppenoperation die Addition ist, als $h = g + \ldots + g$ oder $h = -g - g \ldots - g$ mit n Summanden).

Die Gruppen D_n^+ sind zyklisch. Sie werden von einer Drehung um $360/n$ Grad um den Mittelpunkt des regulären n-Ecks erzeugt. Beispielsweise wird die Gruppe D_5^+ von der $(1, 2, 3, 4, 5)$ entsprechenden Drehung erzeugt.

```
gap> D5plus:=Group((1,2,3,4,5));
Group([ (1,2,3,4,5) ])
gap> Elements(D5plus);
[ (), (1,2,3,4,5), (1,3,5,2,4), (1,4,2,5,3), (1,5,4,3,2) ]
gap> Size(D5plus);
5
```

Außerdem ist die Gruppe $(\mathbb{Z}, +)$ zyklisch mit der 1 als Erzeugende (die 0 ist neutrales Element). Jede positive ganze Zahl lässt sich als Summe von lauter Einsen darstellen. Was ist mit den negativen ganzen Zahlen? Die Definition einer zyklischen Gruppe gestattet auch negative Exponenten der Erzeugenden. $h = g^{-3}$ lässt sich auch schreiben als $h = (g^{-1})^3$, d.h., man nehme die Inverse von g hoch drei. Additiv bei den ganzen Zahlen heißt das, dass wir jede ganze Zahl als Summe der 1 und ihrer Inversen, also der -1 schreiben können. Damit bekommen wir eine dritte Definition einer zyklischen Gruppe:

Eine Gruppe heißt *zyklisch*, wenn sich jedes Element der Gruppe als Potenz eines einzigen Elements beziehungsweise seines Inversen schreiben lässt. Ist die Gruppe D_3 zyklisch?

Nimmt man alle Potenzen einer Spiegelung und ihrer Inversen (das ist dieselbe Spiegelung), so erhält man nur die Identität und die Spiegelung selbst, weil $s_a^2 = s_a \circ s_a = id$ und $s_a^3 = s_a$.

```
gap> G:=Group((1,2));
Group([ (1,2) ])
gap> Elements(G);
[ (), (1,2) ]
```

Jede der 3 Spiegelungen der D_3 erzeugt also nur die Identität und sich selbst. d_{120} oder d_{240} erzeugen nur $\{id, d_{120}, d_{240}\}$. D_3 ist also nicht zyklisch. Keines der Elemente der D_3 erzeugt alle Elemente.

Zyklische Gruppen sind kommutativ. Je zwei Elemente einer zyklischen Gruppe lassen sich nämlich schreiben als g^m und g^n für ganzzahlige m und n. Damit gilt dann: $g^m g^n = g^{n+m} = g^n g^m$.

Sei $\mathbb{Z}_n = \{0, 1, 2, \ldots, n-1\}$. Sei $+_n$ die Addition modulo n. Beispielsweise ist $3 +_4 2 = 1$, denn Vielfache der 4 können weggelassen werden (beim Teilen von 5 durch 4 bleibt der Rest 1). Weitere Beispiele sind: $27 +_{35} 11 = 3$ und $6 +_8 4 = 2$. Vorsicht, manche Autoren verwenden das normale Additionszeichen für die Addition modulo n. Sie schreiben also $3 + 2 \equiv 1 \bmod 4$.

Satz 2.14 $(\mathbb{Z}_n, +_n)$ *ist eine abelsche Gruppe.*

Beweis: Das neutrale Element ist die 0. Das Inverse zu i ist $n - i$. Wie bei der Addition natürlicher Zahlen gilt das Assoziativgesetz, und $+_n$ ist kommutativ. $\square$

Betrachten wir die Gruppe $D_5^+ = \{id, d, d^2, d^3, d^4\}$, die Drehungen im regulären 5-Eck bezüglich Hintereinanderausführung. Es gilt etwa $d^3 d^4 = d^2$, denn drehen wir ein reguläres 5-Eck erst 4-mal und dann 3-mal, so hätten wir es stattdessen nur 2-mal drehen können.

In der Gruppe $\mathbb{Z}_5 = \{0, 1, 2, 3, 4\}$ gilt: $3 +_5 4 = 2$. Ob wir in der Gruppe D_5^+ oder in $\mathbb{Z}_5$ rechnen, macht keinen Unterschied: Eine Zahl modulo 5 ist „dasselbe" wie die entsprechende Drehung in einem regulären 5-Eck. Zwei Zahlen modulo 5 zu addieren ist „dasselbe" wie die Hintereinanderausführung von 2 Drehungen im regulären 5-Eck.

Gruppen werden als „gleich" oder *isomorph* bezeichnet, wenn ihre Gruppenstruktur dieselbe ist. Diesen Begriff werden wir in Abschnitt 3.3 präzisieren. $\mathbb{Z}_5$ und D_5^+, oder allgemeiner, $\mathbb{Z}_n$ und D_n^+ sind also isomorphe Gruppen. Etwas allgemeiner:

Satz 2.15 *Zu vorgegebener natürlicher Zahl n gibt es, bis auf Isomorphie, nur eine zyklische Gruppe der Ordnung n.*

Beweis: Haben wir eine zyklische Gruppe $(G, \cdot)$ der Ordnung n mit erzeugendem Element g gegeben, so schreiben wir das erzeugende Element um zu 1 und das neutrale Element um zu 0. Das Element $g \cdot g$ schreiben wir als 2 usw., bis wir jedem Element von

$$G = \{id, g, g^2, \ldots, g^{n-1}\}$$

ein Element von

$$\mathbb{Z}_n = \{0, 1, 2, \ldots, n-1\}$$

zugeordnet haben. Weil $g^i \cdot g^j = g^{i+j} \bmod n$, bewirkt die Verknüpfung $\cdot$ in G genau dasselbe wie die Verknüpfung $+_n$ in $\mathbb{Z}_n$, denn $i +_n j = i + j \bmod n$. Deswegen ist G zu $\mathbb{Z}_n$ isomorph. $\qquad\qquad\square$

Auch die Gruppe D_3 haben wir schon auf zwei verschiedene Weisen geschrieben:

$$D_3 = \{id, d_{120}, d_{240}, s_a, s_b, s_c\}$$

und

$$D_3' = \{(), (1, 2, 3), (1, 3, 2), (1, 2), (1, 3), (2, 3)\}$$

Im ersten Fall handelt es sich bei der Gruppenoperation um die Hintereinanderausführung von Isometrien in der Ebene und im zweiten Fall um die Hintereinanderausführung von Permutationen. Die Elemente von D_3' beschreiben die Elemente von D_3.

Isomorphe Gruppen können aber auch von ganz verschiedenen geometrischen Figuren kommen. Wir betrachten das Bandornament F aus Abbildung 2.3. Die Sym-

Abbildung 2.3: Bandornament

metriegruppe G von F enthält nur Translationen entlang der Geraden a um den Betrag des Vektors $\vec{v}$ oder seiner ganzzahligen Vielfachen. Sei t_v die Translation aus G entlang des Vektors $\vec{v}$. Dann können wir G schreiben als:

$$G = \{\ldots, t_v^{-3}, t_v^{-2}, t_v^{-1}, id, t_v, t_v^2, t_v^3, t_v^4, \ldots\}$$

Die Symmetriegruppe G' des Bandornaments F' aus Abbildung 1.3 besteht aus Gleitspiegelungen und deren Hintereinanderausführungen. Sei τ die Gleitspiegelung, die aus der Spiegelung an a gefolgt von der Translation mit dem Vektor $\vec{v}$ in Abbildung 1.3 besteht. Dann können wir G' schreiben als:

$$G' = \{\ldots, \tau^{-3}, \tau^{-2}, \tau^{-1}, id, \tau, \tau^2, \tau^3, \tau^4, \ldots\}$$

G und G' sind isomorph, denn die Struktur in der Gruppe G ist dieselbe wie in der Gruppe G', wenn man t_v auf τ abbildet. $t_v^7 \circ t_v^2 = t_v^9$ ebenso wie $\tau^7 \circ \tau^2 =$

τ^9. Geometrisch passiert aber etwas völlig anderes: In G wird verschoben, und in G' werden Gleitspiegelungen ausgeführt. Die geometrische Struktur ist also bei isomorphen Gruppen nicht unbedingt dieselbe.

G und G' sind mit der Operation der Hintereinanderausführung isomorph zu $(\mathbb{Z}, +)$. Man kann nämlich $i \in \mathbb{Z}$ auf t^i abbilden. Ist $i + j = k$, so folgt $t^i \circ t^j = t^k$. Die Verknüpfung ist also „dieselbe". Die Zahl 3 entspricht einer Verschiebung von F um 3 nach rechts, -5 entspricht einer Verschiebung um 5 nach links.

Aufgaben

1. Rechnen Sie in der Gruppe $\mathbb{Z}_9$: $2 +_9 3$ und $7 +_9 6$.

2. Handelt es sich bei $G = \{0, 4, 8\}$ und der Addition modulo 12 um eine Gruppe?

3. Handelt es sich bei $G = \{1, 3, 5, 7\}$ und der Multiplikation modulo 8 um eine Gruppe?

4. Beweisen Sie: Die Translationen einer Geraden in Richtung dieser Geraden bilden eine Gruppe. Diese Gruppe ist isomorph zur Gruppe $(\mathbb{R}, +)$, den reellen Zahlen mit der Addition.

5. (a) Bildet $\mathbb{Z}_n$ mit der Multiplikation modulo n eine Gruppe? (Hinweis: Überlegen Sie sich, welches das neutrale Element sein muss, und prüfen Sie dann, ob alle Elemente ein Inverses haben.)

   (b) Bildet $\mathbb{J}_n = \{1, 2, 3, \ldots, n - 1\}$ mit der Multiplikation modulo n eine Gruppe? Welche Eigenschaft muss die Zahl n aufweisen, damit $\mathbb{J}_n$ eine Gruppe bildet?

6. Welche Elemente der zyklischen Gruppe $\mathbb{Z}_{12}$ erzeugen jeweils einzeln genommen die Gruppe $\mathbb{Z}_{12}$?

2.4 Eigenschaften von Gruppen

Sind v, w, g Elemente einer Gruppe, so gilt $vgg^{-1}w = vw$, weil $gg^{-1} = id$, d.h.: $vgg^{-1}w = v\,id\,w = v\,w$. Die Durchführung einer Isometrie mit anschließendem Inversen kann ebenso gut gleich weggelassen werden. Natürlich gilt diese Aussage nicht nur für Isometrien. In jeder Gruppe gilt $gg^{-1} = e$, wobei e das neutrale Element der Gruppe ist. Zum Beispiel:

```
gap> (1,4,2,6)(3,5)*((1,4,2,6)(3,5))^-1;
()
```

Mit ^-1 wird in GAP das Inverse bezeichnet.

Wir definieren $g^0 = id$. Dazu sind wir gezwungen, wenn wir wollen, dass die üblichen Potenzgesetze gelten:

$$g^n = g^{n+0} = g^n g^0 = g^n id = g^n$$

Es gilt $(g^{-1})^{-1} = g$: Wollen wir das Inverse einer Isometrie g rückgängig machen, so führen wir g aus.

```
gap> ((1,2,5,3,6,4)^-1)^-1;
(1,2,5,3,6,4)
```

Weiter oben haben wir schon $g^{-n} = (g^{-1})^n$ benutzt. Auch das folgt kanonisch mit

$$id = g^0 = g^{-n+n} = g^{-n} g^n = g^{-n} g \cdots g,$$

und jedes einzelne der g muss durch ein g^{-1} trivialisiert werden, also:

$$\underbrace{g^{-1} \cdots g^{-1}}_{n} = g^{-n}$$

Wir fassen zusammen:

Satz 2.16 *Sei $(G, \cdot)$ eine beliebige Gruppe und $v, w, g \in G$. Dann gilt:*

1. $v \cdot g \cdot g^{-1} \cdot w = v \cdot w$
2. $g^0 = id$
3. $(g^{-1})^{-1} = g$
4. $g^{-n} = (g^{-1})^n$

Es gibt noch weitere wichtige elementare Eigenschaften von Gruppen:

Satz 2.17 *Sei $(G, \cdot)$ eine beliebige Gruppe. Dann gilt:*

1. In G gibt es nur ein neutrales Element.
2. Zu jedem Gruppenelement gibt es nur genau ein Inverses.
3. Aus $g \cdot v = g \cdot w$ oder $v \cdot g = w \cdot g$ folgt $v = w$ für Gruppenelemente g, v, w.
4. Sind $g_1, g_2, \ldots, g_n \in G$, so gilt:

$$(g_1 \cdot g_2 \cdot \ldots \cdot g_n)^{-1} = g_n^{-1} \cdot g_{n-1}^{-1} \cdot \ldots \cdot g_1^{-1}$$

Beweis: 1. Seien $e, e' \in G$ neutrale Elemente, also Elemente, die (2.2) aus Definition 2.1 erfüllen. Dann gilt $e \cdot e' = e$, da e' neutrales Element ist, und außerdem $e \cdot e' = e'$, da e neutrales Element ist. Es folgt also $e = e'$.

2. Seien $u, v \in G$ Inverse von $g \in G$. Dann folgt (e ist das neutrale Element in G):

$$u = e \cdot u = (v \cdot g) \cdot u = v \cdot (g \cdot u) = v \cdot e = v$$

3. Multipliziere $g \cdot v = g \cdot w$ auf beiden Seiten von links mit g^{-1}. Das kann man machen, denn wenn man zwei gleiche Gruppenelemente hat, so bleiben sie gleich, wenn man sie jeweils mit demselben Element multipliziert. $v \cdot g = w \cdot g$ multipliziere

man entsprechend mit g^{-1} von rechts.

4. $(g_1 \cdot g_2 \cdot \ldots \cdot g_n) \cdot (g_n^{-1} \cdot g_{n-1}^{-1} \cdot \ldots \cdot g_1^{-1}) = g_1 \cdot g_2 \cdot \ldots \cdot g_n \cdot g_n^{-1} \cdot g_{n-1}^{-1} \cdot \ldots \cdot g_1^{-1}$, und jetzt kürze man auf der rechten Seite der Gleichung von der Mitte aus weg (also $g^n \cdot g^{-n} = id$, etc.), bis die Identität bleibt, d.h., $(g_n^{-1} \cdot g_{n-1}^{-1} \cdot \ldots \cdot g_1^{-1})$ ist das Inverse zu $(g_1 \cdot g_2 \cdot \ldots \cdot g_n)$.

Man kann sich das auch so klarmachen: Zieht man sich an, so zieht man zuerst das Hemd an und dann den Pulli. Beim Ausziehen (dem Rückgängigmachen) zieht man zuerst den Pulli aus und dann das Hemd. $\square$

Die Kürzungsregel 3. gilt keineswegs immer, wenn keine Gruppe vorliegt. So gilt etwa beim Rechnen modulo 12: $4 * 5 = 4 * 2$, denn $4 * 5 = 20$ lässt denselben Rest beim Teilen durch 12 wie $4 * 2 = 8$. Es gilt aber $5 \neq 2$ in $\mathbb{Z}_{12}$. Es gibt zur 4 kein multiplikatives Inverses in $\mathbb{Z}_{12}$.

Satz 2.18 *Sind a, b, c, d Elemente einer Gruppe G, so haben die Gleichungen $xa = c$ und $by = d$ jeweils genau eine Lösung.*

Beweis: Um aus der Isometrie a die Isometrie c zu erzeugen, mache man zuerst die Isometrie a rückgängig und führe danach c aus, also ca^{-1}. Diese Hintereinanderausführung ist eine Isometrie, die genau das Element x ist. Der Satz gilt aber auch für Gruppen, die keine Symmetriegruppen sind: $ca^{-1}a = c$ ist in jeder Gruppe wahr.

$by = d$ hat die Lösung $b^{-1}d$ mit ganz ähnlichen Argumenten. $\square$

Aufgaben

1. Seien a, b, c, d Elemente einer Gruppe G. In der Gruppe gelte die Gleichung $ab^{-1}dca^{-1} = 1$ (1 ist hier das neutrale Element). Lösen Sie diese Gleichung nach d auf.

2. Lösen Sie die Gleichung $(1,3) \circ x = (1,2)(3,4)$ in der Gruppe D_4. (Tipp: Kein Problem mit GAP.)

3. Was ergibt $((g^{-1})^{-1})^{-1}$ für ein Element g in einer Gruppe G?

2.5 Die Ordnung eines Elements

Definition 2.19 *Die* Ordnung *oder* Periode *eines Elements g in einer Gruppe ist die kleinste Zahl $n \in \mathbb{N}$, so dass $g^n = e$ gilt. Man schreibt auch $|g| = n$.*

Jede Spiegelung hat die Ordnung 2 (`Order` gibt die Ordnung eines Elements in GAP):

```
gap> Order((1,2));
2
```

Elemente der Ordnung 2 heißen *Involutionen*.

Die Identität ist in jeder Gruppe das einzige Element der Ordnung 1:

```
gap> Order(());
1
```

Weitere Beispiele:

```
gap> Order((1,3,5,7,9));
5
gap> Order((1,4,8,5,3)(2,7,6));
15
```

Leicht sieht man ein, dass die Ordnung einer Permutation gleich dem kleinsten gemeinsamen Vielfachen der Zyklenlängen ist.

In $\mathbb{Z}$ haben alle Elemente, außer dem neutralen, die Ordnung unendlich.

Die Symmetriegruppe des Bandornaments aus Abbildung 1.3 hat die Ordnung unendlich, denn sie enthält unendlich viele Translationen. Jede dieser Translationen (außer der Identität) hat selbst die Ordnung unendlich.

Die Ordnung der Translationen der Symmetriegruppe $G_{(4,4)}$ der Zerlegung der Ebene aus Beispiel 1.2 ist unendlich. Eine Translation hat immer unendliche Ordnung: Führt man eine Verschiebung der Ebene mehrfach hintereinander aus, so kann dabei nie die Identität entstehen.

Die Ordnung einer Drehung um $360/n$ Grad ist n für jedes $n \in \mathbb{N}$. Für andere Winkel α ist die Ordnung der zugehörigen Drehung die kleinste Zahl $k \in \mathbb{N}$, so dass $k\alpha$ ein Vielfaches von 360 Grad ergibt.

Sind zwei Gruppen isomorph, so haben sie dieselbe Anzahl Elemente. Die Gruppen $(\mathbb{Z}_4, +_4)$ und $(D_2, \circ)$ haben jede vier Elemente. Sind sie isomorph? In $\mathbb{Z}_4$ hat die 1 die Ordnung 4 (d.h. $|1| = 4$). In der Gruppe D_2 gibt es jedoch kein Element der Ordnung 4: Die D_2 ist die Symmetriegruppe eines „regulären 2-Ecks", also einer Strecke (siehe Abbildung 2.4). Sie enthält zwei Spiegelungen s_a und s_b der Ordnung 2 und eine Drehung um 180 Grad, die auch die Ordnung 2 hat. Also sind die

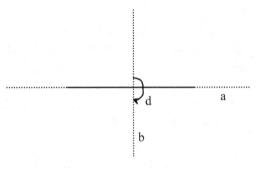

Abbildung 2.4: Strecke

Gruppen D_2 und $\mathbb{Z}_4$ nicht isomorph. Die Spiegelung s_a in Abbildung 2.4 ist eine

echte Deckabbildung der Strecke, denn sie ist eine Isometrie der Ebene, die die
Strecke auf sich abbildet. Sie ist damit nicht gleich der Identität id.

Definition 2.20 *Die Gruppe* $D_2 = \{id, d, s_a, s_b\}$ *heißt Klein'sche Vierergruppe,*
nach dem Mathematiker FELIX KLEIN *(1849–1925).*

Die Gruppe der Raute aus Beispiel 2.8 auf Seite 18 ist isomorph zur Gruppe D_2,
weil sie aus denselben Isometrien besteht (siehe Abbildung 1.5): Außer der Identität
sind das zwei Spiegelungen entlang zueinander senkrecht stehender Spiegelachsen
und eine Drehung um deren Schnittpunkt um 180 Grad. Jede Figur in der Ebene
mit diesen Symmetrien hat dieselbe Gruppe, also auch ein Rechteck, welches kein
Quadrat ist.

Satz 2.21 *Ist die Ordnung eines Elements* $g \in G$ *endlich und gleich der Ordnung*
der Gruppe G, *so ist* G *zyklisch und wird von* g *erzeugt.*

Beweis: Wenn wir gezeigt haben, dass G von g erzeugt wird, so haben wir bewiesen, dass G zyklisch ist. Wir müssen also nur zeigen, dass g die Gruppe G
erzeugt.
Sei $|g| = |G| = n$. Es gilt also $g^n = id$, aber $g^i \neq id$, $\forall i < n$. Es sind
$\{id, g, g^2, \ldots, g^{n-1}\}$ lauter verschiedene Elemente: Aus $g^i = g^j$ folgt nach Satz 2.17
3. (siehe Seite 26) nämlich, dass $g^{i-j} = id$ und das ist wiederum nur wahr für $i = j$.
Wegen $|G| = n$ folgt also:

$$G = \{id, g, g^2, \ldots, g^{n-1}\}$$

Jedes Element der Gruppe ist also als g-Potenz geschrieben. Deswegen erzeugt g
die Gruppe G.   □

Im letzten Beispiel dieses Kapitels betrachten
wir Isometrien im $\mathbb{R}^3$.

Beispiel 2.22 *Die Symmetriegruppe* S_4 *des*
Tetraeders, die Tetraedergruppe, *hat die Ord-*
nung 24.

Betrachte das Tetraeder aus Abbildung 2.5.
Hier ist die Permutationsschreibweise sehr hilfreich. Jede Isometrie des $\mathbb{R}^3$, die dieses Tetraeder auf sich abbildet, lässt sich eindeutig
durch die Bilder der Eckpunkte des Tetraeders
beschreiben und damit durch eine Permutation
der Zahlen 1,2,3,4.

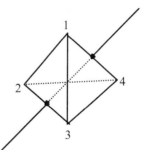

Abbildung 2.5: Tetraeder

Welche Drehungen lässt das Tetraeder zu? Da gibt es beispielsweise Drehungen um
die Achse durch den Punkt 1 und den Mittelpunkt des gegenüberliegenden Dreiecks.

Diese Drehungen lassen sich schreiben als $(2,3,4), (2,3,4)^2 = (2,4,3), (2,3,4)^3 = id$. $(2,3,4)$ beschreibt also eine Drehung der Ordnung 3. Von diesem Typ Drehachse gibt es 4, je nach Ecke des Tetraeders, durch die die jeweilige Achse verläuft. Wir haben bisher also 9 Elemente der S_4:

$$S_{4,1} = \{id, (2,3,4), (2,4,3), (1,3,4), (1,4,3), (1,2,4), (1,4,2), (1,2,3), (1,3,2)\}$$

Wir können eine 180-Grad-Drehung um die Achse durchführen, die durch den Mittelpunkt der Kante 1, 4 und den Mittelpunkt der Kante 2, 3 verläuft. Sie ist in Abbildung 2.5 eingezeichnet. Diese Drehung schreibt sich als $(2,3)(1,4)$. Sie hat die Ordnung 2. Von diesem Typ Drehung gibt es drei, genauso viele wie Paare gegenüberliegender Kanten:

$$S_{4,2} = \{(2,3)(1,4), (1,2)(3,4), (1,3)(2,4)\}$$

Spiegeln kann man etwa an der Ebene, die durch die Punkte 1 und 3 und den Mittelpunkt der Kante 2, 4 geht. Diese Spiegelung entspricht der Permutation $(2,4)$. Wie jede Spiegelung hat sie die Ordnung 2. Zu jeder der sechs Kanten des Tetraeders gibt es solch eine Spiegelung. Hier sind alle diese Spiegelungen beschrieben:

$$S_{4,3} = \{(2,4), (1,2), (1,3), (1,4), (2,3), (3,4)\}$$

Die restlichen sechs Isometrien lassen sich schwerer visualisieren. Wir können sie aber als Produkt (Hintereinanderausführung) einer Ebenenspiegelung aus $S_{4,3}$ mit einer Achsendrehung aus $S_{4,1}$ schreiben. Zum Beispiel: $(2,4)(1,2,3) = (1,4,2,3)$. Von diesem Typ Isometrien gibt es sechs:

$$S_{4,4} = \{(1,2,4,3), (1,2,3,4), (1,3,2,4), (1,3,4,2), (1,4,2,3), (1,4,3,2)\}$$

Insgesamt haben wir also die behaupteten 24 Isometrien aufgezählt. Mehr kann es nicht geben, denn es gibt nur $24 = 4*3*2*1$ Permutationen der Zahlen 1,2,3,4. Alle Permutationen von 4 Zahlen bilden also eine Gruppe, die *symmetrische Gruppe* S_4, und diese ist isomorph zur Tetraedergruppe. Deswegen haben wir die Tetraedergruppe auch S_4 genannt.

Allgemeiner heißt die Gruppe aller Permutationen von n Elementen bezüglich Hintereinanderausführung *symmetrische Gruppe* S_n. Details finden sich in Abschnitt 4.1.

Die Tetraedergruppe lässt sich in GAP definieren. Dazu machen wir uns klar, dass wir durch Hintereinanderausführung von Elementen aus $S_{4,3}$ alle Elemente der Tetraedergruppe erhalten (siehe Aufgabe 5). Es reichen sogar noch weniger Elemente aus; welche?

```
gap> Tetra:=Group((2,4),(1,2),(1,3),(1,4),(2,3),(3,4));
Group([ (2,4), (1,2), (1,3), (1,4), (2,3), (3,4) ])
```

```
gap> Size(Tetra);
24
gap> Elements(Tetra);
[ (), (3,4), (2,3), (2,3,4), (2,4,3), (2,4), (1,2), (1,2)(3,4),
  (1,2,3), (1,2,3,4), (1,2,4,3), (1,2,4), (1,3,2), (1,3,4,2),
  (1,3), (1,3,4), (1,3)(2,4), (1,3,2,4), (1,4,3,2), (1,4,2),
  (1,4,3), (1,4), (1,4,2,3), (1,4)(2,3) ]
```

Die Tetraedergruppe wird also erzeugt von den Elementen aus $S_{4,3}$.

Prinzipiell kann eine Gruppe auch unendlich viele Erzeugende benötigen. Jede endlich erzeugte Gruppe hat nämlich nur abzählbar viele Gruppenelemente: Wir zählen zuerst die Identität, dann alle Gruppenelemente der Länge 1 (also die sich mit einer Erzeugenden oder Inversen einer Erzeugenden darstellen lassen), dann alle Gruppenelemente der Länge 2 usw. Da es zu einer fest vorgegebenen Länge nur endlich viele Gruppenelemente gibt, führt dieses Verfahren zu einer Abzählung aller Gruppenelemente. Da die reellen Zahlen überabzählbar sind, haben wir bewiesen:

Satz 2.23 *Die reellen Zahlen mit der gewöhnlichen Addition bilden eine nichtendlich erzeugte Gruppe.*

Wir betrachten im Weiteren aber, bis auf wenige Ausnahmen, nur *endlich erzeugte* Gruppen. Hier kommt eine weitere Ausnahme:

Satz 2.24 *Die Isometriegruppe $\mathcal{E}$ der euklidischen Ebene wird von allen Spiegelungen erzeugt.*

Beweis: Nach Satz 1.9 erhalten wir jede Translation als Produkt zweier Spiegelungen (entlang paralleler Geraden senkrecht zur Translationsrichtung mit Abstand gleich der halben Länge des Translationsvektors). Derselbe Satz erweist jede Drehung als Produkt zweier Spiegelungen (die beiden zugehörigen Geraden schneiden sich im Drehpunkt mit dem halben Drehwinkel). Satz 1.6 auf Seite 9 zeigt, dass jede Isometrie der Ebene entweder Translation, Spiegelung, Gleitspiegelung oder Drehung ist. Wir müssen also nur noch zeigen, dass wir eine Gleitspiegelung durch Spiegelungen erzeugen können.
Eine Gleitspiegelung ist eine Spiegelung gefolgt von einer Translation und lässt sich damit durch drei Spiegelungen erzeugen, zwei davon für die Translation. □

$\mathcal{E}$ ist natürlich nicht endlich erzeugt. Sogar die Symmetriegruppe eines Kreises in der Ebene ist, nach Aufgabe 6, nicht endlich erzeugt.

Aufgaben

1. Bestimmen Sie die Ordnung der 3 in $(\mathbb{Z}_7, +_7)$ und der 5 in $(\mathbb{Z}_{20}, +_{20})$. (Tipp: Nutzen Sie GAP.)

2. Welche Ordnung hat $1/3$ in $(\mathbb{Q} - \{0\}, *)$?

3. Geben Sie eine Gruppe an, die Elemente der Ordnung 2, 3 und 4 enthält (Hinweis: Spiegelungen haben immer die Ordnung 2. Gibt es Drehungen der Ordnung 3 und 4 in einem regulären n-Eck?).

4. Beweisen Sie: Eine Gruppe ist abelsch, wenn jedes ihrer Elemente die Ordnung 2 hat.

5. Erzeugen Sie die Elemente von $S_{4,2}$ (siehe Beispiel 2.22) aus den Elementen von $S_{4,3}$. Erzeugen Sie die Elemente von $S_{4,1}$ aus den Elementen von $S_{4,3}$. Wenn Sie Mühe haben, die Elemente zu verknüpfen, so nutzen Sie GAP.

6. Zeigen Sie, dass die Symmetriegruppe eines Kreises unendlich erzeugt ist.

7. Welche Ordnung hat die Symmetriegruppe eines Oktaeders?

8. Erzeugen Sie mit GAP eine *Gruppentafel* (Verknüpfungstafel) mit dem Befehl `MultiplicationTable(Elements(G));`, wobei `G` eine in GAP definierte endliche (am besten möglichst kleine) Gruppe sein muss. Aus dieser Gruppentafel können Sie für je zwei Elemente einer Gruppe ihr Produkt ablesen (lesen Sie auch das entsprechende Thema in der Dokumentation zu GAP).

9. Zeigen Sie, dass die Gruppe der rationalen Zahlen bezüglich Addition unendlich erzeugt ist.

Kapitel 3

Untergruppen und Homomorphismen

In diesem Kapitel untersuchen wir Untergruppen, also Teilmengen von Gruppen, die selbst Gruppen bilden, und Abbildungen (Homomorphismen) zwischen Gruppen, die die Gruppenstruktur übertragen. Wir gewinnen erste Erkenntnisse, welche Untergruppen von Gruppen auftreten können (Satz von Lagrange), und können präzise definieren, wann zwei Gruppen als „gleich" (isomorph) anzusehen sind. Außerdem ordnen wir jedem Homomorphismus eine Untergruppe mit bestimmten Eigenschaften (einen Normalteiler) zu. Im letzten Abschnitt wenden wir unsere Erkenntnisse auf die Untergruppe der Translationen von der Symmetriegruppe der Ebene an.

3.1 Untergruppen

Beispiel 3.1 *Wir betrachten von der Symmetriegruppe D_6 des regulären Sechsecks aus Abbildung 3.1 die Menge U der Isometrien, die die Menge der Punkte $\{1,3,5\}$ in sich überführen.*

U enthält drei Spiegelungen. Die zugehörigen Spiegelachsen sind eingezeichnet. Außerdem enthält U die Identität und Drehungen um 120 und 240 Grad. U ist die Gruppe des regulären Dreiecks. In der Tat besteht U aus genau den Isometrien, die ein Dreieck mit den Eckpunkten 1, 3 und 5 in sich überführen. Gleichzeitig ist U Teilmenge von D_6. U ist der *Stabilisator* der Punktmenge $\{1,3,5\}$ (d.h., jedes Element aus U führt die Punktmenge in sich über) und eine *Untergruppe* von D_6 (d.h. eine Teilmenge von D_6, die selbst eine Gruppe bildet).

In Abschnitt 2.2 haben wir die Menge D_n^+ als die Menge der Drehungen aus D_n einschließlich dem Element *id* (das ist eine Drehung um 0 Grad) definiert. Wie wir

S. Rosebrock, *Anschauliche Gruppentheorie*,
https://doi.org/10.1007/978-3-662-60787-9_3

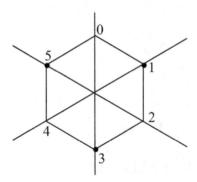

Abbildung 3.1: Reguläres Sechseck

bereits gesehen haben, gilt:

$$D_n^+ = \{id, d, d^2, d^3, \ldots, d^{n-1}\}$$

Wir haben uns außerdem klargemacht, dass diese Drehungen bezüglich der Hintereinanderausführung eine Gruppe bilden. Dabei ist die Menge D_n^+ eine Teilmenge von D_n, die mit derselben Verknüpfung (der Hintereinanderausführung) von D_n eine Gruppe bildet.

Definition 3.2 *Eine Teilmenge U einer Gruppe G heißt* Untergruppe *von G, wenn U mit der Verknüpfung von G selbst eine Gruppe bildet.*

Wir schreiben $U < G$, wenn U eine Untergruppe von G ist. Es gilt also: $D_n^+ < D_n$. Jede Gruppe enthält sich selbst als Untergruppe, also $G < G$. Außerdem enthält jede Gruppe die *triviale Gruppe* als Untergruppe. Das ist die Gruppe, die nur aus dem neutralen Element besteht. Wir bezeichnen sie oft mit $\{e\}$. Eine Untergruppe einer Gruppe G, die nicht die triviale Gruppe und nicht G selbst ist, heißt *echte Untergruppe* von G.

Um uns Untergruppen in GAP anzuschauen, definieren wir dort zuerst eine Gruppe. In Aufgabe 5 aus Abschnitt 2.1 wurde bewiesen, dass die Gruppe D_n von einer beliebigen Spiegelung $s \in D_n$ und einer Drehung um den Mittelpunkt des regulären n-Ecks um $360/n$ Grad erzeugt wird. Wir können also die Gruppe D_4 in GAP durch eine Spiegelung an einer Geraden durch die Ecken 2 und 4 (beschrieben durch die Permutation (1,3)) und eine Drehung um 90 Grad (beschrieben durch die Permutation (1,2,3,4)) definieren (siehe Abbildung 1.6).

Anschließend erzeugt der Befehl `Subgroup` eine Untergruppe. Auch hier brauchen wir nur die Erzeugenden der Untergruppe anzugeben. Wir wollen D_4^+ erzeugen. Diese Gruppe ist zyklisch, wird also von nur einem Element erzeugt, einer Drehung um 90 Grad:

```
gap> D4:=Group((1,3),(1,2,3,4));
Group([ (1,3), (1,2,3,4) ])
gap> D4plus:=Subgroup(D4,[(1,2,3,4)]);
Group([ (1,2,3,4) ])
gap> Elements(D4plus);
[ (), (1,2,3,4), (1,3)(2,4), (1,4,3,2) ]
```

Die Gruppe $G_{(4,4)}$ der Zerlegung der Ebene in Quadrate aus Beispiel 2.6 auf Seite 17 hat die Gruppe D_4 des Quadrats als Untergruppe. Diese Untergruppe wird erzeugt von den Elementen s_a, s_b (siehe Abbildung 2.1). Sie ist der Stabilisator des Schnittpunkts der Achsen a und b in $G_{(4,4)}$.

Die Gruppe des Quadrats kommt als Untergruppe sogar unendlich oft vor: In jedem der Quadrate der Zerlegung aus Abbildung 1.4 lassen sich nämlich zwei Spiegelachsen analog den Achsen a, b durchlegen. Die zugehörigen Spiegelungen erzeugen dann eine weitere Untergruppe D_4. Der Stabilisator von einem beliebigen Mittelpunkt eines Quadrats ist also eine Untergruppe D_4. Aber auch die Stabilisatoren der Schnittpunkte der Geraden aus Abbildung 1.4 bilden Untergruppen, die isomorph zu D_4 sind.

Im ersten Kapitel haben wir orientierungserhaltende und orientierungsumkehrende Isometrien betrachtet. Orientierungsumkehrende Isometrien der Ebene sind Spiegelungen und Gleitspiegelungen, dabei wird die Ebene „umgeklappt" (siehe Satz 1.6).

Orientierungserhaltende Isometrien sind Drehungen und Translationen. Verknüpft man zwei orientierungserhaltende Isometrien, so ist das Resultat wieder eine orientierungserhaltende Isometrie. Das Inverse einer orientierungserhaltenden Isometrie ist wieder orientierungserhaltend. Die identische Abbildung ist orientierungserhaltend. Alle orientierungserhaltenden Isometrien der Ebene bilden also eine Gruppe und deswegen gilt nach Definition 3.2:

Satz 3.3 *Die orientierungserhaltenden Isometrien $\mathcal{E}^+$ der Ebene bilden eine Untergruppe der Gruppe $\mathcal{E}$ der Isometrien der Ebene.*

Mit denselben Argumenten sieht man:

Satz 3.4 *Die orientierungserhaltenden Isometrien einer Figur F in der Ebene bilden eine Untergruppe der Symmetriegruppe von F.*

Ist G die Symmetriegruppe einer Figur F, so bezeichnen wir die Untergruppe der orientierungserhaltenden Isometrien als G^+. Das erklärt die Bezeichnung D_n^+. Die Drehungen sind nämlich gerade die orientierungserhaltenden Isometrien des regulären n-Ecks.

Sei F eine beliebige Figur in der Ebene (oder ein Körper im $\mathbb{R}^3$) und $S \subset F$. Sei G die Symmetriegruppe von F. Dann bilden die Elemente von G, die S auf S

abbilden, eine Untergruppe $G(S) < G$, den *Stabilisator* von S. Mit $u \in G(S)$ ist nämlich auch die Abbildung u^{-1}, die u rückgängig macht, von der Form, dass sie S auf S abbildet, also $u^{-1} \in G(S)$. Aus $u, v \in G(S)$ folgt $uv \in G(S)$. In Beispiel 3.1 ist die Gruppe D_3 der Stabilisator der Eckpunkte 1,3,5 im regulären Sechseck, und deswegen gilt $D_3 < D_6$.

Definition 3.5 $\mathcal{O}_2 < \mathcal{E}$ *ist die Untergruppe, deren Elemente den Koordinatenursprung festhalten, die* orthogonale Gruppe.

Die orthogonale Gruppe ist also der Stabilisator des Ursprungs in der Symmetriegruppe der Ebene.

Der Stabilisator des Punktes 1 aus Beispiel 2.22 auf Seite 29 ist die Untergruppe, die aus allen Isometrien besteht, die den Punkt 1 festlassen. Die Punkte 2,3,4 können also beliebig permutiert werden. Deshalb gilt für den Stabilisator $S_4(1) = D_3$ (last gibt die letzte Ausgabe):

```
gap> Tetra:=Group((2,4),(1,2),(1,3),(1,4),(2,3),(3,4));
Group([ (2,4), (1,2), (1,3), (1,4), (2,3), (3,4) ])
gap> Stabilizer(Tetra,1);
Group([ (3,4), (2,3,4) ])
gap> Elements(last);
[ (), (3,4), (2,3), (2,3,4), (2,4,3), (2,4) ]
```

Den Stabilisator der Kante 1,2 des Tetraeders erhalten wir folgendermaßen:

```
gap> Stabilizer(Tetra,[1,2],OnSets);
Group([ (1,2)(3,4), (3,4) ])
gap> Elements(last);
[ (), (3,4), (1,2), (1,2)(3,4) ]
```

Wir können noch viele weitere Beispiele von Untergruppen angeben: Jede Spiegelung einer Figur erzeugt eine Untergruppe der Ordnung 2 in der Symmetriegruppe der Figur:

```
gap> Subgroup(D4,[(1,3)]);
Group([ (1,3) ])
gap> Elements(last);
[ (), (1,3) ]
```

Verknüpft man zwei Translationen der Ebene miteinander, so entsteht wieder eine Translation. Zu jeder Translation ist die inverse Abbildung wieder eine Translation. Die Identität kann als Translation um den 0-Vektor aufgefasst werden. Translationen sind orientierungserhaltend. Es gilt also:

Satz 3.6 *Die Translationen bilden eine Untergruppe von* $\mathcal{E}^+$.

Diese Untergruppe der Translationen heiße $\mathcal{T}$.

Satz 3.7 $(\mathbb{Z}, +) < (\mathbb{Q}, +)$.

Beweis: Die rationale Zahl 0 ist eine ganze Zahl. Das neutrale Element von $(\mathbb{Q}, +)$ ist also gleichzeitig neutrales Element von $(\mathbb{Z}, +)$. Das Inverse einer ganzen Zahl ist ganz. $\qquad\square$

Wir betrachten die Gruppe $(\mathbb{Z}_8, +_8)$. Dabei ist $\mathbb{Z}_8 = \{0, 1, 2, 3, 4, 5, 6, 7\}$. Die Gruppe $(U, +_8)$ mit $U = \{0, 2, 4, 6\}$ bildet eine Untergruppe der Gruppe $\mathbb{Z}_8$, weil: Für das neutrale Element 0 gilt $0 \in U$, und die Addition mod 8 von geraden Zahlen ergibt immer eine gerade Summe (z.B. $4 +_8 6 = 2$). Die Inversen sind auch vorhanden (z.B. $2 +_8 6 = 0$ oder $4 +_8 4 = 0$).
Die Menge $H = \{0, 2, 4, 5\}$ bildet keine Untergruppe von $\mathbb{Z}_8$, weil zum Beispiel $2 +_8 5 = 7 \notin H$.

Beispiel 3.8 *Ein Rechteck lässt sich in ein reguläres 8-Eck einbeschreiben, wie in Abbildung 3.2. Jede Isometrie des Rechtecks ist auch eine des regulären 8-Ecks. Also ist die Gruppe des Rechtecks (die Klein'sche Vierergruppe: siehe Beispiel 2.20 auf Seite 29) Untergruppe der Gruppe D_8. Sie ist Stabilisator der Eckenmenge $\{1, 4, 5, 8\}$.*

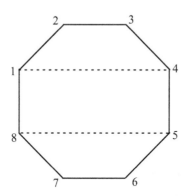

Abbildung 3.2: Ein Rechteck in einem regulären 8-Eck

In GAP mit den Eckpunktbezeichnungen aus Abbildung 3.2 erzeugen wir die Gruppe D_8 mit einer Spiegelung und einer Drehung um 45 Grad im Uhrzeigersinn.

```
gap> D8:=Group((1,2)(8,3)(7,4)(6,5),(1,2,3,4,5,6,7,8));
Group([ (1,2)(3,8)(4,7)(5,6), (1,2,3,4,5,6,7,8) ])
gap> D2:=Subgroup(D8,[(1,4)(8,5)(2,3)(7,6), (1,8)(4,5)(2,7)(3,6)]);
Group([ (1,4)(2,3)(5,8)(6,7), (1,8)(2,7)(3,6)(4,5) ])
gap> Elements(D2);
```

```
[ (), (1,4)(2,3)(5,8)(6,7), (1,5)(2,6)(3,7)(4,8),
    (1,8)(2,7)(3,6)(4,5) ]
```

Dabei entspricht $(1,2)(8,3)(7,4)(6,5)$ einer Spiegelung an der Geraden durch die Mittelpunkte der Kanten 1 2 und 5 6. Das Element $(1,4)(8,5)(2,3)(7,6)$ entspricht einer Spiegelung an der vertikalen Geraden durch den Rechtecksmittelpunkt und $(1,8)(4,5)(2,7)(3,6)$ an der horizontalen Geraden. Um die Symmetriegruppe des Rechtecks zu definieren, würden in GAP vier Eckpunkte genügen, als Untergruppe der Gruppe D_8 sind jedoch alle acht Eckpunkte des 8-Ecks notwendig.

Die Tetraedergruppe S_4 aus Beispiel 2.22 auf Seite 29 ist Untergruppe der Würfelgruppe (siehe Abschnitt 1.4). Es lässt sich nämlich das Tetraeder in den Würfel einbeschreiben, wie in Abbildung 3.3, und man beobachtet, dass jede Isometrie des Tetraeders auch eine des Würfels ist. Die Gruppe S_4 tritt also als Stabilisator von 4 ausgewählten Eckpunkten des Würfels in der Würfelgruppe auf.

Das Folgende ist ein sehr allgemeines Kriterium für Untergruppen:

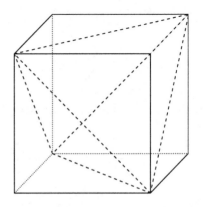

Abbildung 3.3: Tetraeder im Würfel

Satz 3.9 *Eine nichtleere Teilmenge H einer Gruppe G ist genau dann eine Untergruppe von G, wenn*

$$\forall a, b \in H \text{ gilt } ab^{-1} \in H.$$

Beweis: Wir zeigen, dass, falls die obige Bedingung erfüllt ist, H eine Untergruppe ist: H ist nichtleer, also gibt es ein $g \in H$. Die Assoziativität ist in H erfüllt, weil ihre Elemente in G liegen und sie in G erfüllt ist.
Existenz des neutralen Elements: Mit $g, g \in H$ in die obige Bedingung eingesetzt, folgt $gg^{-1} = e \in H$.
Existenz des Inversen: Zu $a \in H$ ist auch (setze e, a in die obige Bedingung ein) $ea^{-1} = a^{-1} \in H$.
Abgeschlossenheit: Zu $a, b^{-1} \in H$ ist $a(b^{-1})^{-1} = ab \in H$. Also ist H eine Untergruppe von G. Die Umkehrung ist klar. $\square$

Man kann aber auch beliebige Elemente einer Gruppe herausgreifen und fragen, welche Untergruppe diese Elemente erzeugen: In der Symmetriegruppe des regulären 8-Ecks D_8 betrachten wir die Untergruppe U, die von einer Drehung um 90

Grad erzeugt wird, also $U = \langle d_{90} \rangle$. Wir müssen so viele Elemente zu $\{d_{90}\}$ hinzunehmen, bis die entstehende Menge eine Untergruppe bildet. Da $d_{90} \in U$, muss auch $d_{90} \circ d_{90}$ und $d_{90} \circ d_{90} \circ d_{90}$ in U sein. Jede Untergruppe muss die Identität enthalten. Es gilt also:

$$U = \{id, d_{90}, d_{90} \circ d_{90}, d_{90} \circ d_{90} \circ d_{90}\}$$

oder einfacher geschrieben:

$$U = \{id, d_{90}, d_{90}^2, d_{90}^3\}$$

Damit ist die Menge U abgeschlossen bezüglich Inversenbildung und alle Produkte sind enthalten. Also ist U eine Teilmenge von D_8, die selbst eine Gruppe ist, also eine Untergruppe von D_8.

Wir verallgemeinern auf mehr Erzeugende: Sei G eine Gruppe und $g_1, g_2, \ldots, g_n \in G$. Dann ist

$$U = \langle g_1, g_2, \ldots, g_n \rangle$$

die kleinste Untergruppe von G, die die Elemente $g_1, g_2, \ldots, g_n$ enthält. So eine Untergruppe gibt es immer, sie kann auch ganz G sein. U heißt *die von* $g_1, g_2, \ldots, g_n$ *erzeugte Untergruppe*. Ist dabei $n = 1$ (gesucht also $\langle g_1 \rangle$), so ist die entstehende Untergruppe zyklisch, weil sie von dem einen Element g_1 erzeugt wird.

Als weiteres Beispiel betrachten wir die Gruppe $(\mathbb{Z}, +)$ mit der Untergruppe $U = \langle 2 \rangle$. Wegen $2 \in U$ muss auch $-2 \in U$ und $2 + 2 = 4 \in U$ sein. Mit weiteren Argumenten desselben Typs folgt:

$$U = \{\ldots, -6, -4, -2, 0, 2, 4, 6, 8, \ldots\}$$

Die Menge aller geraden Zahlen bilden also eine Untergruppe in $(\mathbb{Z}, +)$. Das ist auch auf andere Weise leicht zu sehen: Die Summe zweier gerader Zahlen ist gerade, die 0 (als neutrales Element) ist gerade und das Negative einer geraden Zahl ist gerade.

Satz 3.10 *Die Untergruppen einer zyklischen Gruppe sind zyklisch.*

Beweis: Sei $G = \langle g \rangle$ eine zyklische Gruppe und $U < G$ eine nichttriviale Untergruppe (die triviale Gruppe ist per Definition zyklisch). Sei $g^n \in U$ so gewählt, dass der Exponent n den minimal möglichen Betrag aller Potenzen von g ungleich der Identität hat. Sei $g^k \in U$ ein beliebiges Element der Untergruppe. Es lässt sich nun die Division mit Rest von k durch n durchführen, d.h.:

$$k = ni + r, \quad 0 \le r < |n|$$

Es gilt also $g^k = g^{ni} \circ g^r$ oder, anders ausgedrückt: $g^r = g^k \circ (g^n)^{-i}$ (nach Multiplikation von beiden Seiten mit g^{-ni}). Die rechte Seite ist ein Element von U und deswegen ist $g^r \in U$. Da aber $|n|$ minimal ist, folgt $r = 0$ und deswegen $g^k = (g^n)^i$. Es lässt sich also jedes Element der Untergruppe durch eine Potenz von g^n ausdrücken, und deshalb ist $U = \langle g^n \rangle$ zyklisch. $\qquad\square$

Aufgaben

1. Beweisen Sie: $(\mathbb{Q} - \{0\}, *) < (\mathbb{R} - \{0\}, *)$.

2. Beweisen Sie: Der Durchschnitt zweier Untergruppen einer Gruppe G bildet eine Untergruppe von G.

3. Bilden alle Drehungen eine Untergruppe der Isometriegruppe der Ebene?

4. Es sei $G = \langle a, b \rangle$ eine von zwei Elementen erzeugte Gruppe. Zeigen Sie: Gilt $ab = ba$ in G, so ist G abelsch.

5. Beweisen Sie, dass die Elemente endlicher Ordnung in einer abelschen Gruppe eine Untergruppe bilden.

6. Bestimmen Sie alle zyklischen Gruppen.

7. Beweisen Sie, dass es zu $n \in \mathbb{N}$ nur endlich viele Gruppen der Ordnung n gibt. Können Sie eine obere Schranke für die Anzahl dieser Gruppen angeben?

8. Welche Ordnungen können die Elemente von $\mathbb{Z}_{18}$ haben? Nennen Sie zu jeder möglichen Ordnung ein Element.
   Tipp: Wenn Sie theoretisch Mühe haben, nutzen Sie GAP durch
   `Z18:=Group((1,2,3,4,5,6,7,8,9,10,11,12,13,14,15,16,17,18));`

9. Bestimmen Sie alle Gruppen der Ordnungen 1,2,3,4 und 5. Weisen Sie insbesondere nach, dass die einzigen Gruppen der Ordnung 4 die Gruppe $\mathbb{Z}_4$ und die Klein'sche Vierergruppe sind.

3.2 Nebenklassen und der Satz von Lagrange

Wir betrachten die Drehgruppe $D_n^+ < D_n$ als Untergruppe der Symmetriegruppe des regulären n-Ecks. Seien $s_1, \ldots, s_n \in D_n$ alle Spiegelungen. Verknüpfen wir eine beliebige Spiegelung mit s_1, so erhalten wir eine Drehung: $s_1 \circ s_i = d$, oder, nach Multiplikation von s_1 von links, $s_i = s_1 \circ d$. Multiplizieren wir auf diese Weise alle Spiegelungen der Gruppe D_n mit s_1, so erhalten wir alle Drehungen, oder anders gesagt, wir erhalten alle Spiegelungen durch Multiplikation von s_1 mit allen Drehungen, also:

$$D_n = \{id, d, d^2, \ldots, d^{n-1}, s_1, s_1 d, s_1 d^2, \ldots, s_1 d^{n-1}\}$$

Wir schreiben $s_1 D_n^+$ für $\{s_1, s_1 d, s_1 d^2, \ldots, s_1 d^{n-1}\}$. Es gilt also:
$D_n = D_n^+ \cup s_1 D_n^+$.
Allgemein: Sei H eine Untergruppe der Gruppe G und $g \in G$. Sei
$gH = \{gh \mid h \in H\}$. gH heißt *Linksnebenklasse* von G. Die Elemente von gH bilden eine Teilmenge von G.

Beispiel 3.11 *In GAP betrachten wir das Paar $D_4^+ < D_4$ und die Linksnebenklasse $(2,4) D_4^+$:*

```
gap> D4:=Group((1,3),(1,2,3,4));
Group([ (1,3), (1,2,3,4) ])
gap> D4plus:=Subgroup(D4,[(1,2,3,4)]);
Group([ (1,2,3,4) ])
gap> Elements(D4plus)*(2,4);
[ (2,4), (1,2)(3,4), (1,3), (1,4)(2,3) ]
```

Es gibt entsprechend *Rechtsnebenklassen*: $Hg = \{hg \mid h \in H\}$.

```
gap> (2,4)*Elements(D4plus);
[ (2,4), (1,4)(2,3), (1,3), (1,2)(3,4) ]
```

In diesem speziellen Fall sind Links- und Rechtsnebenklassen gleich. Das muss nicht so sein, und wir werden später noch Beispiele kennenlernen, bei denen das nicht so ist (siehe Beispiel 3.19).

Satz 3.12 *Sei G eine Gruppe und $H < G$ eine Untergruppe. Dann kann man G als disjunkte Vereinigung von Linksnebenklassen schreiben.*

Beweis: Es gilt

$$G = \bigcup_{g \in G} gH \tag{3.1}$$

(G ist die Vereinigung der Linksnebenklassen über alle Elemente $g \in G$), weil das neutrale Element $e \in H$ ist. In der Nebenklasse gH ist deswegen nämlich mindestens das Element g.

Wir zeigen, dass, wenn zwei Linksnebenklassen aH und bH ein beliebiges Element c gemeinsam haben, so sind sie gleich. Sei also $c = ah_1$ und $c = bh_2$, wobei $h_1, h_2 \in H$. Dann gilt $a = ch_1^{-1} = bh_2h_1^{-1}$. Jedes Element $ah \in aH$ hat somit die Form $ah = b(h_2h_1^{-1}h) \in bH$. Deswegen gilt $aH \subset bH$. Genauso zeigt man $bH \subset aH$, so dass $aH = bH$ gilt. Jetzt streiche man in (3.1) jede Nebenklasse, die mehrfach vorkommt. Dann ist die Vereinigung disjunkt. $\square$

Der Satz gilt natürlich entsprechend für Rechtsnebenklassen und wird analog bewiesen.

Aus dem Beweis des Satzes folgt insbesondere:

Lemma 3.13 *Ist G eine Gruppe und $H < G$, dann gilt $\forall a, b \in G$:*

$$b \in \dot{a}H \Rightarrow aH = bH$$

Der folgende *Satz von Lagrange* wurde von ihm eigentlich nur für Gruppen von Permutationen bewiesen. Gruppen in der heutigen Form waren damals noch nicht bekannt.

Satz 3.14 *[Lagrange 1771] Die Ordnung einer Untergruppe H einer endlichen Gruppe G ist ein Teiler der Ordnung von G.*

Beweis: Wir zeigen, dass (bei endlichen Gruppen) gilt: $|aH| = |H|, \forall a \in G$. Dann beweist Satz 3.12, dass die Anzahl Elemente in H, multipliziert mit der Anzahl Nebenklassen, die Ordnung von G ergibt.
Wir zeigen sogar, dass es eine bijektive Abbildung $\phi_a \colon H \to aH$ gibt, die durch $\phi_a(h) = ah$ definiert ist, die *Linksmultiplikation mit a*. Die Injektivität sieht man folgendermaßen: Aus $ah_1 = ah_2$ folgt $h_1 = h_2$. Außerdem hat aH höchstens so viele Elemente wie H, und daraus folgt, dass ϕ_a eine Bijektion sein muss. $\square$

Definition 3.15 *Sei G eine Gruppe und $H < G$ eine Untergruppe. Der* Index *von H in G sei die Anzahl der Nebenklassen von H in G. Wir schreiben auch $[G : H]$ für diese Anzahl.*

In GAP:
```
gap> Index(D4, D4plus);
2
```

Der Index ist hier 2, weil die Gruppe D_4^+ genau halb so viele Elemente hat wie die Gruppe D_4.

Im Beweis von Satz 3.14 haben wir gesehen, dass jede Nebenklasse gleich viele Elemente hat. Es folgt also:

Korollar 3.16 *Ist G eine endliche Gruppe und H eine Untergruppe von G, so gilt:*
$|G| = |H| \cdot [G : H]$.

Leicht sieht man jetzt einen Produktsatz für den Index:

Satz 3.17 *Ist G eine endliche Gruppe und $J < H < G$, dann gilt*

$$[G : J] = [G : H][H : J].$$

Beweis: $[G : J] = |G|/|J| = (|G|/|H|) \cdot (|H|/|J|) = [G : H] \cdot [H : J]$. $\qquad\square$

Beispiel 3.18 *In Beispiel 2.6 auf Seite 17 ist die Gruppe $G_{(4,4)}$ gegeben als die Symmetriegruppe der Zerlegung der Ebene in Quadrate. Wie in Abschnitt 3.1 erläutert, gibt es eine Untergruppe $U < G_{(4,4)}$ isomorph zur Gruppe D_4 des Quadrats erzeugt von den Elementen s_a, s_b aus Abbildung 2.1. Der Index $[G_{(4,4)} : U]$ ist unendlich, weil $G_{(4,4)}$ unendlich und U endlich ist.*

Beispiel 3.19 *Wir betrachten noch einmal Beispiel 3.8 auf Seite 37:*

```
gap> D8:=Group((1,2)(8,3)(7,4)(6,5),(1,2,3,4,5,6,7,8));
Group([ (1,2)(3,8)(4,7)(5,6), (1,2,3,4,5,6,7,8) ])
gap> D2:=Subgroup(D8,[(1,4)(8,5)(2,3)(7,6), (1,8)(4,5)(2,7)(3,6)]);
Group([ (1,4)(2,3)(5,8)(6,7), (1,8)(2,7)(3,6)(4,5) ])
gap> Index(D8, D2);
4
```

Es gibt also 4-mal so viele Elemente in der Gruppe D_8 wie in der Gruppe D_2, oder anders ausgedrückt, es gibt 4 Linksnebenklassen der D_2 in der D_8: Eine Nebenklasse erhalten wir durch die Elemente der D_2 selbst:

```
gap> Elements(D2);
[ (), (1,4)(2,3)(5,8)(6,7), (1,5)(2,6)(3,7)(4,8),
    (1,8)(2,7)(3,6)(4,5) ]
```

Wir nehmen ein beliebiges Element, welches nicht in D_2 liegt, und erzeugen damit eine weitere Nebenklasse:

```
gap> (1,2,3,4,5,6,7,8)*Elements(D2);
[ (1,2,3,4,5,6,7,8), (1,3)(4,8)(5,7), (1,6,3,8,5,2,7,4),
    (1,7)(2,6)(3,5) ]
```

Zur Übung sollten Sie diese Isometrien in Abbildung 3.2 nachvollziehen. Wieder nehmen wir ein Element, das in den beiden bereits erzeugten Nebenklassen nicht vorkommt, und erzeugen damit eine weitere Nebenklasse:

```
gap> (1,3,5,7)(2,4,6,8)*Elements(D2);
[ (1,3,5,7)(2,4,6,8), (1,2)(3,8)(4,7)(5,6),
  (1,7,5,3)(2,8,6,4), (1,6)(2,5)(3,4)(7,8) ]
```

und

```
gap> (1,4,7,2,5,8,3,6)*Elements(D2);
[ (1,4,7,2,5,8,3,6), (2,8)(3,7)(4,6),
  (1,8,7,6,5,4,3,2), (1,5)(2,4)(6,8) ]
```

Man überzeuge sich, dass wir alle Elemente der Gruppe D_8 in diesen 4 Linksnebenklassen aufgezählt haben.

In dem Fall sind übrigens die Linksnebenklassen ungleich den Rechtsnebenklassen, weil:

```
gap> Elements(D2)*(1,4,7,2,5,8,3,6);
[ (1,4,7,2,5,8,3,6), (1,7)(2,6)(3,5),
  (1,8,7,6,5,4,3,2), (1,3)(4,8)(5,7) ]
```

und diese Nebenklasse ist verschieden von der obigen Nebenklasse (1,4,7,2,5,8,3,6)*Elements(D2).

Sei G eine Gruppe. Wähle $g \in G$ mit $g \neq e$. Die Elemente
$\langle g \rangle = \{\ldots, g^{-2}, g^{-1}, id, g, g^2, \ldots\}$ bilden eine zyklische Untergruppe $H < G$, die von g erzeugte Untergruppe. H kann durchaus endlich sein, nämlich wenn in der Folge $\ldots, g^{-2}, g^{-1}, id, g, g^2, \ldots$ Wiederholungen auftreten. Zum Beispiel hat die Untergruppe $\langle 2 \rangle$ in $\mathbb{Z}_8$ die Ordnung 4.

Korollar 3.20 *Jede Gruppe, deren Ordnung eine Primzahl ist, ist zyklisch.*

Beweis: Sei G eine Gruppe von Primzahlordnung. Wähle $g \in G$ mit $g \neq id$. Sei H die von g erzeugte Untergruppe. $|G|$ ist endlich, und der Satz von Lagrange sagt, dass die Ordnung von H die von G teilt. Da $|G|$ prim ist, folgt $|H| = 1$ oder $|H| = |G|$. Offensichtlich ist $|H|$ größer als 1, weil $id, g \in H$. Also ist $G \cong H$, und g ist ein Erzeugendes der zyklischen Gruppe G. $\qquad\square$

Korollar 3.21 *Sei G eine endliche Gruppe der Ordnung n und $g \in G$. Dann ist die Ordnung von g ein Teiler von n und $g^n = id$.*

Beweis: Weil G eine endliche Gruppe ist, gibt es in der Folge $id, g, g^2, g^3, \ldots$ Wiederholungen. Also existieren $i < j$, so dass $g^j = g^i$ gilt, und $p = j - i$ sei minimal. Multipliziert man auf beiden Seiten mit g^{-i}, so erhält man $g^p = id$. Weil p minimal gewählt war, hat g die Ordnung p. Die von g erzeugte Untergruppe ist also endlich zyklisch der Ordnung p. Nach dem Satz von Lagrange teilt p die Ordnung von G, was den ersten Teil der Behauptung zeigt. Es gibt also ein $k \in \mathbb{N}$ mit $n = p \cdot k$, d.h.: $g^n = g^{pk} = id^k = id$. $\qquad\qquad\qquad\qquad\qquad\qquad\qquad\qquad\qquad\square$

Aufgaben

1. Zeigen Sie mit ähnlichen Argumenten wie denen aus Beispiel 3.1 auf Seite 34, dass $D_n < D_{2n}$ gilt. Was ist $[D_{2n} : D_n]$?

2. Zeigen Sie: $6\mathbb{Z} = \{6 \cdot k \mid \forall k \in \mathbb{Z}\}$ ist eine Untergruppe von $(\mathbb{Z}, +)$. Allgemeiner: Für alle natürlichen Zahlen $n \geq 2$ ist $n\mathbb{Z} = \{n \cdot k \mid \forall k \in \mathbb{Z}\}$ eine Untergruppe von $(\mathbb{Z}, +)$. Welchen Index hat $n\mathbb{Z}$ in $\mathbb{Z}$?

3. Beschreiben Sie in GAP die Tetraedergruppe S_4 als Untergruppe der Würfelgruppe W (siehe Abbildung 3.3 auf Seite 38). Welchen Index hat S_4 in W?

4. Es gilt $(\mathbb{Z}, +) < (\mathbb{R}, +)$. Wie sehen die Linksnebenklassen von $\mathbb{Z}$ in $\mathbb{R}$ aus? Wie viele Linksnebenklassen gibt es?

5. Sei $m \in \mathbb{N}$ und $m \geq 2$. Die Elemente der Gruppe $\mathbb{Z}_m^*$ seien alle zu m teilerfremden Zahlen zwischen 1 und $m - 1$ mit der Multiplikation modulo m. Die Gruppe $\mathbb{Z}_m^*$ heißt *prime Restklassengruppe* mod m. Zeigen Sie mit Hilfe dieser Gruppe und mit Korollar 3.21 den folgenden

   Satz von Euler: *Sei $a \in \mathbb{N}$ teilerfremd zu $m \in \mathbb{N}$. Dann folgt:*

   $$a^{\varphi(m)} \equiv 1 \ mod \ m,$$

   wobei $\varphi(m)$ die Euler'sche Phi-Funktion *ist, also die Anzahl der zu m teilerfremden Zahlen zwischen 1 und $m - 1$.*
   (LEONHARD EULER [1707–1783] kannte noch keine Gruppen und sah diesen Satz als reinen Satz der Zahlentheorie an.)

6. Sei F ein reguläres 6-Eck und U der Stabilisator zweier gegenüberliegender Kanten von F in der zugehörigen Symmetriegruppe D_6. Zu welcher Ihnen bekannten Gruppe ist U isomorph? Welchen Index hat U in D_6? Bestimmen Sie alle Nebenklassen.

7. Sei G eine Gruppe, $H < G$ und $g_1, g_2 \in G$. Zeigen Sie, dass $g_1 H = g_2 H$ genau dann, wenn $g_1^{-1} g_2 \in H$.

8. Seien U, V endliche Untergruppen der Gruppe G mit teilerfremden Ordnungen (zwei natürliche Zahlen heißen *teilerfremd*, wenn ihr größter gemeinsamer Teiler 1 ist). Zeigen Sie, dass $U \cap V = \{e\}$.

3.3   Homomorphismen

In Abschnitt 2.3 hatten wir Gruppen als „gleich" oder isomorph bezeichnet, wenn sie sich nur durch die Schreibweise ihrer Elemente und durch das Aussehen des Operationszeichens unterscheiden. Zum Beispiel können wir die Gruppe D_3 als Permutationsgruppe schreiben: $D_3' = \{(), (1,2,3), (1,3,2), (1,2), (1,3), (2,3)\}$. Die Operation ist in dem Fall die Verknüpfung von Permutationen. Andererseits gilt: $D_3 = \{id, d_{120}, d_{240}, s_a, s_b, s_c\}$ als Symmetriegruppe des regulären Dreiecks in der Ebene mit der Verknüpfung der Hintereinanderausführung.
Wir präzisieren den Begriff der Isomorphie:

Definition 3.22 *Zwei Gruppen* $(G, \cdot)$ *und* $(H, \#)$ *heißen* isomorph, *wenn es eine bijektive Abbildung* $\phi \colon G \to H$ *gibt, so dass*

$$\phi(u \cdot v) = \phi(u) \,\#\, \phi(v), \quad \forall u, v \in G. \tag{3.2}$$

Die Abbildung ϕ *heißt* Isomorphismus, *und wir schreiben* $G \cong H$.

Bei dem Beispiel des Isomorphismus $\phi \colon D_3 \to D_3'$ wird zu einer gegebenen Isometrie, die das Dreieck auf sich abbildet, die zugehörige Eckpunktpermutation als Bild genommen. Also:

$$\phi(id) = (), \ \phi(d_{120}) = (1,2,3), \ \phi(d_{240}) = (1,3,2),$$

$$\phi(s_a) = (1,2), \ \phi(s_b) = (1,3), \ \phi(s_c) = (2,3)$$

Sei $\mathbb{R}$ die reelle Gerade und t eine Translation in positiver Richtung entlang dieser Geraden um die Strecke 1. Für $k \in \mathbb{Z}$ ist die Translation kt eine Translation um die Strecke $|k|$ in positiver oder negativer Richtung, je nachdem, ob k positiv oder negativ ist. Nun bildet die Menge der Translationen $trans = \{kt \mid k \in \mathbb{Z}\}$ eine Gruppe $(trans, \circ)$ bezüglich Hintereinanderausführung. Es gibt einen Isomorphismus $\phi \colon \mathbb{Z} \to trans$ von der Gruppe $(\mathbb{Z}, +)$ nach $(trans, \circ)$ durch $\phi(k) = kt$. Man sieht sofort, dass ϕ bijektiv ist und $\phi(i+j) = \phi(i) \circ \phi(j)$. Zwei Translationen addieren sich auf der Geraden in ihrer Länge wie normale Zahlen. Die neue Bezeichnung $trans$ ist überflüssig, wir können diese Gruppe einfach $\mathbb{Z}$ nennen.

Die positiven reellen Zahlen $\mathbb{R}^+$ bilden mit der gewöhnlichen Multiplikation eine Gruppe $(\mathbb{R}^+, \cdot)$. (Das neutrale Element ist die 1, das Inverse von x ist $1/x$.) Es gibt eine bijektive Abbildung $\phi \colon \mathbb{R} \to \mathbb{R}^+$ von der Gruppe $(\mathbb{R}, +)$ in diese Gruppe $(\mathbb{R}^+, \cdot)$ definiert durch $\phi(x) = e^x$. Wegen

$$\phi(x + y) = e^{x+y} = e^x e^y = \phi(x)\phi(y)$$

(hier ist e die Euler'sche Zahl $2{,}718\ldots$) handelt es sich um einen Isomorphismus.

Satz 3.23 *Sei p eine Primzahl. Dann gibt es (bis auf Isomorphie) genau eine Gruppe der Ordnung p, die Gruppe $(\mathbb{Z}_p, +_p)$.*

Beweis: Sei G eine beliebige Gruppe der Ordnung p und $g \in G$ mit $g \neq e$. Nach Korollar 3.20 ist G zyklisch, und g erzeugt G. Es gilt also $G = \langle g \rangle = \{id, g, g^2, \ldots, g^{p-1}\}$. Die Abbildung $\phi\colon G \to \mathbb{Z}_p$, die durch $g^k \to k$ gegeben ist, ist ein Isomorphismus, wie man sich leicht klarmacht. $\qquad\square$

Die Funktion `IsomorphismGroups` in GAP konstruiert einen Isomorphismus, sofern die beiden gegebenen Gruppen isomorph sind. Im folgenden Beispiel beschreiben wir ein Quadrat in das reguläre 8-Eck aus Abbildung 3.2 auf Seite 37 ein (es hat die Ecken 1,3,5,7) und beschreiben den Stabilisator der Eckpunkte des Quadrats in der Symmetriegruppe des regulären 8-Ecks. Jede Isometrie des Quadrats ist auch eine des 8-Ecks, und so haben wir die Gruppe D_4 als Untergruppe G der Gruppe D_8. Die Erzeugenden von G erhalten wir durch $(1,3,5,7)(2,4,6,8)$, eine Drehung um 90 Grad, und $(1,3)(8,4)(7,5)$, eine Spiegelung entlang der Geraden durch die Punkte 2 und 6. Wir bilden den Isomorphismus von G in die Gruppe D_4, indem wir diese Erzeugenden in eine Drehung und eine Spiegelung eines Quadrats mit den Eckenbezeichnungen 1,2,3,4 abbilden.

```
gap> G:=Group((1,3,5,7)(2,4,6,8),(1,3)(8,4)(7,5));;
gap> H:=Group((1,2,3,4),(1,3));;
gap> f:=IsomorphismGroups(G,H);
[ (1,3,5,7), (1,3)(4,8)(5,7) ] -> [ (1,2,3,4), (1,2)(3,4) ]
```

GAP gibt nur die Bilder der Erzeugenden aus, da jedes andere Element als Produkt der Erzeugenden geschrieben werden kann und die Bedingung (3.2) die Bilder aller anderen Elemente festlegt: Ist beispielsweise ein Isomorphismus $g\colon G \to H$ gegeben mit $G = \langle a, b \rangle$, so gilt etwa für das Element ab^2a^{-2}:

$$g(ab^2a^{-2}) = g(a)g(b)^2g(a)^{-2},$$

und allein durch Kenntnis von $g(a)$ und $g(b)$ können wir das Bild von ab^2a^{-2} bestimmen. Wir müssen nur $g(a^{-1}) = g(a)^{-1}$ beweisen, was weiter unten durchgeführt wird.

Weiter in GAP: Wir können den so erzeugten Isomorphismus `f` auf ein Element aus G anwenden:

```
gap> Image(f, (3,5)(2,6)(1,7));
(1,4)(2,3)
```

Ein Isomorphismus einer Gruppe auf sich heißt *Automorphismus*. Jede Gruppe lässt gewisse Automorphismen zu: Ist G eine Gruppe und $h \in G$, so ist die Abbildung $\phi_h\colon G \to G$ definiert durch $\phi_h(g) = h^{-1}gh$ ein Automorphismus, ein sogenannter *innerer Automorphismus*. Es ist nämlich

$$\phi_h(gg') = h^{-1}gg'h = h^{-1}gh \cdot h^{-1}g'h = \phi_h(g)\phi_h(g'),$$

was die Bedingung (3.2) beweist. ϕ_h ist außerdem bijektiv, weil sie die Abbildung $\phi_{h^{-1}}$ als Umkehrabbildung hat. Die Abbildung $\phi_h(g) = h^{-1}gh$ heißt *Konjugation* von g mit h. In einer abelschen Gruppe ist jeder innere Automorphismus die Identität. In der Gruppe D_3 mit den Bezeichnungen aus Abbildung 1.1 gilt zum Beispiel

$$\phi_{s_a}(d_{120}) = d_{240}, \quad \phi_{s_a}(s_a) = s_a, \quad \phi_{s_a}(s_b) = s_c.$$

Ist ein Automorphismus kein innerer Automorphismus, so heißt er *äußerer Automorphismus*. Der Automorphismus $\psi\colon \mathbb{Z}_m \to \mathbb{Z}_m$ definiert durch $\psi(k) = m - k$ ist ein äußerer Automorphismus, weil $\mathbb{Z}_m$ abelsch und ψ verschieden von der Identität ist.

Die Menge aller Automorphismen einer gegebenen Gruppe G bilden die *Automorphismengruppe Aut(G)* einer Gruppe. Die Verknüpfung zweier Automorphismen ist nämlich wieder ein Automorphismus, und der inverse Automorphismus ist die Umkehrabbildung. Der identische Automorphismus ist die Identität, jedes Gruppenelement wird auf sich abgebildet.

GAP kann Automorphismengruppen berechnen, hier ein Beispiel für die Gruppe $\mathbb{Z}_5$:

```
gap> G:=Group((1,2,3,4,5));;
gap> au:=AutomorphismGroup(G);
<group with 1 generators>
gap> Elements(au);
[ IdentityMapping( Group([ (1,2,3,4,5) ]) ),
  [ (1,2,3,4,5) ] -> [ (1,3,5,2,4) ],
  [ (1,2,3,4,5) ] -> [ (1,4,2,5,3) ],
  [ (1,2,3,4,5) ] -> [ (1,5,4,3,2) ] ]
```

Die Drehung um $2\pi/5$ kann auf jede Drehung abgebildet werden, außer auf die Drehung um 0 Grad, die Identität (Übung: Beweisen Sie: $Aut(\mathbb{Z}_5)$ ist isomorph zu $\mathbb{Z}_4$. Vergleichen Sie mit Aufgabe 7).

Beispiel 3.24 *Es gilt $Aut(S_3) = S_3$ denn: Jeder Automorphismus erhält die Ordnung seiner Elemente. Weil $(1,2),(2,3),(1,3)$ die einzigen Elemente der Ordnung 2 sind, werden diese durch einen Automorphismus permutiert. Jede Permutation dieser Elemente bestimmt aber einen Automorphismus der Gruppe S_3.*

Fordert man für eine Abbildung zwischen Gruppen nur, dass das Bild eines Produktes gleich dem Produkt der Bilder ist (also die Eigenschaft (3.2)) und nicht mehr die Bijektivität, so erhält man einen Homomorphismus:

Definition 3.25 *Seien $(G, \cdot)$ und $(H, \#)$ Gruppen. Eine Abbildung $\phi\colon G \to H$ heißt Homomorphismus, wenn $\phi(u \cdot v) = \phi(u) \# \phi(v), \ \forall u, v \in G$.*

Wir betrachten die Gruppen $(\mathbb{Z}, +)$ und $(D_7, \circ)$. Wir erhalten einen Homomorphismus $\phi\colon \mathbb{Z} \to D_7$, indem wir jede ganze Zahl $n \in \mathbb{Z}$ auf die Drehung um $n \cdot 360/7$ Grad im regulären 7-Eck abbilden. Diese Drehung heiße $d_{n \cdot 360/7}$. Die Homomorphismus-bedingung ist erfüllt, denn

$$\phi(n + m) = d_{(n+m) \cdot 360/7} = d_{n \cdot 360/7} \circ d_{m \cdot 360/7} = \phi(n) \circ \phi(m).$$

Beispiel 3.26 *Auf Seite 30 betrachteten wir die S_4, die Symmetriegruppe des Tetraeders. Wir bilden die Gruppe durch einen Homomorphismus* hom *auf die Gruppe D_3 ab, indem wir von jeder Erzeugenden der S_4 das Bild angeben.*

```
gap> S4 := Group((2,4),(1,2),(1,3),(1,4),(2,3),(3,4));
Group([ (2,4), (1,2), (1,3), (1,4), (2,3), (3,4) ])
gap> D3 := Group((1,2,3),(1,2));;
gap> hom := GroupHomomorphismByImages( S4, D3,
> GeneratorsOfGroup(S4),[(1,2),(2,3),(1,2),(1,3),(1,3),(2,3)]);
[ (2,4), (1,2), (1,3), (1,4), (2,3), (3,4) ] ->
[ (1,2), (2,3), (1,2), (1,3), (1,3), (2,3) ]
```

Auch den so erzeugten Homomorphismus hom können wir auf Urbilder anwenden.

```
gap> Image(hom,(1,2,4));
(1,3,2)
```

Sei $\phi \colon G \to H$ ein beliebiger Homomorphismus, und $a \in G$. e sei das neutrale Element in G, und e' sei das neutrale Element in H. Es folgt: $\phi(a) = \phi(e \circ a) = \phi(e)\phi(a)$. Also muss $\phi(e) = e'$ gelten.

```
gap> Image(hom, () );
()
```

Weiter gilt $e' = \phi(e) = \phi(a \circ a^{-1}) = \phi(a)\phi(a^{-1})$ und damit $\phi(a^{-1}) = \phi(a)^{-1}$. Zusammengefasst:

Satz 3.27 *Jeder Homomorphismus $\phi \colon G \to H$ bildet das neutrale Element auf das neutrale Element ab und das Inverse eines Elements auf das Inverse seines Bildes, also für $a \in G$: $\phi(a^{-1}) = \phi(a)^{-1}$.*

Das Element $(1,4,2)$ ist das Inverse zu $(1,2,4)$:

```
gap> Image(hom,(1,4,2)); Image(hom,(1,2,4));
(1,2,3)
(1,3,2)
```

Beispiel 3.28 *Wir definieren eine Abbildung $f \colon \mathcal{E} \to \{+1, -1\}$. Jeder orientierungserhaltenden Isometrie wird die Zahl $+1$ zugeordnet und jeder orientierungsumkehrenden Isometrie die Zahl -1. $\{+1, -1\}$ bildet mit der gewöhnlichen Multiplikation eine Gruppe. f ist ein Homomorphismus.*

Zum Beweis dieser Aussage unterscheidet man vier Fälle. Zum Beispiel ist das Produkt zweier orientierungsumkehrender Isometrien orientierungserhaltend, und das entspricht: $(-1) \cdot (-1) = +1$.

Definition 3.29 *Der* Kern *eines Homomorphismus* $\phi\colon G \to H$ *besteht aus allen Urbildern des neutralen Elements, d.h.*

$$kern(\phi) = \{g \in G \mid \phi(g) = e'\}.$$

Der Kern des Homomorphismus f aus Beispiel 3.28 ist die Untergruppe der orientierungserhaltenden Isometrien von $\mathcal{E}$.
Das Bild *eines Homomorphismus $\phi\colon G \to H$ sind alle Elemente, die als Bild vorkommen, d.h.*

$$bild(\phi) = \{h \in H \mid \exists g \in G, \phi(g) = h\}.$$

Satz 3.30 *Sei $\phi\colon G \to H$ ein Homomorphismus. $kern(\phi)$ bildet eine Untergruppe von G. $bild(\phi)$ bildet eine Untergruppe von H.*

Beweis: Nach Satz 3.9 auf Seite 38 müssen wir für alle $a, b \in kern(\phi)$ prüfen, dass $ab^{-1} \in kern(\phi)$. $a, b \in kern(\phi)$ heißt, dass $\phi(a) = e$ und $\phi(b) = e$, falls e das neutrale Element von H ist. Aus Satz 3.27 folgt: $\phi(b^{-1}) = \phi(b)^{-1} = e^{-1} = e$ und deshalb: $e = \phi(a)\phi(b^{-1}) = \phi(ab^{-1})$, d.h. $ab^{-1} \in kern(\phi)$.
Sind $g', h' \in bild(\phi)$, so gibt es $g, h \in G$ mit $\phi(g) = g'$, $\phi(h) = h'$. Dann ist $\phi(h^{-1}) = h'^{-1}$ und $\phi(gh^{-1}) = g'h'^{-1} \in bild(\phi)$. $\qquad\qquad\square$

Wir betrachten den Kern des Homomorphismus aus Beispiel 3.26: hom: $S_4 \to D_3$

```
gap> Kernel( hom );
Group([ (1,4)(2,3), (1,3)(2,4) ])
gap> Elements(last);
[ (), (1,2)(3,4), (1,3)(2,4), (1,4)(2,3) ]
```

Der Kern ist isomorph zur Klein'schen Vierergruppe, der Symmetriegruppe eines Rechtecks, wobei die aufeinanderfolgenden Ecken mit 1,3,2,4 durchnummeriert sind. Das gesamte Bild des Homomorphismus erhält man mit folgendem Befehl:

```
gap> Image(hom);
Group([ (1,2), (2,3), (1,2), (1,3), (1,3), (2,3) ])
gap> Elements(last);
[ (), (2,3), (1,2), (1,2,3), (1,3,2), (1,3) ]
```

Der Homomorphismus hom ist surjektiv. Das Bild ist die gesamte Gruppe D_3.

Im Kern eines Homomorphismus ist immer das neutrale Element enthalten, wie wir in Satz 3.27 bewiesen haben. Besteht der Kern nur aus dem neutralen Element, dann nennen wir den Kern des Homomorphismus *trivial*.

Satz 3.31 *Sei $\phi\colon G \to H$ ein Homomorphismus. Dann gilt: ϕ hat einen trivialen Kern genau dann, wenn ϕ injektiv ist.*

Beweis: Ist ϕ nicht injektiv, so gibt es $g_1, g_2 \in G$ mit $g_1 \neq g_2$, aber $\phi(g_1) = \phi(g_2)$. Es gilt $\phi(g_1 g_2^{-1}) = \phi(g_1)\phi(g_2)^{-1} = 1$, d.h., $g_1 g_2^{-1}$ ist in $kern(\phi)$. Es gilt $g_1 g_2^{-1} \neq 1$, weil $g_1 \neq g_2$.

Ist umgekehrt ϕ injektiv, so darf das neutrale Element aus H nur ein Urbild haben. Das heißt aber, dass der Kern von ϕ trivial ist. $\qquad\square$

Ist $G < H$, dann gibt es einen injektiven Homomorphismus $\phi\colon G \to H$, bei dem jedes Element von G auf sein entsprechendes Bild in H abgebildet wird. Dieser Homomorphismus heißt *Einbettung* von G in H.

Satz 3.32 *Sei $\phi\colon G \to H$ ein Homomorphismus und $U < H$. Dann ist $\phi^{-1}(U)$ eine Untergruppe von G.*

Beweis: Sind $g, g' \in \phi^{-1}(U)$, dann ist also $\phi(g), \phi(g') \in U$. Dann ist auch $\phi(g)\phi(g')^{-1} \in U$. Wegen $\phi(gg'^{-1}) = \phi(g)\phi(g')^{-1}$ folgt $gg'^{-1} \in \phi^{-1}(U)$. Nach dem Untergruppenkriterium 3.9 folgt $\phi^{-1}(U) < G$. $\qquad\square$

Aufgaben

1. Sei U eine Untergruppe der Gruppe G und $g \in G$. Beweisen Sie: Die konjugierte Untergruppe gUg^{-1} hat dieselbe Ordnung wie U.

2. Sei $\phi\colon G \to H$ ein Isomorphismus und $x \in G$. Zeigen Sie, dass x und $\phi(x)$ dieselbe Ordnung haben.

3. Beweisen Sie: $\mathcal{O}_2$ ist isomorph zur Symmetriegruppe eines Kreises in der Ebene.

4. Wir definieren $n\mathbb{Z} = \{k \cdot n \mid k \in \mathbb{Z}\}$ für beliebiges $n \in \mathbb{N}$. Zeigen Sie, dass die Gruppe $(\mathbb{Z}, +)$ isomorph zur Gruppe $(n\mathbb{Z}, +)$ für beliebiges $n \in \mathbb{N}$ ist.

5. Beweisen Sie: $\forall n \in \mathbb{Z}$ ist die Abbildung $\phi_n\colon \mathbb{Z} \to \mathbb{Z}$ definiert durch $\phi_n(m) = n \cdot m$ ein Gruppenhomomorphismus. Die Abbildung $\psi_n\colon \mathbb{Z} \to \mathbb{Z}$ definiert durch $\psi_n(m) = n + m$ ist kein Gruppenhomomorphismus.

6. Bestimmen Sie die Automorphismengruppe von $\mathbb{Z}$.

7. Bestimmen Sie die Automorphismengruppe von $\mathbb{Z}_n$. Beachten Sie dabei, dass bei einem Automorphismus von $\mathbb{Z}_n$ auf sich Elemente auf Elemente gleicher Ordnung abgebildet werden müssen. Ein Erzeugendes von $\mathbb{Z}_n$ muss also auf ein Element der Ordnung n abgebildet werden. Bestimmen Sie also zuerst die Elemente der Ordnung n von $\mathbb{Z}_n$ (eventuell mit Hilfe von GAP).

8. Seien $n, m \in \mathbb{N}$, so dass m ein Teiler von n ist. Zeigen Sie: Es gibt eine Untergruppe $U < \mathbb{Z}_n$ mit $U \cong \mathbb{Z}_m$.

3.4   Normalteiler

Wir betrachten die Gruppe $(\mathbb{Z}, +)$ und die Untergruppe

$$7\mathbb{Z} = \{\ldots, -14, -7, 0, 7, 14, 21, \ldots\} = \{7 \cdot k \mid k \in \mathbb{Z}\}$$

(siehe auch Aufgabe 2 aus Abschnitt 3.2). Nach Satz 3.12 lässt sich $(\mathbb{Z}, +)$ disjunkt in eine Vereinigung von (Links-)Nebenklassen zerlegen. Die Nebenklassen sind hier:

$$7\mathbb{Z}, \, 1 + 7\mathbb{Z}, \, 2 + 7\mathbb{Z}, \, 3 + 7\mathbb{Z}, \, 4 + 7\mathbb{Z}, \, 5 + 7\mathbb{Z}, \, 6 + 7\mathbb{Z} \tag{3.3}$$

Hier lassen sich die Nebenklassen sogar mit der normalen Addition verknüpfen: Zum Beispiel: $15 = 1 + 2 \cdot 7 \in 1 + 7\mathbb{Z}$ und $26 = 5 + 3 \cdot 7 \in 5 + 7\mathbb{Z}$ addiert geben $15 + 26 = 41 = 6 + 5 \cdot 7 \in 6 + 7\mathbb{Z}$. Es gilt: $(1 + 7\mathbb{Z}) + (5 + 7\mathbb{Z}) = 6 + 7\mathbb{Z}$ oder allgemeiner:

$$(k + 7\mathbb{Z}) + (j + 7\mathbb{Z}) = (k + j) + 7\mathbb{Z}$$

(diese Beziehung zu beweisen ist nicht schwer). Die 7 Nebenklassen aus (3.3) kann man also als Gruppenelemente einer Gruppe auffassen, die ihre Gruppenoperation von der Gruppe $(\mathbb{Z}, +)$ „erbt".

Allgemein: Sei N eine Untergruppe der Gruppe $(G, \circ)$ mit den Nebenklassen $g_1 N, g_2 N, g_3 N, \ldots$. Frage also: Lassen sich mit der Operation von G die Nebenklassen verknüpfen? Kann man eine Operation „$\cdot$" von Linksnebenklassen wie folgt definieren:

$$g_i N \cdot g_k N = (g_i \cdot g_k) N,$$

so dass eine Gruppe von Nebenklassen entsteht (jedes Gruppenelement soll genau eine Nebenklasse sein)? Das ist dann möglich, wenn die Verknüpfung unabhängig von den Repräsentanten der Nebenklassen ist, also wenn gilt:

$$h_i \in g_i N \text{ und } h_k \in g_k N \Rightarrow (g_i \cdot g_k) N = (h_i \cdot h_k) N \tag{3.4}$$

Wir werden gleich feststellen, dass das nicht immer geht, aber nehmen wir es einmal an. Es folgt dann:

$$h_i \in g_i N \text{ und } h_k \in g_k N \Rightarrow h_i \cdot h_k \in (g_i \cdot g_k) N$$

oder, anders ausgedrückt: $\forall g_i, g_k \in G, \, \forall n_i, n_k \in N$ gilt:

$$h_i = g_i \cdot n_i \text{ und } h_k = g_k \cdot n_k \Rightarrow \exists w \in N \text{ mit } h_i \cdot h_k = g_i \cdot g_k \cdot w$$

d.h.:

$$(g_i \cdot n_i) \cdot (g_k \cdot n_k) = g_i \cdot g_k \cdot w$$

Wir kürzen g_i von links:

$$n_i \cdot g_k \cdot n_k = g_k \cdot w$$

also: $n_i \cdot g_k = g_k \cdot w \cdot n_k^{-1}$, wobei $w \cdot n_k^{-1} \in N$ ist. Für alle $n_i \in N$ folgt also: $n_i \cdot g_k \in g_k N$, d.h.:

$$N g_k \subset g_k N. \tag{3.5}$$

Ersetzt man g_k durch g_k^{-1}, so erhält man $n_i \cdot g_k^{-1} = g_k^{-1} \cdot w \cdot n_k^{-1}$ oder $g_k \cdot n_i = w \cdot n_k^{-1} \cdot g_k$
und damit:

$$g_k N \subset N g_k \tag{3.6}$$

Aus (3.5) und (3.6) folgt:

$$g_k N = N g_k \tag{3.7}$$

Definition 3.33 *Sei N Untergruppe einer Gruppe G. Gilt für alle $g \in G$ die Beziehung $gN = Ng$, so heißt N Normalteiler von G. Man sagt auch, N ist* normale Untergruppe *von G. Schreibweise: $N \lhd G$.*

Leicht sieht man, dass in einer abelschen Gruppe jede Untergruppe normal ist.

In Beispiel 3.11 betrachteten wir die Untergruppe D_4^+ der Gruppe D_4. Hier sind Links- und Rechtsnebenklassen gleich (obwohl wir das noch nicht für alle $g \in D_4$ geprüft haben), so dass $D_4^+ \lhd D_4$ (vergleiche Aufgabe 3).
In GAP erhält man alle Normalteiler einer Gruppe mit dem Befehl
NormalSubgroups. Wir erzeugen im Folgenden die Gruppe D_4 durch eine Drehung und eine Spiegelung.

```
gap> D4:=Group((1,3),(1,2,3,4));;
gap> Ns:=NormalSubgroups(D4);
[ Group(()), Group([ (1,3)(2,4) ]), Group([ (1,3)(2,4), (1,4)(2,3) ]),
  Group([ (1,3)(2,4), (1,2,3,4) ]), Group([ (2,4), (1,3) ]),
  Group([ (1,3), (1,2,3,4) ]) ]
gap> List(Ns,Size);
[ 1, 2, 4, 4, 4, 8 ]
```

Mit List(Ns,Size); erhalten wir von allen Normalteilern die Ordnungen. Die triviale Gruppe und die ganze D_4 sind Normalteiler der Ordnungen 1 und 8. Der Normalteiler der Ordnung 2 besteht aus der Drehung um 180 Grad und der Identität. Der letzte Normalteiler der Ordnung 4 wird erzeugt von zwei senkrecht aufeinander stehenden Spiegelachsen und ist damit isomorph zur Gruppe der Raute.
Der Normalteiler Group([(1,3)(2,4), (1,2,3,4)]) besteht aus allen Drehungen und ist damit der Normalteiler D_4^+. Dieser lässt sich aber auch mit nur einem Element erzeugen:

```
gap> MinimalGeneratingSet(Ns[4]);
[ (1,2,3,4) ]
```

Noch etwas Theorie: Wir bezeichnen die Menge der Nebenklassen als G/U, falls U Untergruppe der Gruppe G ist. Jedes einzelne Element von G/U ist also eine Nebenklasse. Man spricht manchmal von G *modulo* U.

Satz 3.34 *Sei $N < G$. N ist ein Normalteiler von G genau dann, wenn die Nebenklassen gN für alle $g \in G$ eine Gruppe G/N mit der Operation*

$$g_i N \cdot g_k N = (g_i g_k)N$$

bilden.

Beweis: Die eine Richtung haben wir bereits bewiesen. Es fehlt: Aus $N \triangleleft G$ folgt, dass die Nebenklassen eine Gruppe bilden. Wir müssen also die Bedingung (3.4) zeigen. Sei also $h_i \in g_i N$ und $h_k \in g_k N$. Es gilt:

$$
\begin{aligned}
h_i h_k N &= h_i g_k N \text{ weil } h_k \in g_k N \\
&= h_i N g_k \text{ weil } g_k N = N g_k \\
&= g_i N g_k \text{ weil } h_i \in g_i N \\
&= g_i g_k N \text{ weil } g_k N = N g_k
\end{aligned}
$$

Das Produkt $g_i N \cdot g_k N = (g_i g_k)N$ ist also wohldefiniert, und G/N bildet daher eine Gruppe. □

Definition 3.35 *Sei $N \triangleleft G$. Die Gruppe G/N, bei der die Elemente die Nebenklassen gN und die Operation durch $g_i N \cdot g_k N = (g_i g_k)N$ bestimmt ist, heißt* Faktorgruppe *von G nach N. Die Gruppe G/N wird auch* Quotient *der Gruppe G genannt.*

Das neutrale Element der Faktorgruppe G/N ist N, denn $N \cdot gN = gN$. Das Inverse zu gN ist $g^{-1}N$, denn $gN \cdot g^{-1}N = gg^{-1}N = N$.

Sei N Untergruppe einer abelschen Gruppe G. Dann ist N Normalteiler. Die Faktorgruppe G/N ist dann auch abelsch, denn $g_i N \cdot g_k N = (g_i g_k)N = (g_k g_i)N = g_k N \cdot g_i N$.

Zurück zu unserem Beispiel $(\mathbb{Z}, +)$ mit der Untergruppe $7\mathbb{Z}$: Die Gruppe $\mathbb{Z}/7\mathbb{Z}$ hat die Elemente:

$$\mathbb{Z}/7\mathbb{Z} = \{7\mathbb{Z}, \, 1 + 7\mathbb{Z}, \, 2 + 7\mathbb{Z}, \, 3 + 7\mathbb{Z}, \, 4 + 7\mathbb{Z}, \, 5 + 7\mathbb{Z}, \, 6 + 7\mathbb{Z}\}$$

Sie ist isomorph zur Gruppe $(\mathbb{Z}_7, +_7)$, weil die Addition in $\mathbb{Z}/7\mathbb{Z}$ sich wie die Addition *mod 7* verhält:

$$(3 + 7\mathbb{Z}) + (5 + 7\mathbb{Z}) = 1 + 7\mathbb{Z}$$

In $(\mathbb{Z}_7, +_7)$ rechnen wir $3 +_7 5 = 1$.

Definition 3.36 *Eine Gruppe G heißt* residuell endlich, *wenn es zu jedem $g \in G, g \neq 1$ einen endlichen Quotienten gibt, in dem g nichttrivial ist.*

Äquivalent dazu ist folgende Definition: G heißt *residuell endlich*, wenn die Schnittmenge aller Normalteiler von endlichem Index nur aus dem trivialen Element besteht.

Natürlich ist jede endliche Gruppe residuell endlich. Für eine endliche Gruppe G nehme man $G/\{e\}$ als endlichen Quotienten.

Satz 3.37 $\mathbb{Z}$ *ist residuell endlich.*

Beweis: Zu einer Zahl $n \in \mathbb{Z}, n \neq 1$ wähle man eine Primzahl $p \in \mathbb{N}$, die teilerfremd zu n ist. Dann ist n nichttrivial im Quotienten $\mathbb{Z}/p\mathbb{Z} = \mathbb{Z}_p$, denn n ist in der zugehörigen Restklasse $n + p\mathbb{Z}$, und diese Restklasse ist nicht $p\mathbb{Z}$, weil n teilerfremd zu p ist. $\qquad\square$

Im Anhang B wird von einer weiteren Klasse von Gruppen bewiesen, dass sie residuell endlich sind, nämlich den Gruppen $\mathrm{GL}(n, \mathbb{Z})$ aller invertierbarer $n \times n$-Matrizen mit Einträgen aus $\mathbb{Z}$.

Die Normalteilereigenschaft $gN = Ng$ ist eine Gleichung zwischen zwei Mengen. Offensichtlich äquivalent dazu ist $gNg^{-1} = N$. Es genügt sogar, $gNg^{-1} \subset N$ für alle $g \in G$ zu fordern, denn ist $gng^{-1} = n' \in N$, so ist $n = g^{-1}n'g \in g^{-1}N(g^{-1})^{-1}$ für alle $n \in N$, und für $h = g^{-1}$ gilt also $N \subset hNh^{-1}$. Wir haben bewiesen:

Lemma 3.38 *Sei N Untergruppe der Gruppe G. Gilt $gNg^{-1} \subset N$ für alle $g \in G$, so ist N Normalteiler von G.*

Satz 3.39 *Der Kern eines Homomorphismus $\phi\colon G \to H$ ist Normalteiler der Gruppe G.*

Beweis: In Satz 3.30 haben wir gezeigt, dass $kern(\phi)$ eine Untergruppe von G ist. Es fehlt nur noch die Normalteilereigenschaft:
Wir müssen nach Lemma 3.38 zeigen: $g\, kern(\phi)\, g^{-1} \subset kern(\phi)$ für alle $g \in G$. Sei dazu $a \in kern(\phi)$, d.h. $\phi(a) = 1$. Sei $g \in G$.

$$\phi(gag^{-1}) = \phi(g)\phi(a)\phi(g^{-1}) = \phi(g)1\phi(g)^{-1} = 1,$$

d.h. $gag^{-1} \in kern(\phi)$. $\qquad\square$

Es gilt aber auch die Umkehrung: Jeder Normalteiler kann als Kern eines Homomorphismus aufgefasst werden:

Satz 3.40 *Sei* $N \lhd G$. *Dann ist* $N = kern(\phi)$ *eines Homomorphismus* $\phi \colon G \to H$, *dem sogenannten* kanonischen Homomorphismus. *Dabei ist* $H = G/N$.

Beweis: Der Homomorphismus $\phi \colon G \to G/N$ bildet N auf die 1 ab.   □

Dieser Satz lässt sich anders formulieren:

Satz 3.41 1. Isomorphiesatz: *Ist* $\phi \colon G \to H$ *ein Homomorphismus, dann ist* $bild(\phi)$ *isomorph zu* $G/kern(\phi)$.

Wir rechnen noch ein Beispiel in GAP durch.

Wir betrachten die symmetrische Gruppe S_4 und eine Untergruppe, die isomorph zur Klein'schen Vierergruppe ist.

```
gap> S4:=SymmetricGroup(4);;
gap> V:=Subgroup(S4,[(1,2)(3,4),(1,3)(2,4)]);
Group([ (1,2)(3,4), (1,3)(2,4) ])
gap> Elements(V);
[ (), (1,2)(3,4), (1,3)(2,4), (1,4)(2,3) ]
```

V ist Normalteiler in der Gruppe S_4, und wir können die Faktorgruppe bilden. Diese hat $24/4 = 6$ Elemente, weil es 6 Nebenklassen gibt.

```
gap> IsNormal(S4,V);
true
gap> F:=FactorGroup(S4,V);
Group([ f1, f2 ])
gap> Size(F);
6
```

Wir bilden den zugehörigen Homomorphismus $hom \colon S_4 \to F = S_4/V$.

```
gap> hom:=NaturalHomomorphismByNormalSubgroup(S4,V);
[ (1,2,3,4), (1,2) ] -> [ f1*f2, f1 ]
```

F ist isomorph zur Gruppe S_3:

```
gap> StructureDescription(F);
"S3"
```

S_3 ist isomorph zur Gruppe D_3. Die Elemente von F bestehen aus der Identität, einer Spiegelung $f1$, einer Drehung um 120 Grad $f2$, der Drehung um 240 Grad $f2^2$ und Spiegelungen $f1 \circ f2$ und $f1 \circ f2^2$.

```
gap> Elements(F);
[ <identity> of ..., f1, f2, f1*f2, f2^2, f1*f2^2 ]
```

Wir bilden ein paar Elemente ab. (1, 4) liegt in derselben Nebenklasse wie (2, 3), wird also auf dasselbe Element abgebildet. Elemente aus V werden auf das neutrale Element abgebildet. Der Kern von *hom* ist gerade die Gruppe V.

```
gap> Image(hom,(1,4));
f1*f2^2
gap> Image(hom,(2,3));
f1*f2^2
gap> Image(hom,(1,2,3));
f2
gap> Image(hom,(1,4)(2,3));
<identity> of ...
gap> Kernel(hom);
Group([ (1,2)(3,4), (1,3)(2,4) ])
```

Satz 3.42 *Sei G Symmetriegruppe einer Figur der Ebene (oder des $\mathbb{R}^n$). G enthalte eine orientierungsumkehrende Isometrie s. Dann enthält G genauso viele orientierungserhaltende wie orientierungsumkehrende Isometrien.*

Beweis: Sei $\phi: G \to \mathbb{Z}_2$ der Homomorphismus, der orientierungserhaltende Isometrien auf das neutrale Element 0 und orientierungsumkehrende Isometrien auf die 1 abbildet. Der Kern von ϕ sind die orientierungserhaltenden Isometrien G^+. In der einzigen weiteren Linksnebenklasse $s \circ G^+$ sind die orientierungsumkehrenden Isometrien. Weil Nebenklassen alle gleich groß sind, ist der Satz bewiesen. $\qquad\square$

Aufgaben

1. Geben Sie einen Homomorphismus von der Gruppe $(\mathbb{R}, +)$ in die Symmetriegruppe des Kreises an. Beschreiben Sie die Elemente des Kerns und die zugehörige Faktorgruppe.

2. Sei $U < D_3$ die von einer Spiegelung erzeugte Untergruppe. Welches sind die Elemente von U? Ist U normal in D_3? Bestimmen Sie alle Nebenklassen. (Tipp: Betrachten Sie Abbildung 1.1 auf Seite 2, schreiben Sie die Gruppe D_3 als:
$$D_3 = \{(), (1, 2, 3), (1, 3, 2), (1, 2), (1, 3), (2, 3)\}$$
mit $U = \langle (1, 2) \rangle$, und prüfen Sie, ob $gUg^{-1} \subset U$ für alle $g \in D_3$ gilt. Haben Sie per Hand Mühe, so verwenden sie GAP.)

3. Beweisen Sie: Ist $H < G$ vom Index 2, dann ist H normal in G. Zeigen Sie damit, dass die orientierungserhaltenden Isometrien normal sind in der Gruppe aller Isometrien.

4. Zeigen Sie: Seien $H < G$ und $H' \lhd G$. Dann ist $H \cap H'$ normal in G.

5. Weisen Sie, etwa mit Hilfe von GAP, nach, dass die Untergruppe D_2 in D_8 aus Beispiel 3.8 nicht normal ist.

6. Sei $U < D_6$ die Untergruppe, die von einer Punktspiegelung p am Mittelpunkt eines 6-Ecks erzeugt wird. Dann ist $U = \{id, p\}$. Weisen Sie nach, dass U normal ist in D_6, und zeigen Sie, dass $D_6/U \cong D_3$.

3.5   Translationen

In Satz 3.6 haben wir bewiesen, dass die Translationen $\mathcal{T}$ eine Untergruppe der Gruppe der Isometrien der Ebene bilden. Es gilt sogar:

Satz 3.43 *Die Translationen bilden einen Normalteiler in der Isometriegruppe $\mathcal{E}$ der Ebene.*

Beweis: Wir müssen nach Lemma 3.38 $g\mathcal{T}g^{-1} \subset \mathcal{T}$ für eine beliebige Isometrie $g \in \mathcal{E}$ beweisen. Nach Satz 2.24 wird $\mathcal{E}$ von Spiegelungen erzeugt. Wenn wir für eine Spiegelung $s \in \mathcal{E}$ die Beziehung $s\mathcal{T}s^{-1} \subset \mathcal{T}$ bewiesen haben, gilt sie für alle Isometrien $g \in \mathcal{E}$, denn ist $g \in \mathcal{E}$ eine beliebige Isometrie, so können wir sie als Produkt von Spiegelungen schreiben $g = s_1 s_2 \ldots s_k$ und

$$
\begin{aligned}
g\mathcal{T}g^{-1} &= s_1 s_2 \ldots s_k \mathcal{T}(s_1 s_2 \ldots s_k)^{-1} \\
&= s_1 s_2 \ldots s_k \mathcal{T} s_k^{-1} \ldots s_2^{-1} s_1^{-1} \\
&\subset s_1 s_2 \ldots s_{k-1} \mathcal{T} s_{k-1}^{-1} \ldots s_2^{-1} s_1^{-1} \\
&\subset \mathcal{T}
\end{aligned}
$$

Wir zeigen also $s\mathcal{T}s^{-1} \subset \mathcal{T}$ für eine beliebige Spiegelung $s \in \mathcal{E}$: Dazu betrachten wir Abbildung 3.4. Wir erkennen hier, dass eine Spiegelung gefolgt von einer Trans-

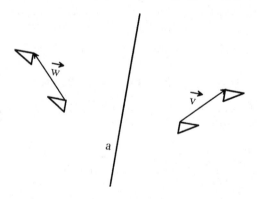

Abbildung 3.4: Spiegelung und Translation

lation dasselbe ist wie eine andere Translation gefolgt von derselben Spiegelung.

Mit anderen Worten: $s_a t_v = t_w s_a$, wobei s_a die Spiegelung an einer beliebigen Geraden a ist, t_v die Translation entlang eines beliebigen Vektors $\vec{v}$ und t_w die Translation entlang des an a gespiegelten Vektors $\vec{v}$. Es folgt $s_a \mathcal{T} s_a^{-1} \subset \mathcal{T}$. $\square$

Wegen Satz 3.40 ist also $\mathcal{T}$ Kern eines Homomorphismus ϕ. Um die zugehörige Faktorgruppe zu untersuchen, schreiben wir ein beliebiges Element von $\mathcal{E}$ als Produkt von Drehungen um den Ursprung, Spiegelungen an Geraden durch den Ursprung und Translationen. Wir überprüfen, ob das immer geht. Dazu betrachten wir eine beliebige Spiegelung s. Die Translation τ sei so gewählt, dass ihr Inverses s in eine Ursprungsgerade s' verschiebt. Dann können wir s ersetzen durch $\tau s' \tau^{-1}$, wie man leicht in Abbildung 3.5 erkennt.

Genauso mache man sich klar, dass es zu einer beliebigen Drehung d eine Translation τ und eine Drehung d' um den Ursprung gibt, so dass $d = \tau d' \tau^{-1}$. Haben wir also ein beliebiges Element von $\mathcal{E}$ als Produkt von Drehungen um den Ursprung, Spiegelungen an Geraden durch den Ursprung und Translationen geschrieben, so erhalten wir das Bild von ϕ durch Unterdrücken der Translationen. Damit bleibt im Bild der Ursprung fix, und wir haben einen surjektiven Homomorphismus $\phi \colon \mathcal{E} \to \mathcal{O}_2$. Der Kern besteht genau aus allen Translationen.

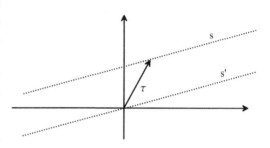

Abbildung 3.5: $s = \tau s' \tau^{-1}$

Ganz nebenbei haben wir also folgenden Satz bewiesen:

Satz 3.44 *Sei τ die Translation, die den Koordinatenursprung auf den Punkt P abbildet, und $\mathcal{O}_P < \mathcal{E}$ sei die Untergruppe, die P fix lässt. Dann folgt $\mathcal{O}_P = \tau \mathcal{O}_2 \tau^{-1}$.*

Wir greifen die Konjugation in Abschnitt 4.3 wieder auf.

Jedes Element $g \in \mathcal{E}$ lässt sich als Produkt eines Elements aus $\mathcal{O}_2$ gefolgt von einer Translation darstellen: Sei P der Punkt der Ebene, in den das Element g den 0-Punkt abbildet, also $g(0) = P$. Es gibt genau eine Translation τ mit $\tau(0) = P$. Dann ist $h = \tau^{-1} g \in \mathcal{O}_2$, und deswegen lässt sich g schreiben als $g = \tau h$. Es folgt also:

Satz 3.45 $\mathcal{E} = \mathcal{T} \mathcal{O}_2 = \{\tau h \mid \tau \in \mathcal{T}, \, h \in \mathcal{O}_2\}$ *und* $\mathcal{E}^+ = \mathcal{T} \mathcal{O}_2^+$.

Die zweite Aussage folgt daraus, dass Translationen orientierungserhaltend sind.

Satz 3.46 $[\mathcal{E} : \mathcal{E}^+] = 2$.

Beweis: Sei $s \in \mathcal{E}$ orientierungsumkehrend, also eine Spiegelung oder eine Gleitspiegelung. Ist $s' \in \mathcal{E}$ ein beliebiges anderes orientierungsumkehrendes Element, so ist ss' orientierungserhaltend, also $ss' \in \mathcal{E}^+$.
Deswegen ist $s' \in s\mathcal{E}^+$, und wir haben

$$\mathcal{E} = \mathcal{E}^+ \cup s\mathcal{E}^+$$

bewiesen.   □

Zusammen mit Aufgabe 3 aus Abschnitt 3.4 folgt jetzt:

Korollar 3.47 $1 \lhd \mathcal{T} \lhd \mathcal{E}^+ \lhd \mathcal{E}$.

Aus Satz 3.43 ergibt sich, dass die Untergruppe der Translationen einer Symmetriegruppe G einer Figur F Normalteiler in G ist.

Beispiel 3.48 *In der Symmetriegruppe G des Bandornaments aus Abbildung 1.3 sei T der Normalteiler der Translationen. Dann gilt $[G : T] = 2$.*

Wie sehen hier die Linksnebenklassen aus? G wird erzeugt von der Gleitspiegelung $s = s_a t_v$ und der Translation $\tau = t_v^2$. Es gilt also $G = \langle s, \tau \rangle$. G ist kommutativ, denn die Erzeugenden kommutieren miteinander: Es gilt $s\tau = \tau s$, wie man sich leicht am Bild klarmacht. Wenn wir also ein $g \in G$ in den Erzeugenden schreiben wollen, so können wir zuerst alle Gleitspiegelungen durchführen und dann alle Translationen. Wir können also g schreiben als $g = \tau^m s^k$. Zwei Gleitspiegelungen lassen sich durch eine Translation ersetzen. Ist also k gerade, so folgt $g = \tau^{m+k/2}$, und $g = s\tau^{m+(k-1)/2}$ sonst. Die Nebenklassen lauten also T und sT und $[G : T] = 2$.

Aufgaben

1. (a) Beweisen Sie: Die Elemente einer Gruppe G, die mit allen Gruppenelementen kommutieren, bilden eine Untergruppe, das *Zentrum* von G:

$$C(G) = \{h \in G \,|\, \forall g \in G \text{ gilt } gh = hg\}$$

Diese Untergruppe ist sogar Normalteiler. Für abelsche Gruppen G gilt:
$C(G) = G$.

(b) Die Gruppe D_4 hat nichttriviales Zentrum (Sie können sich $C(D_4)$ von
GAP mit dem Befehl `gap> Centre(DihedralGroup(8));` ausgeben lassen. Beweisen Sie die Ausgabe von GAP). Das Zentrum der Gruppe D_3
ist trivial.

(c) Welche Diedergruppen haben nichttriviales Zentrum?

(d) Zeigen Sie, dass die Gruppe S_3 triviales Zentrum hat.

2. Verallgemeinern Sie die Definition des Homomorphismus $\phi\colon \mathcal{E} \to \mathcal{O}_2$ auf die
Symmetriegruppe des $\mathbb{R}^n$.

3. Geben Sie sich eine Drehung d in der Ebene vor. Finden Sie eine Translation
τ und eine Drehung $d' \in \mathcal{O}_2$, so dass $d = \tau d' \tau^{-1}$.

Kapitel 4

Gruppenoperationen

Im ersten Abschnitt geht es um eine spezielle Klasse endlicher Gruppen, die Bedeutung weit über die Gruppentheorie hinaus haben: um Gruppen von Permutationen von Elementen. In den beiden folgenden Abschnitten wird formalisiert, was wir schon lange tun: Wir haben Gruppen bisher als Menge von Isometrien eines Objekts aufgefasst. Das wird verallgemeinert und präzisiert. Gruppen „operieren" auf Mengen. Zum Beispiel operiert die Gruppe der Ebene auf (der Menge der Punkte) der Ebene. Die Gruppe des Quadrats operiert auf den Ecken eines Quadrats. Jedes Gruppenelement bildet eine Ecke des Quadrats in eine andere ab. Im Abschnitt 4.3 geht es ausführlich um die Konjugation von Elementen in einer Gruppe, um die Konjugation von Untergruppen und um die geometrische Deutung der Konjugation, wie sie bereits in Satz 3.44 implizit zu sehen ist.

Die letzten beiden Abschnitte bringen nochmal eine Neuinterpretation: Gruppen werden selbst zu geometrischen Objekten. Dann kann man mit den Methoden der Geometrie mit Gruppen arbeiten. Dieser Gedanke wird in Kapitel 10 wieder aufgegriffen.

4.1 Die symmetrische Gruppe

Die ersten Gruppen, die systematisch von Lagrange, Cauchy und anderen in der ersten Hälfte des 19. Jahrhunderts untersucht wurden, waren Permutationsgruppen.

Wir werden feststellen, dass jede endliche Gruppe isomorph zu einer Permutationsgruppe ist, so wie die Gruppe D_3 bereits als Permutationsgruppe

$$D_3 = \{(), (1,2,3), (1,3,2), (1,2), (1,3), (2,3)\} \tag{4.1}$$

geschrieben wurde.

Wir formulieren genauer, was wir unter einer Permutationsgruppe verstehen. Sei $T_n = \{1, 2, \ldots, n\}$ die Menge der natürlichen Zahlen von 1 bis n für irgendein $n > 1$.

© Springer-Verlag GmbH Deutschland, ein Teil von Springer Nature 2020
S. Rosebrock, *Anschauliche Gruppentheorie*,
https://doi.org/10.1007/978-3-662-60787-9_4

Eine bijektive Abbildung von T_n auf sich heißt *Permutation*. Sei S_n die Menge aller Permutationen von T_n. Führt man 2 Permutationen hintereinander aus, so hat man wieder eine Permutation. Als Beispiel: $(2,4,5)(1,3) \circ (1,2,3) = (1,4,5,2)$ oder

$$(1,2,3,\dots,n)^n = (1)(2)\dots(n) = id. \tag{4.2}$$

In GAP:
```
gap> (1,2,3,4,5)^5;
()
```

Hat man eine Menge von Permutationen, die bezüglich Hintereinanderausführung eine Gruppe bilden, so spricht man von einer *Permutationsgruppe*. Dabei ist es unerheblich, ob die Menge T_n permutiert wird oder irgendwelche anderen n verschiedenen Elemente. Die entstehenden Gruppenelemente sind letztlich „dieselben".

Permutationen werden durch Zusammensetzungen von Zyklen dargestellt. Ein *Zyklus der Länge m* (kurz: ein *m-Zyklus*) ist ein Klammerausdruck der Form $(a_1, a_2, \dots, a_m)$, wobei die $a_i \in T_n$ paarweise verschieden sein müssen. Der Ausdruck bedeutet, dass a_i auf a_{i+1} (im Index mod m) abgebildet wird.
Die Elemente von S_n lassen sich als Produkte elementfremder Zyklen schreiben, wie etwa $(1,5,3)(2,6)$. So wird nämlich von jeder Zahl aus T_n eindeutig angegeben, auf welche Zahl sie abgebildet wird. Zyklen der Länge 2 heißen *Transpositionen*.

Satz 4.1 S_n *bildet für* $n > 1$ *eine Gruppe bezüglich der Hintereinanderausführung.*

Beweis: Die Assoziativität wird für Funktionen immer auf dieselbe Weise bewiesen, nämlich so, wie im Beweis von Beispiel 2.2 auf Seite 15. Die Hintereinanderausführung von Funktionen ist immer assoziativ. Das neutrale Element ist die identische Permutation, in der obigen Schreibweise: $id = (1)(2)\dots(n)$ oder $id = ()$. Macht man eine bijektive Abbildung rückgängig, so ist diese Abbildung wieder bijektiv, also auch eine Permutation. □

S_n heißt die *symmetrische Gruppe über n Elementen*. Allgemeiner: Hat man eine beliebige (auch unendliche) Menge X, so bezeichnet S_X die Gruppe der Permutationen von X bezüglich Hintereinanderausführung. Welche Ordnung hat S_n? Die 1 kann auf n verschiedene Zahlen abgebildet werden, die 2 dann nur noch auf $n-1$ Zahlen etc., d.h. $|S_n| = n! = n \cdot (n-1) \cdot \ldots \cdot 2 \cdot 1$.

Die Ordnung eines m-Zyklus in S_n ist m, wie wir direkt aus der Formel (4.2) sehen. Die Gruppen S_n sind im Allgemeinen nicht abelsch, es gilt etwa

$$(1,3) \circ (1,2) = (1,2,3) \neq (1,3,2) = (1,2) \circ (1,3)$$

in S_3. Es gilt $S_{n-1} < S_n$, denn alle Permutationen der S_n, die das Element n festhalten (auf sich abbilden), bilden eine Untergruppe, die genau alle Zahlen von 1 bis $n - 1$ permutiert, also isomorph zu S_{n-1} ist. Es gilt also $S_2 < S_3 < S_4 < \ldots$, und da die Gruppe S_3 nicht abelsch ist, sind alle S_n für $n \geq 3$ nicht abelsch.

In Abschnitt 2.5 haben wir schon festgestellt, dass die Ordnung einer Permutation gleich dem kleinsten gemeinsamen Vielfachen der Zyklenlängen ist. Jeder m-Zyklus erzeugt also eine zu $\mathbb{Z}_m$ isomorphe Untergruppe.

Es gilt $S_3 = D_3$, denn die Gruppe D_3 ist in (4.1) dargestellt als alle Permutationen von 3 Elementen.

Die Tetraedergruppe S_4 haben wir in Beispiel 2.22 auf Seite 29 ausführlich betrachtet. An dieser Stelle ist ein neuerlicher Blick auf das Beispiel hilfreich. Jede Permutation der Ecken eines Tetraeders führt zu einer Isometrie des gesamten Tetraeders. Deswegen ist die Symmetriegruppe des Tetraeders isomorph zur Gruppe S_4 von Permutationen. In Beispiel 2.22 haben wir festgestellt, dass die S_4 durch Transpositionen erzeugt wird. Dies gilt allgemeiner:

Satz 4.2 *Die Gruppe S_n wird durch Transpositionen erzeugt.*

Beweis: Es gilt

$$(1, m) \cdot (1, m - 1) \cdots (1, 4) \cdot (1, 3) \cdot (1, 2) = (1, 2, 3, 4, \ldots, m).$$

Deswegen können wir jeden m-Zyklus für $m \geq 3$ als Produkt von Transpositionen darstellen. Jeder m-Zyklus ist Produkt von $m - 1$ Transpositionen. Weil jede Permutation als Produkt von Zyklen darstellbar ist, können wir also jede Permutation als Produkt von Transpositionen schreiben. □

Zum Beispiel:

```
gap> (4,7)*(4,2)*(4,6)*(4,1)*(4,3);
(1,3,4,7,2,6)
```

Das ist gleich der Permutation (4,7,2,6,1,3).

Der folgende Satz von CAYLEY sagt aus, dass sich *jede* endliche Gruppe als Gruppe von Permutationen schreiben lässt:

Satz 4.3 *Jede Gruppe der Ordnung n ist isomorph zu einer Untergruppe der Gruppe S_n.*

Beweis: Sei $G = \{a_0, a_1, \ldots, a_{n-1}\}$ die vorgegebene Gruppe mit n Elementen. Im Beweis von Satz 3.14 auf Seite 42 hatten wir gesehen, dass die Linksmultiplikation mit einem Element a_i, also die Abbildung $\phi_i \colon G \to G$ definiert durch $\phi_i(g) = a_i g$, eine bijektive Abbildung ist (Vorsicht: Diese Abbildung ist im Allgemeinen kein Isomorphismus). Wir haben also eine bijektive Abbildung von G auf sich, dies ist eine Permutation der Elemente von G.

Die Menge $\Phi = \{\phi_0, \phi_1, \ldots, \phi_{n-1}\}$ von Permutationen von n Elementen (den Gruppenelementen) bildet eine Untergruppe von S_n, denn $\forall g \in G$ gilt:

$$\phi_i \phi_k(g) = a_i a_k g = a_t g = \phi_t(g), \text{ falls } a_i a_k = a_t$$

Die Verknüpfung der Permutationen ist also abgeschlossen in der Menge Φ. Ist a_0 das neutrale Element von G, so ist ϕ_0 das neutrale Element von Φ, weil $\phi_0(g) = a_0 g = g$. Das Inverse von ϕ_i ist ϕ_j, wenn $a_i^{-1} = a_j$ (das ist leicht zu prüfen).

Wir zeigen noch, dass G „dieselbe" Gruppe ist wie die Gruppe Φ, genauer: Die Abbildung $\lambda: G \to \Phi$, gegeben durch $\lambda(a_i) = \phi_i$, ist ein Isomorphismus. λ ist injektiv, denn ist $\lambda(a_i) = \lambda(a_j)$, so folgt $\phi_i = \phi_j$ und damit $a_i = a_j$, weil $\phi_i(a_0) = \phi_j(a_0)$. Eine injektive Abbildung zwischen zwei endlichen, gleichmächtigen Mengen ist surjektiv und damit bijektiv. Wir müssen noch die Homomorphismuseigenschaft aus Definition 3.25 auf Seite 48 zeigen:

$$\lambda(a_i)\lambda(a_k) = \phi_i \phi_k = \phi_t = \lambda(a_t) = \lambda(a_i a_k), \text{ falls } a_i a_k = a_t$$

$\square$

Um Eigenschaften gegebener Gruppen nachzuweisen, ist der Satz von Cayley allerdings nicht sonderlich brauchbar, weil eine Gruppe der Ordnung n als Untergruppe einer viel zu großen Gruppe (der Ordnung $n!$) erwiesen wird, um diese Beziehung praktisch nutzen zu können. Für GAP hat der Satz natürlich große Bedeutung, weil er impliziert, dass jede endliche Gruppe sich als Gruppe von Permutationen schreiben lässt.

Schreiben wir eine Permutation als Produkt elementfremder Zyklen, so ist die Anzahl der dabei auftretenden Zyklen eindeutig, wobei wir jetzt und im folgenden Zyklen der Länge 1 notieren und mitzählen: Z.B. lässt sich $(1, 4, 9, 2)(3, 8, 5)(6)(7)$ als Produkt elementfremder Zyklen nur anders schreiben, indem wir Zyklen vertauschen, wie etwa $(6)(1, 4, 9, 2)(7)(3, 8, 5)$. Die Anzahl der Zyklen bleibt dabei aber unverändert.

Lemma 4.4 *Sei $p \in S_n$ eine beliebige Permutation und $t = (i, j)$ sei eine Transposition. Die Anzahl der Zyklen von p und die Anzahl der Zyklen von $p \circ t$ unterscheiden sich um 1.*

Beweis: 1. Fall: i und j sind aus verschiedenen Zyklen von p:
p hat dann, nach eventuellem verändern der Reihenfolge der Zyklen, die folgende Form:

$$p = (u, \ldots, i, a, \ldots, v)(x, \ldots, j, b, \ldots, y)\mu_3 \mu_4 \ldots \mu_r$$

wobei $\mu_3, \mu_4, \ldots, \mu_r$ weitere Zyklen sind. Es folgt:

$$\begin{aligned} p \circ t &= (u, \ldots, i, a, \ldots, v)(x, \ldots, j, b, \ldots, y)\mu_3 \mu_4 \ldots \mu_r \circ (i, j) \\ &= (u, \ldots, i, b, \ldots, y, x, \ldots, j, a, \ldots, v)\mu_3 \mu_4 \ldots \mu_r \end{aligned}$$

$p \circ t$ hat also einen Zyklus weniger als p, und die Behauptung ist für den 1. Fall gezeigt.

2. Fall: i und j sind aus demselben Zyklus von p:
p hat dann, nach eventuellem Verändern der Reihenfolge der Zyklen, die folgende Form:

$$p = (u, \ldots, i, a, \ldots, j, b, \ldots, y)\mu_2\mu_3 \ldots \mu_r,$$

wobei $\mu_2, \mu_3, \ldots, \mu_r$ weitere Zyklen sind. Es folgt:

$$
\begin{aligned}
p \circ t &= (u, \ldots, i, a, \ldots, j, b, \ldots, y)\mu_2\mu_3 \ldots \mu_r \circ (i, j) \\
&= (u, \ldots, i, b, \ldots, y)(j, a, \ldots)\mu_2\mu_3 \ldots \mu_r
\end{aligned}
$$

$p \circ t$ hat also einen Zyklus mehr als p, und die Behauptung ist auch für den 2. Fall gezeigt. $\square$

Satz 4.5 *Jede Permutation ist immer entweder Produkt einer geraden oder einer ungeraden Anzahl von Transpositionen. Das heißt keine Permutation lässt sich so auf zwei verschiedene Weisen in ein Produkt von Transpositionen zerlegen, dass das eine Produkt aus einer geraden und das andere Produkt aus einer ungeraden Anzahl von Transpositionen besteht.*

Beweis: Wir sprechen von derselben *Parität* zweier ganzer Zahlen, wenn entweder beide gerade oder beide ungerade sind. Sei $p \in S_n$. Nach Satz 4.2 können wir p als Produkt von Transpositionen schreiben: $p = t_1 t_2 \ldots t_m$. Sei r die Anzahl der Zyklen von p.
Wir werden zeigen, dass die Zahlen m und $n - r$ dieselbe Parität haben. Da $n - r$ aber nichts mit der Art und Weise zu tun hat, in der wir p durch Transpositionen darstellen, folgt die Behauptung.
Wir führen den Beweis mit vollständiger Induktion über m. Ist $m = 0$, so folgt $p = id$ mit $r = n$ Zyklen, und m und $n - r$ haben dieselbe Parität.
Ist $m = 1$, so folgt $p = t_1$, und p hat $r = n - 1$ Zyklen (nur 2 der n Zahlen aus T_n kommen im selben Zyklus vor). Es gilt also $n - r = 1$, und m und $n - r$ haben dieselbe Parität.
Induktiv nehmen wir jetzt an, dass m und $n - r$ dieselbe Parität haben für alle $m \leq k$. Sei $p = t_1 t_2 \ldots t_{k+1}$. Sei r' die Anzahl der Zyklen von $p' = t_1 t_2 \ldots t_k$. Nach Induktionsannahme haben k und $n - r'$ dieselbe Parität. Nach Lemma 4.4 sind die Anzahl Zyklen r von $p = p' t_{k+1}$ und r' von p' um 1 verschieden. Deswegen haben $k + 1$ und $n - r$ dieselbe Parität, gerade die gegensätzliche Parität von k und $n - r'$. $\square$

Definition 4.6 *Eine Permutation heißt* gerade, *wenn sie aus einer geraden Anzahl von Transpositionen zusammengesetzt ist, und* ungerade *sonst.*

Verknüpfen wir zwei gerade Permutationen miteinander, so ist das Resultat wieder eine gerade Permutation. Die identische Permutation () ist gerade, und deswegen ist das Inverse einer geraden Permutation auch eine gerade Permutation. Wir sehen also:

Satz 4.7 *Die Teilmenge der geraden Permutationen der Gruppe S_n bildet eine Gruppe, die* alternierende Gruppe A_n.

Die Untergruppe A_n hat den Index 2 in der Gruppe S_n. Wir überlegen uns dazu, dass genau die Hälfte aller Permutationen der S_n gerade sind. Sei eine beliebige Transposition $p \in S_n$ gegeben. Nach Satz 2.17 3. auf Seite 26 erhält man wieder alle Elemente der S_n, indem man alle Elemente der S_n mit p verknüpft. Dabei geht aber jede gerade Permutation in eine ungerade über und umgekehrt. Es gibt also genau gleich viele gerade, wie ungerade Permutationen. Nach Aufgabe 3 von Abschnitt 3.4 ist dann also A_n normal in S_n.

Wir greifen noch einmal das Beispiel 2.22 auf. Hier haben wir die Gruppe S_4 geometrisch als Symmetriegruppe des Tetraeders realisiert. Welche Isometrien sind gerade, gehören also zu A_4? Nach dem Beweis von Satz 4.2 entspricht ein Zyklus der Länge m genau dann einer geraden Permutation, wenn m ungerade ist. Somit sind die Isometrien

$$S_{4,1} = \{id, (2,3,4), (2,4,3), (1,3,4), (1,4,3), (1,2,4), (1,4,2), (1,2,3), (1,3,2)\}$$

und

$$S_{4,2} = \{(2,3)(1,4), (1,2)(3,4), (1,3)(2,4)\}$$

gerade Permutationen. Diese Permutationen entsprechen genau den Drehungen des Tetraeders (siehe Beispiel 2.22). Deshalb gilt für die Symmetriegruppe $G \cong S_4$ des Tetraeders $G^+ \cong A_4$. Die A_4 ist die Untergruppe der orientierungserhaltenden Isometrien des Tetraeders.

Satz 4.8 *Die Gruppe A_n wird von allen 3-Zyklen erzeugt.*

Beweis: Ein 3-Zyklus (i, j, k) lässt sich als Produkt zweier Transpositionen schreiben:

$$(i, j, k) = (i, j) \circ (j, k) \tag{4.3}$$

3-Zyklen sind also in A_n enthalten.

Jede Permutation aus A_n lässt sich als Produkt von gerade vielen Transpositionen schreiben. Man zerlege solch ein Produkt in Paare von benachbarten Transpositionen. Hat ein solches Paar ein Element gemeinsam, so kann man es wie in Gleichung (4.3) als 3-Zyklus schreiben. Hat ein solches Paar kein Element gemeinsam wie in $(i, j)(k, l)$, so kann man die Identität $(j, k)(j, k)$ dazwischen schreiben und erhält zwei Paare von Transpositionen, die sich jeweils als 3-Zyklus schreiben lassen. $\square$

Aufgaben

1. Beweisen Sie: $A_3 = D_3^+$.

2. Ein *n-Simplex* ist eine Figur $\sigma^n \in \mathbb{R}^n$, bestehend aus $n+1$ Punkten mit paarweise selbem Abstand und der *konvexen Hülle* über diesen Punkten, d.h., zu je zwei Punkten aus σ^n ist die Verbindungsstrecke dieser Punkte in σ^n. So ist ein 2-Simplex ein gleichseitiges Dreieck und ein 3-Simplex ein Tetraeder. Beweisen Sie: Die Symmetriegruppe des n-Simplex ist die Gruppe S_{n+1}.

3. Beweisen Sie: Die Gruppe S_n wird erzeugt von $\{(1,2),(2,3),\dots,(n-1,n)\}$.

4.2 Operationen von Gruppen auf Mengen

Sei G Symmetriegruppe einer Figur X. Ist $x \in X$ ein Punkt oder eine Kante, so bildet jede Isometrie $g \in G$ das Element x auf ein Element $g(x) \in X$ ab. Wir sagen, G *operiert* auf X. Die Symmetrie der Figur X wird durch die Gruppe G beschrieben. Wir erweitern den Symmetriebegriff und betrachten allgemeiner beliebige Mengen X (z.B. T_n), die nicht unbedingt durch die Geometrie gegeben sein müssen. Auch auf solchen allgemeinen Mengen lassen wir Gruppen operieren:

Definition 4.9 *Sei G eine Gruppe und X eine Menge. Eine* Operation *von G auf X ist eine Abbildung, die jedem $g \in G$ und $x \in X$ ein Element $g(x) \in X$ zuordnet, so dass*

1. *$\forall x \in X$ gelte $e(x) = x$ (wobei e das neutrale Element von G bezeichnet),*

2. *$\forall x \in X$ und $\forall g, h \in G$ gelte $gh(x) = g(h(x))$ (Assoziativität).*

Wir sagen, G operiert auf X oder X ist eine G-Menge.

Eine Operation ist also eine Abbildung $\phi : G \times X \to X$ mit den beiden obigen Eigenschaften.
Diese Operation wird manchmal auch *Linksoperation* genannt, im Gegensatz zur *Rechtsoperation*, bei der die Bedingung 2. sich ändert zu:
$\forall x \in X$ und $\forall g, h \in G$ gelte $gh(x) = h(g(x))$.

Bei der Symmetriegruppe G einer Figur F in der Ebene (oder eines Körpers im Raum) sind diese Bedingungen auf natürliche Weise erfüllt. G operiert auf F. Die Elemente von Symmetriegruppen sind Abbildungen, und für Abbildungen gilt immer das Assoziativgesetz 2. Außerdem verhält sich die identische Abbildung wie in 1. gefordert.

Ist X eine G-Menge, so permutiert jedes $g \in G$ die Elemente aus X. Die obige Abbildung ϕ, eingeschränkt auf ein festes Gruppenelement g, ist eine Bijektion. Ist nämlich $g(x) = g(y)$ für $x, y \in X$ und $g \in G$, so folgt aus der Assoziativität der Operation $g^{-1}g(x) = g^{-1}g(y)$ und damit $x = y$. ϕ ist also injektiv. ϕ ist aber auch surjektiv: Ein gegebenes Element $x \in X$ hat $(g, g^{-1}(x))$ als Urbild. Wir können als Definition von Operation von einer Gruppe auf einer Menge also auch Folgendes nehmen:

> Eine Operation einer Gruppe G auf einer Menge X ist ein Homomorphismus von G in die symmetrische Gruppe S_X über X.

Sei $G_{(5,3)}{}^+$ die Gruppe der orientierungserhaltenden Symmetrien des Dodekaeders aus Abbildung 4.1 (die Namensgebung werden wir später erklären).

Das Dodekaeder hat 12 Seitenflächen, die jeweils reguläre 5-Ecke sind. Je drei dieser 5-Ecke stoßen an einer Ecke des Dodekaeders zusammen. $G_{(5,3)}{}^+$ operiert auf der Menge der Seitenflächen des Dodekaeders. Jede an dem Dodekaeder ausgeführte Drehung, die das Dodekaeder in sich überführt, führt nämlich eine beliebig vorgegebene Seitenfläche in eine (im Allgemeinen andere) Seitenfläche über.

Auf Seite 36 haben wir den Stabilisator einer Teilmenge S einer Figur F als die Gruppenelemente definiert, die S invariant lassen (also S auf sich abbilden). Sei s eine Seitenfläche des Dodekaeders.

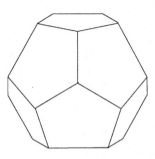

Abbildung 4.1: Dodekaeder

Dessen Stabilisator $G_{(5,3)}{}^+(s)$ ist isomorph zur Gruppe D_5^+, den Drehungen im regulären 5-Eck. Jede Drehung um die Achse, die senkrecht auf dem Mittelpunkt von s steht, um einen Winkel $n * 360/5$ Grad ($n \in \{0, 1, 2, 3, 4\}$) führt nämlich nicht nur das Dodekaeder in sich über (ist also ein Element von $G_{(5,3)}{}^+$), sondern sogar s in sich und ist damit ein Element des Stabilisators $G_{(5,3)}{}^+(s)$.

Das Konzept des Stabilisators lässt sich leicht auf Operationen auf Mengen erweitern: Die Gruppe G operiere auf der Menge X. Der *Stabilisator* $G(x)$ eines Elements $x \in X$ sind die Gruppenelemente, die x invariant lassen, also:

$$G(x) = \{g \in G \mid g(x) = x\}$$

Im letzten Kapitel haben wir bereits gesehen, dass $G(x) < G$ gilt.

Beispiel 4.10 *Sei X die Menge aller 4-Ecke der Ebene. X ist eine $\mathcal{E}$-Menge, weil jedes 4-Eck aus X durch eine Isometrie aus $\mathcal{E}$ auf ein Viereck aus X abgebildet wird. Sei $Q \in X$ ein beliebiges Quadrat in der Ebene. Dann besteht dessen Stabilisator $\mathcal{E}(Q) = D_4$ genau aus den Isometrien, die Q auf sich abbilden.*

Die Menge X lässt sich bezüglich $\mathcal{E}$ auf natürliche Weise zerlegen: Zu je zwei kongruenten Vierecken $V, V' \in X$ gibt es eine Isometrie $g \in \mathcal{E}$ mit $g(V) = V'$. Andererseits können nichtkongruente Vierecke niemals aufeinander abgebildet werden.

Zu jedem Viereck $V \in X$ gibt es also die Klasse zu V kongruenter Vierecke $\mathcal{E}V$, das sind genau die Vierecke, die sich durch eine Isometrie aus V gewinnen lassen. Diese Klasse heißt *Bahn* von V. Jede Klasse kongruenter Vierecke bildet eine Bahn, und die Menge aller Vierecke X lässt sich in eine Vereinigung disjunkter Bahnen kongruenter Vierecke zerlegen.

Definition 4.11 *Sei X eine G-Menge und $x \in X$. Die Menge*

$$Gx = \{y \in X \mid \exists g \in G, \, y = g(x)\}$$

heißt Bahn *von x.*

Die Bahn eines Elements $x \in X$ ist also die Menge aller Bilder von x unter der Operation von Elementen von G.

Beispiel 4.12 *Sei $X = \{1, 2, 3, \ldots, 9\}$, und G sei die Gruppe, die erzeugt wird von $g = (1,5)(2,7)(3,4,9,8)$ und $h = (6,2)(4,8,5)$. Dann sind die Bahnen der Operation von G auf X:*
Die Bahn der 1 ist: $\{1, 5, 4, 8, 3, 9\}$. Die Bahn der 2 ist: $\{2, 7, 6\}$,
weil: $1 \overset{g}{\longrightarrow} 5 \overset{h}{\longrightarrow} 4 \overset{h}{\longrightarrow} 8 \overset{g}{\longrightarrow} 3$ und $4 \overset{g}{\longrightarrow} 9$. Für die 2 gilt: $2 \overset{g}{\longrightarrow} 7$ und $2 \overset{h}{\longrightarrow} 6$.

Wir betrachten die Operation in GAP:

```
gap> G:=Group((1,5)(2,7)(3,4,9,8),(6,2)(4,8,5));;
gap> bahn1:=Orbit(G, 1 );
[ 1, 5, 4, 9, 8, 3 ]
gap> bahn2:=Orbit(G, 2 );
[ 2, 7, 6 ]
```

Zwei Bahnen sind entweder disjunkt (elementfremd) oder gleich, denn haben die beiden Bahnen Gx und Gy ein Element $z \in X$ gemeinsam und sind $x' \in Gx$ und $y' \in Gy$ beliebige Elemente, so gilt: Es gibt ein $g \in G$ mit $g(x') = z$, weil $x', z \in Gx$. Ebenso gibt es ein $h \in G$ mit $h(y') = z$, weil $y', z \in Gy$. Damit folgt $h^{-1}g(x') = y'$, also sind x' und y' in derselben Bahn. Damit folgt:

Satz 4.13 *Sei X eine G-Menge. Dann lässt sich X in eine Vereinigung disjunkter Bahnen bezüglich G zerlegen.*

Definition 4.14 *Sei X eine G-Menge. $x \in X$ heißt* Fixpunkt *von $g \in G$, wenn $g(x) = x$. Sei X^g die Menge aller Fixpunkte von G, also*

$$X^g = \{x \in X \mid g(x) = x\},$$

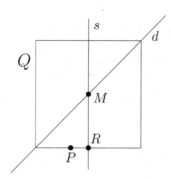

Abbildung 4.2: Quadrat in der Ebene

Beispiel 4.15 *Sei Q das Quadrat mit Kantenlänge 1 im $\mathbb{R}^2$ mit den Ecken $(0,0),(0,1),(1,0),(1,1)$ (siehe Abbildung 4.2). Die Symmetriegruppe von Q ist die Gruppe D_4.*

1. *Sei t die Spiegelung an der Diagonalen d durch (0, 0) und (1, 1). Die Bahn der Ecke (0, 0) besteht aus allen 4 Ecken von Q. Der Stabilisator von (0, 0) ist*

$$D_4((0,0)) = \{id, t\}.$$

   X^t besteht aus allen Punkten von d.

2. *Der Stabilisator von $P = (1/3, 0)$ ist die triviale Gruppe. Die Bahn von P besteht aus 8 Punkten.*

3. *Sei $M = (1/2, 1/2)$ der Mittelpunkt von Q. $D_4(M) = D_4$. Die Bahn von M besteht nur aus M selbst.*

4. *Die Bahn von $R = (1/2, 0)$ besteht aus 4 Punkten. Der Stabilisator von R ist $\{id, s\}$, wobei s die Spiegelung an der Geraden durch $(1/2, 0)$ und $(1/2, 1)$ ist.*

Beispiel 4.16 *Die symmetrische Gruppe S_n operiert auf der Menge $T_n = \{1, \ldots, n\}$. Der Stabilisator $S_n(n)$ besteht aus all jenen Permutationen, die die Zahl n auf sich abbilden. Damit gilt $S_n(n) = S_{n-1}$. Die Bahn von n in der Gruppe S_n ist die gesamte Menge T_n, weil es für jedes $i \in T_n$, $i \neq n$ die Permutation (n, i) gibt, die n auf i abbildet.*

Beispiel 4.17 *Sei W die Gruppe des Würfels aus Abbildung 1.8. Wir beschreiben einen Tetraeder ein wie in Abbildung 3.3 auf Seite 38. Die Würfelgruppe W operiert auf den Ecken des Würfels. Jede Isometrie des Würfels bildet den Tetraeder auf einen Tetraeder ab, und zwar entweder auf sich oder auf die zweite mögliche Lage des Tetraeders im Würfel. Die Ecken des Tetraeders im Würfel sind die Ecken 1, 3, 6, 8, und die Würfelgruppe operiert auf der Menge:*

$$\{\{1, 3, 6, 8\}, \{2, 4, 5, 7\}\}$$

Wir erzeugen in GAP die Würfelgruppe W aus den Erzeugenden a, b, c und betrachten die Bahn von $\{1, 3, 6, 8\}$.

```
gap> a:=(1,2)(5,6)(4,3)(8,7);;
gap> b:=(1,3)(5,7);; c:=(5,4)(6,3);;
gap> W:=Group(a,b,c);;
gap> bahn := Orbit( W, [1,3,6,8], OnSets );
[ [ 1, 3, 6, 8 ], [ 2, 4, 5, 7 ] ]
gap> Tet := Stabilizer( W, [1,3,6,8], OnSets );
Group([ (3,6)(4,5), (2,4,5)(3,8,6), (1,6)(2,5)(3,8)(4,7),
   (1,8)(2,7)(3,6)(4,5) ])
gap> Size( Tet );
24
gap> IsomorphismGroups( Tet, SymmetricGroup(4) );
[ (3,6)(4,5), (2,4,5)(3,8,6), (1,6)(2,5)(3,8)(4,7),
   (1,8)(2,7)(3,6)(4,5) ] ->
[ (1,2), (1,4,2), (1,4)(2,3), (1,2)(3,4) ]
```

Die Bahn des Tetraeders besteht aus nur zwei Elementen, die wir beide im Würfel „sehen" können. Der Stabilisator des Tetraeders ist eine Untergruppe mit 24 Elementen und ist isomorph zur Gruppe S_4. Das heißt: Jede Isometrie des Tetraeders ist auch eine des Würfels.

Sei S die Menge der Seitenflächen des Dodekaeders. Wir wissen bereits, dass $G_{(5,3)}{}^+$ auf S operiert. Sei $s \in S$ eine Seitenfläche. Zu jeder beliebigen anderen Seitenfläche $s' \in S$ gibt es eine Isometrie $g \in G_{(5,3)}{}^+$, so dass $g(s) = s'$ ist. Wir können jede Seitenfläche auf jede andere drehen. Das heißt aber, dass die Bahn von s ganz S umfasst, also $G_{(5,3)}{}^+ s = S$. S besteht also bezüglich der Operation von $G_{(5,3)}{}^+$ nur aus einer Bahn. In dem Fall spricht man von einer *transitiven* Operation.

Definition 4.18 *Sei X eine G-Menge. Gibt es nur eine Bahn bezüglich der Operation von G auf X, so heißt die Operation* transitiv.

Äquivalent zu dieser Definition ist offensichtlich die folgende: G operiert transitiv auf X, wenn für ein beliebiges $x \in X$ gilt: $Gx = X$.
Leicht prüfen wir die Transitivität in GAP: Wir betrachten die Gruppe des Tetraeders, die wir bereits im letzten Kapitel mit GAP untersucht haben:

```
gap> Tetra:=Group((2,4),(1,2),(1,3),(1,4),(2,3),(3,4));
Group([ (2,4), (1,2), (1,3), (1,4), (2,3), (3,4) ])
gap> Orbit(Tetra,1);
[ 1, 4, 2, 3 ]
```

Orbit(Tetra,1) gibt uns die Bahn der 1 in der Gruppe Tetra. Sie umfasst alle 4 Eckpunkte des Tetraeders. Deswegen operiert die Gruppe des Tetraeders transitiv auf den Eckpunkten des Tetraeders.

Ist X die Menge der Vierecke in der Ebene aus Beispiel 4.10, so operiert $\mathcal{E}$ nicht transitiv. Es gibt nämlich viele Bahnen, für jede Klasse kongruenter Vierecke eine.

Wir betrachten den Stabilisator $\mathcal{E}(0)$ des Nullpunktes in der Symmetriegruppe der Ebene. Er besteht aus all denjenigen Isometrien der Ebene, die den Nullpunkt auf sich abbilden. Nach Satz 1.6 auf Seite 9 sind das Spiegelungen an Geraden durch den Nullpunkt und Drehungen um den Nullpunkt. Bei allen diesen Isometrien bleibt jeder Kreis um den Nullpunkt invariant, d.h., $\mathcal{E}(0)$ ist isomorph zur Symmetriegruppe des Kreises. Diese Gruppe heißt *orthogonale Gruppe* der Ebene, abgekürzt $\mathcal{O}_2$, und wurde bereits in Definition 3.5 auf Seite 36 vorgestellt (vergleiche mit Aufgabe 3 aus Abschnitt 3.3). Der untere Index 2 steht für die Dimension der Ebene. Der Stabilisator des 0-Punktes im $\mathbb{R}^3$ ist die orthogonale Gruppe $\mathcal{O}_3$ und besteht aus allen Isometrien, die eine Kugeloberfläche (alle Punkte mit Abstand 1 vom Ursprung im $\mathbb{R}^3$) auf sich abbilden.

Satz 4.19 $\mathcal{O}_3^+$ *besteht aus allen Drehungen um Geraden durch den Ursprung im* $\mathbb{R}^3$.

Ein Beweis findet sich im Anhang im Abschnitt über Matrizen.

Klarerweise gibt es solch eine orthogonale Gruppe in jeder Dimension. Der Stabilisator des 0-Punkts im $\mathbb{R}^n$ ist die Gruppe $\mathcal{O}_n$. Diese Gruppe operiert transitiv auf den Punkten der *Sphäre* der Dimension $n-1$, der sogenannten $n-1$-*Sphäre*, also allen Punkten mit Abstand 1 vom 0-Punkt im $\mathbb{R}^n$.

$\mathcal{E}$ operiert transitiv auf der Menge der Punkte der Ebene $\mathbb{R}^2$, weil es nur eine Bahn bezüglich dieser Operation gibt. Zu je zwei Punkten $x, y \in \mathbb{R}^2$ gibt es eine Translation $\tau \in \mathcal{E}$ mit $\tau(x) = y$.

Ein wichtiges Beispiel einer transitiven Operation ist das folgende:

Beispiel 4.20 *Sei* $(G, \cdot)$ *eine beliebige Gruppe. Dann operiert* G *auf sich selbst (genauer: auf der Menge seiner Elemente) durch die Gruppenoperation:*
$g(h) = g \cdot h$.

Diese Operation ist transitiv, denn es gibt nur eine Bahn. Sei nämlich $x \in G$ ein beliebiges Gruppenelement. Dann umfasst die Bahn von x die gesamte Gruppe G, weil es zu einem beliebigen $y \in G$ ein $g \in G$ gibt, so dass $y = gx$, und somit ist y in der Bahn von x.

Beispiel 4.21 *Sei* H *Untergruppe einer Gruppe* $(G, \cdot)$. *Dann operiert* H *auf* G *durch* $h(g) = h \cdot g$, *wobei* $h \in H$ *und* $g \in G$. *Die Bahn eines Elements* $g \in G$ *besteht aus allen Elementen der Form* $h \cdot g$ *mit* $h \in H$, *ist also gleich der Rechtsnebenklasse* Hg.

Die Schreibweise für eine Bahn stimmt mit der Schreibweise einer Rechtsnebenklasse überein. In der Tat ist das der Grund für die Schreibweise für Bahnen. Analog erhalten wir die Linksnebenklassen, wenn wir $h(g) = g \cdot h$ definieren.

Aufgaben

1. Sei W ein Würfel im $\mathbb{R}^3$ und G seine Symmetriegruppe. Berechnen Sie den Stabilisator

   (a) einer beliebigen Ecke,

   (b) einer beliebigen Kante,

   (c) einer beliebigen Seitenfläche,

   (d) zweier gegenüberliegender Seitenflächen,

   (e) zweier gegenüberliegender Kanten,

   (f) zweier gegenüberliegender Kanten und einer Seitenfläche

   des Würfels in G.

2. Prüfen Sie, ob die folgenden Aussagen wahr oder falsch sind. Begründung!

   (a) Die Gruppe D_4 operiert auf den Kanten eines regulären 6-Ecks.

   (b) Die Gruppe D_4 operiert auf den Kanten eines regulären 8-Ecks.

   (c) Die Gruppe D_7 operiert auf den Ecken eines regulären 56-Ecks.

   (d) Die Gruppe D_4 operiert auf beliebigen drei Kanten eines Quadrats.

   (e) Die Gruppe D_3 operiert auf den Seitenflächen eines Tetraeders.

3. Sei W die Symmetriegruppe eines Würfels. Zeigen Sie, dass die Untergruppe der orientierungserhaltenden Isometrien W^+ isomorph zur Gruppe S_4 ist. (Tipp: Permutieren Sie mit Drehungen die 4 Hauptdiagonalen des Würfels, lesen Sie noch einmal Abschnitt 1.4 und benutzen Sie GAP).

4. Sei W^+ die Untergruppe der orientierungserhaltenden Isometrien der Symmetriegruppe eines Würfels. Ist die Operation von W^+ auf den Ecken (Kanten, Seitenflächen) des Würfels transitiv?

4.3   Konjugation

Im Abschnitt 3.3 hatten wir bereits die Konjugation definiert. Wir hatten:

Definition 4.22 *Sei G eine Gruppe und $g, h \in G$. Das Element*

$$g^h = h^{-1}gh$$

heißt Konjugation *von g mit h.*

Diese Konjugation ist eine spezielle Operation einer Gruppe auf sich selbst, wenn wir als Operation die Rechtsoperation verstehen. Bei der Linksoperation muss man die Abbildung $(h, g) \to hgh^{-1}$ nehmen. Wir arbeiten im Weiteren meistens mit der Rechtsoperation.

Man sieht sofort: Es gilt $g^h = g$ genau dann, wenn g und h *kommutieren*, d.h., wenn $gh = hg$ in der Gruppe G gilt.
Sind g, h, j, k Elemente einer Gruppe G, dann gilt: $(gj)^h = g^h j^h$ und $g^{hk} = (g^h)^k$. Es gilt nämlich:

$$(gj)^h = h^{-1}gjh = h^{-1}ghh^{-1}jh = g^h j^h$$

und

$$g^{hk} = (hk)^{-1}ghk = k^{-1}h^{-1}ghk = (g^h)^k$$

Es gelten also zu den Potenzgesetzen analoge Gesetze, daher die Schreibweise.

Definition 4.23 *Die Elemente $g, j \in G$ heißen* konjugiert zueinander, *wenn es ein $h \in G$ gibt, so dass $g^h = j$.*

Es ist leicht zu sehen, wann zwei Permutationen $g, h \in S_n$ konjugiert zueinander sind. Sie sind konjugiert genau dann, wenn sie dieselbe *Zyklenstruktur* haben, d.h., die Zyklen in der jeweiligen Zyklenschreibweise haben dieselben Längen. Zum Beispiel sind

$$g = (6, 9)(1, 3, 4)(2, 5, 7, 8)$$

und

$$h = (1, 2)(3, 4, 5)(6, 7, 8, 9)$$

konjugiert in S_9. Sie sind jeweils disjunkte Produkte von Zyklen der Längen $2, 3$ und 4. Wir beweisen das allgemein:

Satz 4.24 *Seien $g, p \in S_n$ zwei Permutationen. g und p sind konjugiert zueinander genau dann, wenn folgende Aussage gilt: Ist g disjunktes Produkt von Zyklen der Längen $k_1, \ldots, k_m$, so ist auch p disjunktes Produkt von Zyklen der Längen $k_1, \ldots, k_m$.*

Beweis: Seien g, p konjugiert. Es gibt also ein $h \in S_n$ mit $g = h^{-1}ph$, also $p = hgh^{-1}$. Sei $g(i) \in \{1, \ldots, n\}$ das Bild von i unter der Permutation g. Ist $g(i) = j$, dann folgt

$$(hgh^{-1})h(i) = hg(i) = h(j),$$

Also: Sendet g die Zahl $i \to j$, dann sendet $p = hgh^{-1}$ die Zahl $h(i) \to h(j)$. Also haben g und hgh^{-1} dieselbe Zyklenstruktur.

Für die Umkehrung: Haben g, g' dieselbe Zyklenstruktur, dann findet man ein h, so dass $g' = hgh^{-1}$, indem man mit h einfach entsprechende Elemente in den Zyklen von g, g' aufeinander abbildet.
Zum Beispiel ist $g = (3, 6, 9) \ldots$ und $g' = (2, 4, 1) \ldots$, dann definiere $h(3) = 2$, $h(6) = 4$ und $h(9) = 1$. Dann gilt etwa $g'(2) = hgh^{-1}(2) = hg(3) = h(6) = 4$, wie gewünscht. $\qquad\square$

„Konjugiert sein" ist eine Äquivalenzrelation. Jedes Element ist konjugiert zu sich selbst (reflexiv). Man konjugiere mit dem neutralen Element. Ist g konjugiert zu j, dann ist auch j konjugiert zu g. Man muss mit dem Inversen konjugieren. „Konjugiert sein" ist also symmetrisch. Transitiv wird in Aufgabe 1 am Ende dieses Abschnitts bewiesen.
Die Menge der Äquivalenzklassen von G unter der Äquivalenzrelation, die durch die Konjugation gegeben ist, heißt G_*.

Definition 4.25 *Zu einer endlichen Gruppe G ist die Funktion* $\mathrm{ord}\colon G \to \mathbb{N} \cup \{\infty\}$, *die jedem Element seine Ordnung zuordnet, die sogenannte* Ordnungsfunktion.

Das Polynom

$$p_G(t) = \sum_{g \in G_*} t^{ord(g)}$$

heißt *erzeugendes Polynom* der Ordnungsfunktion von G.

Leicht sieht man: Sind zwei Elemente konjugiert, dann haben sie dieselbe Ordnung. Ist nämlich $h^{-1}gh = j$ und $n \in \mathbb{N}$, dann folgt

$$j^n = (h^{-1}gh)^n = h^{-1}ghh^{-1}gh \ldots h^{-1}gh = g^n.$$

Deswegen wird $j^n = 1$ genau dann, wenn $g^n = 1$, und das erzeugende Polynom macht Sinn.

Beispiel 4.26 *Das erzeugende Polynom für die Gruppe S_8 ist:*

$$t^{15} + t^{12} + t^{10} + t^8 + t^7 + 5t^6 + t^5 + 4t^4 + 2t^3 + 4t^2 + t$$

Zum Beispiel kommt der Summand $4t^4$ zustande durch die 4 Zyklenstrukturen: (1,2,3,4); (1,2,3,4)(5,6); (1,2,3,4)(5,6,7,8); (1,2,3,4)(5,6)(7,8).

Für $g \in G$ sei die *Konjugationsklasse* von g in G

$$Kg = \{hgh^{-1} \mid h \in G\}$$

die Menge aller zu g konjugierter Elemente in G. Weil „konjugiert sein" eine Äquivalenzrelation ist, gilt:

$$G = \bigcup_{g \in G_*} Kg$$

Satz 4.27 *Sei X eine G-Menge. Sind g und h konjugiert in G, dann haben sie dieselbe Anzahl von Fixpunkten.*

Beweis: Sei $h = jgj^{-1}$ und $x \in X$ Fixpunkt von g (siehe Definition 4.14). Es gilt:

$$h(j(x)) = jgj^{-1}(j(x)) = jg(x) = j(x)$$

$j(x)$ ist also Fixpunkt von h. j bildet also die Fixpunkte von g in die von h ab, also die Menge X^g nach X^h.

Da $g = j^{-1}hj$, zeigen dieselben Argumente mit g und h in vertauschten Rollen, dass j^{-1} die Menge X^h nach X^g abbildet. Also ist j eine bijektive Abbildung von X^g nach X^h, also müssen diese beiden Fixpunktmengen gleich groß sein. $\square$

Für eine Untergruppe $H < G$ sei

$$H^g = \{g^{-1}hg \mid h \in H\}$$

eine zu H *konjugierte Untergruppe.*

Satz 4.28 *Ist H eine Untergruppe der Gruppe G und $g \in G$, dann ist H^g eine Untergruppe von G.*

Beweis: Für zwei Elemente $g^{-1}hg, g^{-1}h'g \in H^g$ ist ihr Produkt $g^{-1}hgg^{-1}h'g = g^{-1}hh'g$ wieder in H^g, was die Abgeschlossenheit zeigt. Ist $e \in G$ das neutrale Element, so ist $g^{-1}eg = e$ in H^g. Das Inverse von $g^{-1}hg$ ist $g^{-1}h^{-1}g \in H^g$. $\square$

Satz 4.29 *Sei G eine Gruppe, $H < G$ und $g \in G$. Dann ist H isomorph zu H^g.*

Der Beweis ist als Übungsaufgabe am Ende des Abschnitts formuliert.

Konjugiert sein ist auch bei Untergruppen eine Äquivalenzrelation. Es gibt also Äquivalenzklassen von zueinander konjugierten Untergruppen.

Satz 4.30 *Sei X eine G-Menge, und $x, y \in X$ seien aus derselben Bahn. Dann sind die Stabilisatoren von x und y konjugierte Untergruppen.*

Beweis: Sei $g(x) = y$. Wir zeigen: $g\,G(x)g^{-1} = G(y)$. Sei $h \in G(x)$. Dann gilt:

$$ghg^{-1}(y) = ghg^{-1}(g(x)) = gh(x) = g(x) = y$$

Es folgt $g\,G(x)g^{-1} \subset G(y)$. Vertauscht man die Rollen von x und y, so erhält man $g^{-1}G(y)g \subset G(x)$ oder $G(y) \subset g\,G(x)g^{-1}$. Insgesamt also $g\,G(x)g^{-1} = G(y)$. $\square$

In GAP betrachten wir die Konjugationsklassen von Untergruppen der Gruppe A_4.

```
gap> C:=ConjugacyClassesSubgroups(AlternatingGroup(4));
[ Group( () )^G, Group( [ (1,2)(3,4) ] )^G,
  Group( [ (2,4,3) ] )^G, Group( [ (1,3)(2,4), (1,2)(3,4) ] )^G,
  Group( [ (1,3)(2,4), (1,2)(3,4), (2,4,3) ] )^G ]
```

In der Konjugationsklasse der zweiten Gruppe, der Gruppe $\langle(1,2)(3,4)\rangle$ (isomorph zu $\mathbb{Z}_2$), liegen beispielsweise drei Gruppen:

```
gap> Elements(C[2]);
[ Group([ (1,2)(3,4) ]), Group([ (1,3)(2,4) ]),
  Group([ (1,4)(2,3) ]) ]
```

Wir betrachten noch einmal die Zerlegung der Ebene in Quadrate aus Beispiel 3.18 auf Seite 43. Dessen Symmetriegruppe ist die Gruppe $G_{(4,4)}$ mit Untergruppe $U < G_{(4,4)}$ isomorph zur Gruppe D_4 des Quadrats erzeugt von den Elementen s_a, s_b aus Abbildung 4.3, wie wir uns in Abschnitt 3.1 klargemacht haben. Wir

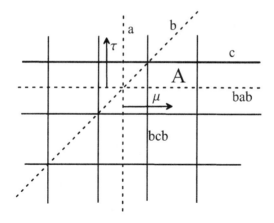

Abbildung 4.3: Erzeugende der Gruppe $G_{(4,4)}$

können ganz U mit einer Translation μ (siehe Abbildung 4.3) konjugieren, also $\mu^{-1} \circ U \circ \mu = \{\mu^{-1} \circ u \circ \mu \mid u \in U\}$ bilden. An Abbildung 4.3 sieht man leicht, dass wir dadurch wieder eine Gruppe erhalten, die isomorph zur Gruppe des Quadrats ist. Diesmal erhalten wir alle Isometrien des in Abbildung 4.3 mit A bezeichneten Quadrats als Untergruppe der Gruppe $G_{(4,4)}$.

Konjugation von U mit allen Translationen ergibt alle Spiegelungen durch sämtliche Quadratmitten der Ebene. Konjugiert man zusätzlich die von s_b, s_c erzeugte Gruppe V (sie ist auch isomorph zur D_4) mit allen Translationen, so erhält man alle Elemente von $G_{(4,4)}$. Es ist nicht schwer sich klarzumachen, dass die Translationen in horizontaler und vertikaler Richtung μ und τ als Produkte von s_a, s_b, s_c

darstellbar sind: Man erhält eine Translation nach Satz 1.9 durch Hintereinanderausführung von Spiegelungen entlang paralleler Achsen. Dadurch erhalten wir:
$\tau = s_c \circ s_b s_a s_b$ und $\mu = s_b s_c s_b \circ s_a$. Da man jede Translation aus $G_{(4,4)}$ als Hintereinanderausführung von τ und μ erhält, haben wir bewiesen:

Satz 4.31 *Die Gruppe $G_{(4,4)}$ wird von den Spiegelungen s_a, s_b, s_c aus Abbildung
4.3 erzeugt.*

Ist U eine Untergruppe von $\mathcal{E}$, dann ist eine zu U konjugierte Untergruppe dieselbe
Gruppe wie U, nur an einer anderen Stelle in der Ebene. Zwei Figuren F_1, F_2 in der
Ebene heißen *kongruent*, wenn es eine Isometrie gibt, die F_1 auf F_2 abbildet. Es gilt
also, dass, wenn die Figuren F_1, F_2 kongruent sind, dann ihre Symmetriegruppen
(als Untergruppen der Gruppe der Ebene) konjugiert sind.

Beispiel 4.32 *Sei τ eine Translation der Ebene und s_a die Spiegelung an einer
Geraden a. Dann ist die Konjugation $\tau^{-1} s_a \tau$ von s_a mit τ eine Spiegelung an der
Geraden $\tau^{-1}(a)$ (der um τ^{-1} verschobenen Geraden a), wie man der Abbildung 4.4
entnehmen kann.*

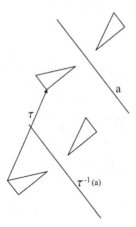

Abbildung 4.4: Konjugation einer Spiegelung mit einer Translation

Im folgenden Satz verallgemeinern wir das Phänomen von Beispiel 4.32:

Satz 4.33 *Sei $\alpha \in \mathcal{E}$ eine beliebige Isometrie der Ebene $\mathbb{R}^2$.*

1. *τ sei eine Translation mit invarianter Gerade l. Dann folgt: $\alpha\tau\alpha^{-1}$ ist eine
   Translation gleicher Länge mit invarianter Gerade $\alpha(l)$.*

2. *d sei eine Drehung um den Punkt P. Dann folgt: $\alpha d\alpha^{-1}$ ist eine Drehung um
   $\alpha(P)$ mit selbem Winkel.*

3. *s sei eine Spiegelung an der Geraden l. Dann folgt: $\alpha s\alpha^{-1}$ ist eine Spiegelung
   mit Achse $\alpha(l)$.*

Beweis: 1. Es gilt $\tau(l) = l$. Dann folgt $\alpha\tau\alpha^{-1}(\alpha(l)) = \alpha(l)$. Das gilt für alle unter τ invarianten Geraden l.

2. Es gilt $d(P) = P$. Dann folgt $\alpha d\alpha^{-1}(\alpha(P)) = \alpha(P)$. Weil $\alpha d\alpha^{-1}$ orientierungserhaltend mit Fixpunkt $\alpha(P)$ ist, folgt die Behauptung.

3. Es gilt $s(P) = P$ für alle Punkte $P \in l$. Dann folgt $\alpha s\alpha^{-1}(\alpha(P)) = \alpha(P)$. Also sind die Punkte $\alpha(P)$ Fixpunkte von $\alpha s\alpha^{-1}$. □

Aufgaben

1. Beweisen Sie, dass die Relation „konjugiert sein" auf einer Gruppe G transitiv ist. Beweisen Sie also: Für alle $g, h, j \in G$ gilt: Ist g konjugiert zu h und h konjugiert zu j, dann ist g konjugiert zu j.

2. Bestimmen Sie das erzeugende Polynom zur Gruppe S_7.

3. Beweisen Sie: Sei G eine Gruppe, $H < G$ und $g \in G$. Dann ist H isomorph zu H^g. Beweisen Sie konkret, dass die Abbildung $f_g \colon H \to H^g$ definiert durch $f_g(h) = g^{-1}hg$ eine bijektive Abbildung ist, die $\forall h, h' \in H$ die Bedingung $f_g(h)f_g(h') = f_g(hh')$ erfüllt.

4. Sei $\mathcal{E}$ die Symmetriegruppe der Ebene und d eine Drehung um $360/n$ Grad um den Ursprung. Sei $H = \langle d \rangle$. Es gilt $H < \mathcal{E}$. Bestimmen Sie zu H konjugierte Untergruppen.

5. Sei W die Gruppe des Würfels und S eine Würfelseite. Bestimmen Sie Untergruppen von W, die konjugierte Untergruppen des Stabilisators $W(S)$ sind.

6. Bestimmen Sie konjugierte Untergruppen zu den Stabilisatoren aus Beispiel 4.15.

4.4 Die Bahnformel und die Klassengleichung

Wir betrachten noch einmal die Gruppe der orientierungserhaltenden Isometrien des Dodekaeders $G_{(5,3)}{}^+$ (siehe Abbildung 4.1). Sei S die Menge der Seitenflächen des Dodekaeders und $s \in S$. Dessen Stabilisator $G_{(5,3)}{}^+(s)$ ist isomorph zur Gruppe D_5^+, bestehend aus den Drehungen des regulären 5-Ecks, wie wir oben gesehen haben. Oben haben wir auch gesehen, dass $G_{(5,3)}{}^+ s = S$ gilt. Irgendein Gruppenelement $g \in G_{(5,3)}{}^+$ bildet die Seitenfläche s in eine (im Allgemeinen andere) Seitenfläche s' ab. Wir können die Nebenklasse $g \cdot G_{(5,3)}{}^+(s)$ dem Bahnelement $g(s) = s'$ zuordnen. Wir zeigen in Satz 4.34, dass diese Zuordnung sogar bijektiv ist. Die Nebenklassen $g \cdot G_{(5,3)}{}^+(s)$ entsprechen den Stabilisatoren der $s_j \in S$. Diese stehen in bijektiver Beziehung zu den $s_j \in S$, also der Bahn von s.

Satz 4.34 *Sei X eine G-Menge und $x \in X$. Dann ist die Abbildung $\phi \colon G/G(x) \to Gx$, definiert durch $\phi(gG(x)) = g(x)$ bijektiv.*

Beweis: Um zu zeigen, dass es sich bei ϕ um eine wohldefinierte Abbildung handelt, müssen wir zeigen, dass aus $gG(x) = hG(x)$ folgt $g(x) = h(x)$. Falls $gG(x) = hG(x)$, gibt es ein $t \in G(x)$ mit $h = gt$. Da t das Element x festlässt, folgt $h(x) = gt(x) = g(x)$. Die Abbildung ist also wohldefiniert.

Die Abbildung ϕ ist surjektiv, weil es zu jedem $g(x)$ eine Nebenklasse $gG(x)$ gibt. ϕ ist auch injektiv: Haben die Nebenklassen $gG(x)$ und $hG(x)$ dasselbe Bild $g(x) = h(x)$, so folgt $x = g^{-1}h(x)$. Also ist $g^{-1}h$ ein Element des Stabilisators $G(x)$, und g und h unterscheiden sich nur um ein Element dieses Stabilisators. Es folgt $gG(x) = hG(x)$. $\qquad\square$

$G_{(5,3)}{}^+s$ ist die Bahn zur Seitenfläche s. $|G_{(5,3)}{}^+s|$ ist die *Länge* der Bahn, also die Anzahl ihrer Elemente, in unserem Fall 12. Der Stabilisator $G_{(5,3)}{}^+(s)$ besteht aus allen Drehungen eines regulären 5-Ecks im Dodekaeder, also $|G_{(5,3)}{}^+(s)| = 5$. Insgesamt gilt: $|G_{(5,3)}{}^+| = |G_{(5,3)}{}^+(s)| \cdot |G_{(5,3)}{}^+s|$. Die Gruppe der orientierungserhaltenden Isometrien des Dodekaeders hat also die Ordnung 60. Weil $G_{(5,3)}(s) = D_5$ und $|D_5| = 10$, folgt mit $|G_{(5,3)}| = |G_{(5,3)}(s)| \cdot |G_{(5,3)} s|$, dass die Symmetriegruppe $G_{(5,3)}$ des Dodekaeders die Ordnung 120 hat.

Hier handelt es sich um eine Anwendung des *Satzes von Lagrange*:

Satz 4.35 Bahnformel: *Sei X eine G-Menge, G eine endliche Gruppe und $x \in X$. Dann gilt:*

$$|G| = |G(x)| \cdot |Gx|$$

Beweis: $G(x)$ ist eine Untergruppe von G. Es gilt also nach Korollar 3.16: (Ordnung von G) = (Ordnung von $G(x)$) $\cdot$ (Anzahl der Nebenklassen). Nach Satz 4.34 ist die Anzahl der Nebenklassen gleich der Länge der Bahn. $\qquad\square$

In Beispiel 4.16 schreibt sich die Bahnformel folgendermaßen:

$$n! = |S_n| = |S_n(n)| \cdot |S_n n| = |S_{n-1}| \cdot |T_n| = (n-1)! \cdot n$$

Dabei ist $T_n = \{1, 2, \ldots, n\}$. Das entspricht der rekursiven Definition der Fakultätsfunktion $n! = (n-1)! \cdot n$.

Beispiel 4.36 *Wir betrachten noch einmal Beispiel 4.17 auf Seite 72. Die Bahn des in den Würfel einbeschriebenen Tetraeders T besteht aus 2 Elementen und der Stabilisator aus 24. Die Bahnformel gibt die (uns bekannte) Ordnung der Würfelgruppe:*

$$|W| = |W(T)| \cdot |WT| = 24 \cdot 2 = 48$$

Direkt aus der Bahnformel erhalten wir:

Korollar 4.37 *Die Gruppe G operiere auf der Menge X. Sei $x \in X$ mit trivialem Stabilisator, also $G(x) = \{e\}$. Dann gibt es eine Eins-zu-eins-Beziehung zwischen den Elementen von G und den Elementen der Bahn von X.*

Wir hatten bereits in Abschnitt 4.3 gesehen: Eine Gruppe G operiert auf sich selbst durch Konjugation, d.h. $g(x) = gxg^{-1}$ für $g, x \in G$. Der Stabilisator eines Elements $x \in G$ bezüglich der Konjugation heißt *Zentralisator* von x und wird mit $Z(x)$ abgekürzt. Das sind alle die Elemente $g \in G$, für die $gxg^{-1} = x$ gilt, oder anders ausgedrückt:

$$Z(x) = \{g \in G \mid gx = xg\}$$

Der Zentralisator von x besteht also aus den Elementen, die mit x kommutieren. Jedes Element kommutiert mit sich selbst, also $x \in Z(x)$. Das neutrale Element einer Gruppe kommutiert mit allen Gruppenelementen, also $Z(id) = G$. Der Zentralisator ist eine Untergruppe, weil er Stabilisator ist. Ist G eine abelsche Gruppe und $g \in G$, dann gilt $Z(g) = G$.

In GAP bestimmen wir den Zentralisator einer Drehung d um 90 Grad in der Gruppe D_4. Es zeigt sich: $Z(d) = D_4^+$.

```
gap> D4:=Group((1,2)(3,4),(1,2,3,4));;
gap> Elements(Centralizer(D4,(1,2,3,4)));
[ (), (1,2,3,4), (1,3)(2,4), (1,4,3,2) ]
```

Konjugationsklassen haben wir bereits im vorangegangenen Abschnitt definiert. Hier kommt eine alternative Definition, die natürlich auf dasselbe hinausläuft: Die Bahn eines Elements $x \in G$ unter der Operation der Konjugation heißt *Konjugationsklasse* von x.

$$Kx = \{h \in G \mid \exists g \in G, h = gxg^{-1}\}$$

Nach der Bahnformel gilt für endliche Gruppen G und für alle Elemente $x \in G$:

$$|G| = |Kx| \cdot |Z(x)|$$

Da Konjugationsklassen Bahnen sind, zerlegen sie nach Satz 4.13 die Gruppe in disjunkte Klassen. Wir haben also im Fall einer endlichen Gruppe die sogenannte *Klassengleichung* bewiesen:

Satz 4.38 *Sei G eine endliche Gruppe mit Konjugationsklassen $K_1, \ldots, K_n$. Dann gilt:*

$$|G| = |K_1| + |K_2| + \ldots + |K_n| \tag{4.4}$$

$\square$

Hier muss man etwas mit der Notation aufpassen. Mit K_i werden einfach die Konjugationsklassen durchnummeriert, hingegen ist Kx die Konjugationsklasse zum

Element $x \in G$. Die Identität bildet grundsätzlich eine eigene Konjugationsklasse und die sollte, um Bezeichnungsprobleme zu vermeiden, mit K_1 bezeichnet werden.

Beispiel 4.39 *Die Konjugationsklassen der Gruppe D_3 sind:*

$$\{id\}, \quad \{d, d^2\}, \quad \{s, sd, sd^2\},$$

wobei $s \in D_3$ eine beliebige Spiegelung und $d \in D_3$ die Drehung um 120 Grad ist.

Es gilt $sds = d^2$, wie man sich an Abbildung 1.1 klarmachen kann, und deswegen sind d und d^2 konjugiert zueinander (erinnern Sie sich: $s^{-1} = s$). Es gilt (wegen $s^2 = 1$) $s\,sd\,s = ds = sd^2$, und deswegen sind sd und sd^2 konjugiert. Schließlich gilt:

$$(sd)\,s\,(d^{-1}s) = d^2\,d^{-1}s = ds = sd^2,$$

was zeigt, dass s konjugiert zu sd^2 ist. Jetzt müssen wir noch zeigen, dass zwei Elemente aus verschiedenen Klassen nicht konjugiert zueinander sind. Das folgt aus der Einsicht von S. 77, dass konjugierte Elemente dieselbe Ordnung haben, und der Feststellung, dass Elemente unterschiedlicher Klassen in unserem Beispiel verschiedene Ordnung haben.

In GAP bestimmen wir die Elemente der Konjugationsklassen der Gruppe D_3.

```
gap> D3:=Group((1,2),(1,2,3));;
gap> cl:=ConjugacyClasses(D3);
[ ()^G, (1,3,2)^G, (2,3)^G ]
gap> Elements(cl[1]);
[ () ]
gap> Elements(cl[2]);
[ (1,2,3), (1,3,2) ]
gap> Elements(cl[3]);
[ (2,3), (1,2), (1,3) ]
```

Nach der Bahnformel (Satz 4.35) ist die Länge jeder Bahn ein Teiler der Gruppenordnung und, da Konjugationsklassen Bahnen sind, teilt jeder Summand der rechten Seite der Klassengleichung (4.4) die Gruppenordnung.

In GAP bestimmen wir auch noch die Anzahlen der Elemente der Konjugationsklassen der A_5.

```
gap> A5:=AlternatingGroup(5);;
gap> cl:=ConjugacyClasses(A5);
[ ()^G, (1,2)(3,4)^G, (1,2,3)^G,
  (1,2,3,4,5)^G, (1,2,3,5,4)^G ]
gap> List(cl, i -> Size(i));
[ 1, 15, 20, 12, 12 ]
```

Die Klassengleichung der Gruppe A_5 schreibt sich also als

$$|A_5| = 1 + 15 + 20 + 12 + 12. \tag{4.5}$$

Dabei kommt die 15 von Elementen der Ordnung 2, die 20 von Elementen der Ordnung 3 und die beiden 12 von Elementen der Ordnung 5, wie man an der Ausgabe von GAP erkennt.

Definition 4.40 *Eine nichttriviale Gruppe heißt* einfach, *wenn sie keine Normalteiler außer der trivialen Gruppe und sich selbst enthält.*

Ist p eine Primzahl, so ist $\mathbb{Z}_p$ einfach. Jede Untergruppe muss nämlich nach dem Satz von Lagrange die Gruppenordnung teilen, und deswegen hat $\mathbb{Z}_p$ nur die triviale Gruppe und sich selbst als Untergruppen. Alle anderen Gruppen haben echte Untergruppen, wie man leicht aus dem 1. Sylow-Satz (Satz 7.2 auf Seite 139) folgern kann. Ob diese Untergruppen Normalteiler sind, ist jedoch nicht klar.
Seit einigen Jahren kennt man alle endlichen einfachen Gruppen. Diese zu klassifizieren war über lange Jahre ein Ziel der Gruppentheorie. *Klassifizieren* heißt, eine Liste sämtlicher endlicher einfacher Gruppen zu erstellen, so dass jede endliche einfache Gruppe isomorph zu genau einer Gruppe dieser Liste ist. Der gesamte Beweis umfasst etliche Aufsätze und mehrere tausend Seiten (siehe etwa [Bog08]).

Der folgende Satz spielt eine zentrale Rolle in der sogenannten Galois-Theorie. Mit seiner Hilfe kann man zeigen, dass die Nullstellen von Polynomen fünften Grades im Allgemeinen nicht durch eine Formel gefunden werden können.

Satz 4.41 *Die alternierende Gruppe A_5 ist eine einfache Gruppe.*

Beweis: Sei $N \lhd A_5$, und N sei nicht die triviale Gruppe. Dann gibt es ein Element $x \neq 1$ in N. Dann muss aber auch, nach Definition des Normalteilers, die ganze Konjugationsklasse Kx in N liegen. N besteht also aus einer Vereinigung von Konjugationsklassen. Die Ordnung von N muss daher die Summe von einigen Zahlen der rechten Seite von (4.5) sein, wobei die 1 enthalten sein muss, da jede Untergruppe das neutrale Element enthält. Andererseits muss die Ordnung von N ein Teiler von 60 sein. Beide Bedingungen sind nur zu erfüllen, wenn alle Zahlen der rechten Seite genommen werden, d.h. $N = A_5$. Daher enthält A_5 keine echten Normalteiler. □

Wir erinnern an die Definition des Zentrums aus Aufgabe 1 von Abschnitt 3.5: Die Elemente einer Gruppe G, die mit allen Gruppenelementen kommutieren, bilden eine Untergruppe, das *Zentrum* von G:

$$C(G) = \{h \in G \mid \forall g \in G \text{ gilt } gh = hg\}$$

Leicht macht man sich klar, dass jedes Zentrumselement eine eigene Konjugationsklasse bildet. Liegt x nämlich im Zentrum von G, so folgt $gxg^{-1} = x$ für alle Gruppenelemente $g \in G$. Das neutrale Element liegt immer im Zentrum einer

Gruppe, und damit kommt auf der rechten Seite von (4.4) immer mindestens eine 1 vor.

Satz 4.42 *Sei Inn(G) die Gruppe der inneren Automorphismen einer Gruppe G. Dann gilt*

$$Inn(G) \cong G/C(G).$$

Beweis: Betrachte den Homomorphismus $\phi\colon G \to Aut(G)$, der jedes Gruppenelement $g \in G$ auf den inneren Automorphismus $h \to ghg^{-1}$ abbildet. Das Bild besteht aus allen inneren Automorphismen, und der Kern ist gerade:

$$\{g \in G \mid h = ghg^{-1}, \forall h \in G\} = \{g \in G \mid hg = gh, \forall h \in G\} = C(G)$$

Das Resultat folgt aus dem ersten Isomorphiesatz. $\qquad\qquad\qquad\qquad\square$

Definition 4.43 *Eine* p-Gruppe *ist eine Gruppe, deren Ordnung eine Potenz einer Primzahl p ist.*

Satz 4.44 *Das Zentrum einer p-Gruppe ist nichttrivial (d.h. enthält mehr Elemente als nur das neutrale Element).*

Beweis: Sei $|G| = p^k$, wobei $k > 0$ und p eine Primzahl ist. Die linke Seite von (4.4) ist also p^k. Nach der Bahnformel muss jeder Summand auf der rechten Seite von (4.4) ein Teiler von p^k sein, also selbst eine p-Potenz. Die Elemente des Zentrums sind genau die, die auf der rechten Seite der Klassengleichung eine 1 induzieren. Wäre im Zentrum nur das neutrale Element, so hätten alle anderen Konjugationsklassen echte p-Potenzen als Anzahl Elemente. Es würde also aus der Klassengleichung folgen:

$$p^k = 1 + \sum(\text{Vielfache von } p)$$

Das ist für $k > 0$ unmöglich, weil die linke Seite durch p teilbar ist, die rechte aber nicht. $\qquad\qquad\qquad\qquad\square$

Die Gruppe D_4 ist wegen $|D_4| = 2^3$ eine p-Gruppe (genauer: eine 2-Gruppe). Wir wollen GAP die Größe ihres Zentrums berechnen lassen. Viele Gruppen sind in GAP fest vordefiniert. Die Gruppe D_4 ist in GAP `DihedralGroup(8)`.

Centre gibt uns das Zentrum.

```
gap> Size(Centre(DihedralGroup(8)));
2
```

Außer der Identität liegt noch die Drehung um 180 Grad im Zentrum der Gruppe D_4 (vergleiche Aufgabe 1 von Abschnitt 3.5).

Satz 4.45 *Das Zentrum der Gruppe S_n ist trivial.*

Beweis: Das gilt wegen Satz 4.24. Zwei verschiedene Permutationen mit derselben Zyklenstruktur sind nämlich konjugiert, und deswegen liegen beide nicht im Zentrum. $\qquad\square$

Aufgaben

1. Berechnen Sie die Ordnung der Gruppe der orientierungserhaltenden Isometrien des Würfels mit der Bahnformel neu.

2. Beweisen Sie: Der Zentralisator eines Elements einer abelschen Gruppe G ist ganz G. Der Zentralisator einer nichttrivialen Drehung $d \in D_n$ ist D_n^+ mit einer Ausnahme, welcher?

3. Bestimmen Sie die Konjugationsklassen der Gruppe D_4. Sie können dazu Satz 4.24 verwenden.

4. Die Gruppe G operiere auf X, und $x, y \in X$ seien zwei Elemente derselben Bahn, d.h., es existiert ein $g \in G$ mit $y = g(x)$. Beweisen Sie: Der Stabilisator von x ist die mit g konjugierte Untergruppe des Stabilisators von y: $G(y) = gG(x)g^{-1}$ (als Beispiel siehe Satz 3.44).

5. Für $r \geq 0$ sei $S_r^{n-1} = \{(x_1, \ldots, x_n) \in \mathbb{R}^n \mid x_1^2 + \ldots + x_n^2 = r^2\}$ die Sphäre der Dimension $n - 1$ im $\mathbb{R}^n$ mit Radius r und dem Koordinatenursprung als Mittelpunkt. Beweisen Sie, dass die Bahnen der Operation von $\mathcal{O}_n$ auf dem $\mathbb{R}^n$ die Sphären S_r^{n-1} sind.

6. Sei G eine Gruppe und $C(G)$ ihr Zentrum. Beweisen Sie:
$$\bigcap_{g \in G} Z(g) = C(G)$$

4.5 Cayley-Graphen

Cayley-Graphen sind ein wichtiges Hilfsmittel, um endlich erzeugte Gruppen geometrisch darzustellen.

Definition 4.46 *Ein Graph $\Gamma = (V, K)$ besteht aus einer (höchstens abzählbar unendlichen) Eckenmenge V und einer Kantenmenge K, wobei jede Kante $k \in K$ zwischen zwei Ecken $v_1, v_2 \in V$ verläuft.*

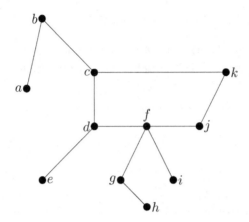

Abbildung 4.5: Ein zusammenhängender Graph

In Abbildung 4.5 sehen wir einen Graphen. Seine Eckenmenge ist
$\{a, b, c, d, e, f, g, h, i, j, k\}$. Kanten lassen sich als Paare von Ecken beschreiben. Die
Kantenmenge des Graphen ist

$$\{\{a, b\}, \{b, c\}, \{c, d\}, \{d, f\}, \{f, j\}, \{j, k\}, \{k, c\}, \{d, e\}, \{f, g\}, \{g, h\}, \{f, i\}\}.$$

Sei Γ ein Graph mit Eckenmenge $\{v_1, \ldots, v_n\}$ und Kantenmenge $\{e_1, \ldots, e_m\}$. Ein
Weg in Γ ist eine Folge von Ecken und Kanten

$$\omega = (v_{i_1}, e_{i_1}, v_{i_2}, e_{i_2}, \ldots, v_{i_{k-1}}, e_{i_{k-1}}, v_{i_k}),$$

wobei sich Ecken und Kanten jeweils abwechseln und die Randecken von e_{i_j} die
Ecken v_{i_j} und $v_{i_{j+1}}$ sind. Der Weg ω heißt *geschlossen*, wenn $v_{i_1} = v_{i_k}$. In dem
Graphen aus Abbildung 4.5 ist

$$(b, \{b, c\}, c, \{c, k\}, k)$$

ein nichtgeschlossener Weg. Der Weg

$$\alpha = (c, \{c, k\}, k, \{k, j\}, j, \{j, f\}, f, \{f, d\}, d, \{d, c\}, c)$$

ist geschlossen. Ein Graph heißt *zusammenhängend*, wenn es zwischen je zwei Ecken
einen Weg gibt. Der Graph in Abbildung 4.5 ist zusammenhängend. Ein geschlossener Weg heißt *Zyklus*, wenn keine Kante direkt hintereinander hin und zurück
durchlaufen wird. Der Weg α ist ein Zyklus in dem Graphen aus Abbildung 4.5.

Definition 4.47 *Ein* Baum *ist ein zusammenhängender Graph ohne Zyklen.*

In Abbildung 4.6 ist ein Baum abgebildet.
Die *Valenz* (oder der *Grad*) einer Ecke ist die Anzahl ausgehender Kanten. Die
Ecke a hat Valenz 1, und die Ecke f hat Valenz 4 in dem Graphen aus Abbildung
4.5.

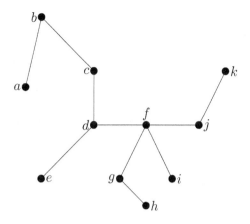

Abbildung 4.6: Ein Baum

Ein Graph $\Gamma = (V, K)$ heißt *orientiert*, wenn jede Kante $k \in K$ mit einer Orientierung (einer Richtung) versehen ist.

Definition 4.48 *Sei G eine Gruppe mit Erzeugendensystem $\{g_1, \ldots, g_n\}$, also $G = \langle g_1, \ldots, g_n \rangle$. Wir ordnen dieser Gruppe mit Erzeugendensystem auf folgende Weise einen orientierten Graphen $\Gamma_G(g_1, \ldots, g_n)$ zu: Für jedes Gruppenelement nehmen wir eine Ecke, die Eckenmenge ist also ganz G. Die Ecken $h', h \in G$ sind mit einer orientierten Kante von h' nach h verbunden, wenn $h'g_i = h$ für ein $g_i \in \{g_1, \ldots, g_n\}$ gilt. Γ_G heißt Cayley-Graph oder Gruppenbild der Gruppe G bezüglich des Erzeugendensystems $\{g_1, \ldots, g_n\}$.*

Wenn es klar ist, welches Erzeugendensystem gemeint ist, schreiben wir auch kurz Γ_G statt $\Gamma_G(g_1, \ldots, g_n)$. Wir beschriften die Ecken eines Cayley-Graphen mit den zugehörigen Gruppenelementen. Jede Kante erhält als Beschriftung die Erzeugende, die die zugehörigen Gruppenelemente ineinander überführt, d.h., die zu $h'g_i = h$ gehörende Kante beschriften wir mit g_i.

Beispiel 4.49 *Ein Ausschnitt des Cayley-Graphen $\Gamma_{\mathbb{Z}}(1)$ zur Gruppe $\mathbb{Z}$ erzeugt von der 1 ist in Abbildung 4.7 abgebildet. Da die Gruppe $\mathbb{Z}$ unendlich ist, ist auch $\Gamma_{\mathbb{Z}}$ unendlich. Man muss sich diesen Cayley-Graphen nach rechts und links unbeschränkt vorstellen.*

Abbildung 4.7: $\Gamma_{\mathbb{Z}}$ erzeugt von der 1

Beispiel 4.50 *Der Cayley-Graph zur Gruppe* $(\mathbb{Z}_4, +_4)$ *erzeugt von der 1 (siehe Seite 23) ist in Abbildung 4.8a abgebildet.*

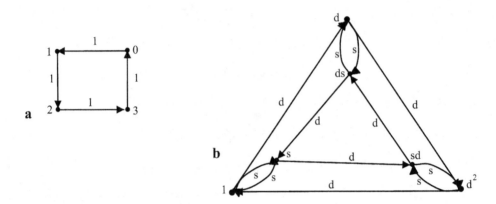

Abbildung 4.8: $(\mathbb{Z}_4, +_4)$ erzeugt von der 1 und D_3 erzeugt von einer Spiegelung und einer Drehung

Beispiel 4.51 *Der Cayley-Graph zur Gruppe* D_3 *erzeugt von einer Spiegelung s und der Drehung d um 120 Grad ist in Abbildung 4.8b abgebildet. Beachten Sie, dass* $sd = d^2 s$ *und* $ds = sd^2$ *gilt.*

Wir können uns die Zeichenarbeit etwas erleichtern, indem wir bei Cayley-Graphen, die Spiegelungen (allgemeiner: Involutionen) als Erzeugende haben, die Paare von hin- und zurückführenden Kanten, die mit derselben Spiegelung beschriftet sind, jeweils durch eine nichtorientierte Kante ersetzen:. Wir können also Abbildung 4.8b durch Abbildung 4.9 ersetzen.

Man sieht sehr schön Linksnebenklassen in Cayley-Graphen. Zum Beispiel betrachten wir die Untergruppe $H < D_3$ mit $H = \{id, s\}$ in Abbildung 4.9. Im Bild besteht sie aus den beiden mit 1 und s beschrifteten Ecken. Die Nebenklassen $dH = \{d, ds\}$ und $d^2 H = \{d^2, sd = d^2 s\}$ sieht man geometrisch jeweils „gedreht".

Ob es sich bei einer Untergruppe um einen Normalteiler handelt, kann man auch am Cayley-Graphen sehen. Man ziehe die Nebenklassen im Cayley-Graphen jeweils auf einen Punkt zusammen und identifiziere Kanten mit selbem Anfangs- und Endpunkt. Entsteht wieder ein Cayley-Graph, so war die Untergruppe ein Normalteiler, und der Cayley-Graph ist der der Faktorgruppe. Entsteht kein Cayley-Graph, ist die Untergruppe kein Normalteiler. Bei der Untergruppe $H = \{id, s\}$ handelt es sich nicht um einen Normalteiler (siehe Aufgabe 2 von Abschnitt 3.4). Der durch die Zusammenziehung der Nebenklassen zu Punkten entstandene Graph ist nämlich kein Cayley-Graph, weil mit d beschriftete Kanten zwischen je zwei Ecken hin und zurück führen.

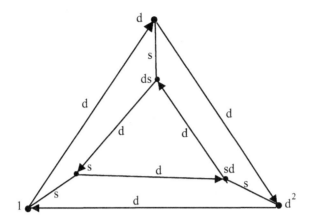

Abbildung 4.9: D_3 erzeugt von einer Spiegelung und einer Drehung

Die Untergruppe $N = \langle d \rangle$ ist aber normal in D_3. Es gibt die Linksnebenklassen $N = \{1, d, d^2\}$ und $sN = \{s, ds, sd\}$. Zieht man diese jeweils auf einen Punkt zusammen, so hat man zwei Punkte, die mit einer Kante, die mit s beschriftet ist, verbunden sind. Das ist der Cayley-Graph der Faktorgruppe isomorph zu $\mathbb{Z}_2$.

Wir betrachten noch einen Cayley-Graphen der Gruppe S_4. Ein Erzeugendensystem ist $\{(1,2),(2,4,3)\}$. Wir beweisen das mit GAP:

Die von $(1,2)$ und $(2,4,3)$ erzeugte Gruppe hat 24 Elemente, und da es nur 24 Permutationen der Zahlen $\{1,2,3,4\}$ gibt, muss das schon die ganze Gruppe S_4 sein.

```
gap> S4:=Group((1,2),(2,4,3));
Group([ (1,2), (2,4,3) ])
gap> Size(S4);
24
```

Der Cayley-Graph $\Gamma_{S_4}((1,2),(2,4,3))$ findet sich in Abbildung 4.10. Kanten ohne Orientierung denken wir uns mit $(1,2)$ beschriftet, die orientierten Kanten mit $(2,4,3)$. Die Kommas in den Permutationen lassen wir aus Gründen der besseren Lesbarkeit weg.

Viele Cayley-Graphen können sehr schön mit der Software **Group Explorer** [Car19] visualisiert werden.

Eine wichtige Anwendung von Cayley-Graphen ist die folgende:

Satz 4.52 *Jede endliche erzeugte Gruppe operiert auf ihrem Cayley-Graphen.*

Diese Operation entspricht der aus Beispiel 4.20. Ist $g \in G$ ein Gruppenelement und $x \in \Gamma_G$ ein Punkt des Cayley-Graphen (also auch nichts anderes als ein Gruppenelement $x \in G$), so ist $g(x) = g \cdot x$, wobei $\cdot$ die Verknüpfung in der Gruppe G ist. Das verträgt sich mit der Operation auf den Kanten, denn ist $k \in \Gamma_G$ eine Kante vom Punkt h' nach h, die mit g_i beschriftet ist (d.h. gilt $h' \cdot g_i = h$), so ist

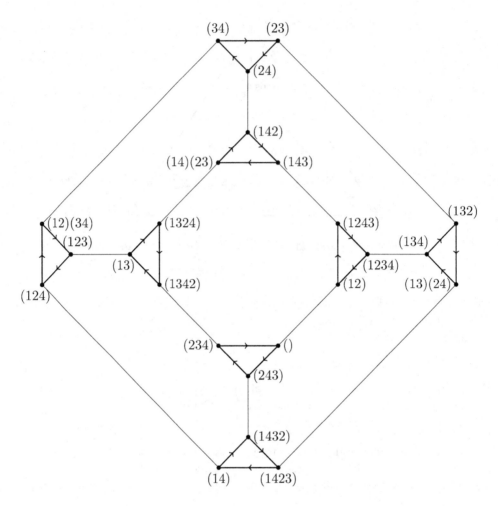

Abbildung 4.10: Der Cayley-Graph zur Gruppe S_4 erzeugt von $(1,2), (2,4,3)$

$g(k) \in \Gamma_G$ eine Kante vom Punkt $g \cdot h'$ nach $g \cdot h$, die mit g_i beschriftet ist. Aus $h' \cdot g_i = h$ folgt nämlich $g \cdot h' \cdot g_i = g \cdot h$.

Wir sehen uns diese Operation an ein paar Beispielen bezüglich der Gruppe D_3 erzeugt von s und d am Cayley-Graphen in Abbildung 4.9 an. Am leichtesten sieht man, wie d auf dem Cayley-Graphen operiert:

$$d(1) = d, d(d) = d^2, d(d^2) = 1 \text{ und } d(s) = ds, d(ds) = d^2s = sd, d(sd) = dsd = s$$

Jede Ecke wird im Uhrzeigersinn um eine Ecke weitergedreht. Wie operiert s?

$$s(1) = s, s(d) = sd, s(d^2) = sd^2 = ds \text{ und } s(s) = 1, s(ds) = sds = d^2, s(sd) = d$$

1 und s tauschen ihre Plätze, d^2 und ds tauschen ihre Plätze, und d und sd tauschen ihre Plätze.

Im Weiteren wird die Operation einer Gruppe auf ihrem Cayley-Graphen als eine Operation auf einem geometrischen Raum gedeutet. Ein Cayley-Graph einer Gruppe hat zuerst einmal nichts Geometrisches. Ohne die Möglichkeit, Längen zu messen, ist ein Graph nur eine Menge (oder mehrere Mengen) und kein geometrischer Raum.

Ein Paar (X, d) heißt *metrischer Raum*, wenn X eine Punktmenge ist und d jedem Punktepaar einen Abstand zuordnet. Zum Beispiel ist die euklidische Ebene ein metrischer Raum. Die Abstandsfunktion d ist hier folgendermaßen definiert:

$$d(p_1, p_2) = \sqrt{(x_1 - x_2)^2 + (y_1 - y_2)^2},$$

falls der Punkt p_i durch die Koordinaten (x_i, y_i) beschrieben wird. Allgemein ist ein *Abstand* eine Funktion $d \colon X \times X \to \mathbb{R}_0^+$, die jedem Punktepaar aus X eine nichtnegative reelle Zahl zuordnet, nämlich deren Abstand, und die folgende Bedingungen erfüllt:

1. $d(P, Q) = 0$ genau dann, wenn $P = Q$,

2. $d(P, Q) = d(Q, P)$ für alle $P, Q \in X$,

3. $d(P, R) \leq d(P, Q) + d(Q, R)$ für alle $P, R, Q \in X$.

Die Bedingung 3. sagt, dass der Weg von P nach R nicht kürzer werden darf, wenn wir einen Umweg über Q machen. Eine solche Funktion d heißt auch *Metrik* über X.

Ist $\Gamma_G(g_1, \ldots, g_n)$ Cayley-Graph einer endlich erzeugten Gruppe G, so erhalten wir auf natürliche Weise eine Metrik d_Γ auf Γ_G, indem wir jeder Kante die Länge 1 zuweisen. Diese Metrik heißt *Wortmetrik*. Der Abstand $d_\Gamma(w, v)$ in der Wortmetrik zwischen zwei Gruppenelementen $w, v \in G$ ist die Länge des kürzesten Weges von w nach v in Γ_G, also die Länge des kürzesten Wortes in den Erzeugenden $g_1, \ldots, g_n$, welches gleich wv^{-1} in G ist. Jedes Wort w in den Erzeugenden entspricht einem Weg im Cayley-Graphen von dem mit 1 beschrifteten Punkt zu dem Gruppenelement w. Sind w und v zwei verschiedene Worte in den Erzeugenden, aber es gilt $w = v$ in der Gruppe, so haben wir zwei verschiedene Wege zum selben Punkt im Cayley-Graphen. Der Cayley-Graph Γ_G einer Gruppe G ist also ein metrischer Raum (Γ_G, d_Γ).

Die Operation aus Satz 4.52 ist also eine Operation auf einem metrischen Raum. Lassen wir ein beliebiges Element g der Gruppe auf Γ_G operieren, so ist das eine bijektive Abbildung des Cayley-Graphen auf sich. Jeder Punkt und jede Kante von Γ_G hat genau einen Punkt oder Kante im Urbild, denn wäre $g(x) = g(x')$, so würde $gx = gx'$ und damit $x = x'$ folgen. Die Surjektivität macht man sich genauso leicht klar.

Diese bijektive Abbildung ist aber sogar längenerhaltend: Ist nämlich w eine *Strecke*, also eine kürzeste Verbindung, der Punkte v und vw in Γ_G, so ist $g(w)$ eine

Strecke zwischen den Punkten $g(v)$ und $g(vw)$ gleicher Länge. Wir haben also bewiesen:

Satz 4.53 *Sei G eine endlich erzeugte Gruppe mit endlichem Erzeugendensystem X. d_Γ sei die Wortmetrik auf $\Gamma_G(X)$. Dann operiert G durch Isometrien auf dem metrischen Raum $(\Gamma_G(X), d_\Gamma)$.*

So gesehen, ist es nicht erstaunlich, dass der Cayley-Graph der Gruppe D_3 aus Abbildung 4.9 so ähnlich aussieht wie ein gleichseitiges Dreieck. Jedes Element der Gruppe D_3, also jede Isometrie des Dreiecks, können wir auf dem Cayley-Graphen operieren lassen, was selbst eine Isometrie, ist. Zum Beispiel entspricht die Operation mit dem Gruppenelement d auf dem Cayley-Graphen in Abbildung 4.9 einer Drehung des Cayley-Graphen um 120 Grad im Uhrzeigersinn. Dabei geht der Punkt d^2 über in den Punkt 1, und s geht über nach ds. Mit dieser Deutung muss man etwas vorsichtig umgehen, da der Cayley-Graph ja nicht als in die Ebene eingebettet vorgestellt werden sollte, was einem ja erst die Deutung als Drehung erlaubt.

Es gibt einen für die moderne Gruppentheorie sehr wichtigen Satz von Švarc-Milnor [Mil68], der in etwa das Folgende besagt: Ist G eine endlich erzeugte Gruppe, die auf einer Figur F durch Isometrien (auf besonders schöne Weise) operiert, so ist F „fast dasselbe" wie der Cayley-Graph von G. Dieser Satz war einer der Wendepunkte moderner geometrischer Gruppentheorie und führte zu einer Sicht von Gruppen als geometrische Objekte und damit zu Entwicklungen wie hyperbolische und automatische Gruppen. Wir erläutern diesen Satz genauer im Abschnitt 10.2. Um deutlich zu machen, wie Figur und Cayley-Graph zusammenhängen, betrachten wir in Abschnitt 4.6 ein Beispiel.

Aufgaben

1. Zeichnen Sie den Cayley-Graphen zur Gruppe D_5 und dann allgemein zur Gruppe D_n jeweils erzeugt von einer Spiegelung und einer Drehung. Machen Sie sich die Operation von D_5 auf seinem Cayley-Graphen geometrisch klar. Lassen Sie dazu eine Drehung und eine Spiegelung auf Γ_{D_5} operieren, und überlegen Sie dabei, welcher Punkt und welche Kante wohin abgebildet wird.

2. Zeichnen Sie den Cayley-Graphen zur Symmetriegruppe der Raute erzeugt von den beiden Spiegelungen (siehe Definition 2.20).

3. Beweisen Sie: Die Operation einer Gruppe auf den Punkten und Ecken ihres Cayley-Graphen von Satz 4.52 ist transitiv.

4. Beweisen Sie: Cayley-Graphen sind zusammenhängend.

5. Seien τ_1 und τ_2 zwei Translationen von zueinander senkrecht stehenden Vektoren der Länge 1 in der Ebene. Sei $\mathbb{Z} \times \mathbb{Z}$ die von τ_1 und τ_2 erzeugte Gruppe

(die Bezeichnung wird in Abschnitt 6.1 erklärt). Zeichnen Sie einen Ausschnitt des zugehörigen Cayley-Graphen.

6. Beweisen Sie: Ist G eine endliche Gruppe, so gilt in jedem Cayley-Graphen Γ_G für alle $g, h \in G$ die Ungleichung $d_\Gamma(g, h) \leq |G|$.

7. Zeichnen Sie den Cayley-Graphen zu $\mathbb{Z} = \langle 2, 3 \rangle$.

4.6 Eine Zerlegung der Ebene

Hat man eine Figur in der Ebene (oder einen Körper im Raum) gegeben und möchte den Cayley-Graphen der zugehörigen Symmetriegruppe zeichnen, so gibt es dazu einen Trick. Man wähle einen Punkt in der Figur mit trivialem Stabilisator und zeichne die gesamte Bahn. Korollar 4.37 sagt uns, dass wir damit schon die Ecken des Cayley-Graphen haben. Unter Umständen finden sich die Kanten dazu auch leicht. Wir betrachten dazu detailliert ein Beispiel.

Wir betrachten die *Zerlegung Z* der Ebene in gleichseitige Dreiecke aus Abbildung 4.11.

Sei $G = G_{(3,6)}$ die Symmetriegruppe dieser Figur. G operiert auf der Menge der gleichseitigen Dreiecke. Die Schreibweise $G_{(3,6)}$ kommt daher, dass wir die Ebene in lauter reguläre Dreiecke unterteilt haben, von denen immer 6 an einem Punkt zusammenkommen.

Definition 4.54 *Sei X eine G-Menge. Gilt für jedes $x \in X$ und jedes nichttriviale Gruppenelement $g \in G$, $g \neq \text{id}$ die Beziehung $g(x) \neq x$, so heißt die Operation* frei.

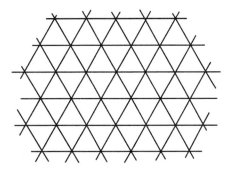

Abbildung 4.11: Eine Zerlegung Z der Ebene

Offensichtlich ist eine Gruppenoperation genau dann frei, wenn der Stabilisator jedes $x \in X$ trivial ist. Die Operation einer Gruppe auf ihrem Cayley-Graphen von Satz 4.52 ist frei, denn jedes nichttriviale Gruppenelement g transportiert ein Gruppenelement x auf ein anderes Gruppenelement gx und die anhängenden Kanten mit.

Im Beispiel der Menge der Dreiecke aus Abbildung 4.11 ist die Operation nicht frei, denn die Spiegelung an einer Spiegelachse, die ein Dreieck halbiert, bildet dieses Dreieck auf sich ab.

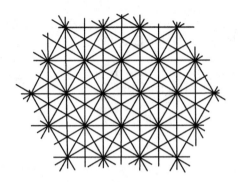

Abbildung 4.12: Eine Zerlegung Z' der Ebene in rechtwinklige Dreiecke

Wir zeichnen alle Spiegelachsen in Abbildung 4.11 ein und erhalten Abbildung 4.12. Wir haben jetzt eine Zerlegung Z' der Ebene in eine Menge rechtwinkliger Dreiecke. G operiert frei auf Z'. Jede Spiegelung oder Drehung, die die ursprüngliche Zerlegung Z auf sich abbildet (außer der Identität), bildet ein rechtwinkliges Dreieck von Z' auf ein anderes rechtwinkliges Dreieck ab.

Unser Ziel ist es, den Cayley-Graphen von G bezüglich eines Erzeugendensystems von G in Z' wiederzufinden. Dazu legen wir zuerst einen *Fundamentalbereich* für G fest, das ist ein Gebiet der Ebene, dessen Bilder unter den Elementen von G verschieden sind und die die ganze Ebene ohne Überlappung ausfüllen.

Ein beliebiges, aber von nun an festes Dreieck $f \in Z'$ dient als Fundamentalbereich: f ist Teil eines Dreiecks $d \in Z$, und der Stabilisator von d in G enthält genau die Gruppenelemente, die f auf die anderen (rechtwinkligen) Dreiecke in d abbildet. Spiegelungen und Translationen aus G bilden dann d auf die anderen gleichseitigen Dreiecke ab. Mit einer Translation ist jedes zweite Dreieck aus Z erreichbar, nämlich genau die, die ihre Spitze nach unten haben, wie das Dreieck d (siehe Abbildung 4.13). Alle anderen Dreiecke aus Z erreicht man mit einer zusätzlichen vorgeschalteten Spiegelung an einer Randkante von d.

Die Bilder von f unter G füllen also die ganze Ebene. Korollar 1.8 beweist, dass zwei Elemente von G, die f auf dasselbe rechtwinklige Dreieck f' abbilden, gleich sein müssen.

Seien a, b, c die drei Geraden, die f begrenzen, wie in Abbildung 4.13. Sei $s_a \in G$ die Spiegelung an der Geraden a, $s_b \in G$ an b und $s_c \in G$ an c. Den folgenden Satz können wir im wahrsten Sinne des Wortes *sehen*, wenn wir drei Spiegel senkrecht aufstellen, so dass sie ein Dreieck mit den Innenwinkeln 30, 60 und 90 Grad bilden. Diese Spiegel repräsentieren Spiegelungen s_a, s_b und s_c. Blickt man dann von oben in die Spiegel, so sieht man die Zerlegung Z'. Mit diesen drei Spiegeln erhält man durch wiederholtes Spiegeln jede Spiegelachse von Z', d.h.:

Satz 4.55 G *wird von* s_a, s_b, s_c *erzeugt.*

Beweis: Sei $H < G$ die Untergruppe, die von s_a, s_b, s_c erzeugt wird. Wir wollen

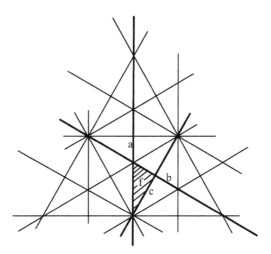

Abbildung 4.13: Der Fundamentalbereich f in der Zerlegung Z'

$H = G$ beweisen und nehmen an, es gelte $H \neq G$. Weil f Fundamentalbereich ist, ist Z' die Vereinigung aller $g(f)$ für alle $g \in G$.

Aus $H \neq G$ folgt, dass $\{h(f) \mid h \in H\}$ nicht ganz Z' abdeckt. Deshalb muss es zwei Dreiecke geben, die aneinander grenzen, wobei das eine Dreieck $d \in Z'$ mit einer Isometrie aus H erreicht wird und das zweite Dreieck $d' \in Z'$ nicht mit einer Isometrie aus H erreichbar ist. Es muss also 2 Dreiecke $d, d' \in Z'$ geben mit gemeinsamer Spiegelachse s im Rand, so dass es zu dem einen Dreieck d eine Isometrie $h \in H$ gibt, mit $h(f) = d$, aber nicht für das andere Dreieck d'. Diese Isometrie h bildet aber auch den Rand von f auf den Rand von d ab, also ist s das Bild von a, b oder c unter h. Wir nehmen an $h(a) = s$ (die anderen beiden Fälle gehen analog). Siehe Abbildung 4.14.

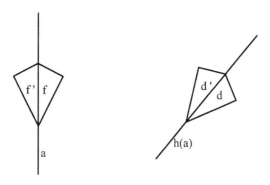

Abbildung 4.14: Ein Teil der Zerlegung Z'

Die Abbildung $hs_a h^{-1}$ bildet das Dreieck d auf d' ab: Es gilt nämlich

$$hs_a h^{-1}(d) = hs_a(f) = h(f') = d',$$

wobei f' das entsprechende Nachbardreieck von f ist. Beachten Sie hierbei, dass wir Isometrien immer von rechts nach links ausführen.

Das ist aber ein Widerspruch, weil mit $h, s_a \in H$ auch $hs_a \in H$ und wegen $hs_a(f) = d'$ das Element d' mit Elementen aus H erreichbar ist.   □

Genau derselbe Beweis funktioniert allgemein:

Satz 4.56 *Sei $Z \in \mathbb{R}^n$ eine Zerlegung mit Symmetriegruppe G. Man betrachte die Zerlegung Z', die durch die Hyperräume induziert wird, die zu allen Spiegelungen aus G gehören. Operiert G frei auf Z', so wird G von den Spiegelungen an den Randhyperräumen einer Kachel erzeugt.*

Wir betrachten als einfaches Beispiel zwischendurch das reguläre n-Eck eingebettet in die Ebene. Die n Spiegelachsen des n-Ecks zerlegen die Ebene in lauter kongruente Teile. Ein beliebiges dieser Teile dient als Fundamentalbereich. Die beiden Spiegelungen im Rand dieses Fundamentalbereichs erzeugen die Gruppe D_n.

Zurück zu unserer Zerlegung der Ebene: Wir *dualisieren* jetzt die Zerlegung Z', d.h., wir zeichnen einen Punkt in den Mittelpunkt jedes Dreiecks. Zwei Punkte werden mit einer Kante verbunden, wenn die zugehörigen Dreiecke eine Kante gemeinsam haben.

Dann ordnen wir jedem Punkt und jeder Kante ein Gruppenelement zu. Der mit dem neutralen Element 1 beschriftete Punkt wird dem Fundamentalbereich f zugeordnet. Eine Kante dieses dualen Graphen erhält die Beschriftung s_a oder s_b oder s_c, je nachdem, ob die originale Kante s der Zerlegung Z' Bild von a, b oder c ist unter der Operation von G. Der so entstehende Graph wird zum Cayley-Graphen $\Gamma_G(s_a, s_b, s_c)$. Die Bezeichnung der anderen Punkte des Cayley-Graphen ergibt sich dabei automatisch durch die Kantenbezeichnungen. Die Kanten sind nicht orientiert, weil es sich bei allen drei Erzeugenden um Spiegelungen handelt und wir, wie im Beispiel der Gruppe D_3, jedes Paar orientierter Kanten zur selben Spiegelung durch eine nichtorientierte Kante ersetzen.

Wir erhalten somit Abbildung 4.15. Zur besseren Übersicht sind die Kanten des Cayley-Graphen gestrichelt gezeichnet, und die Bezeichnungen von Punkten wurden weggelassen. Das Letztere holen wir in Abbildung 4.16 für manche Punkte nach.

Betrachtet man die Bezeichnungen der Punkte, so stellt man fest, dass für ein gegebenes Gruppenelement g der Fundamentalbereich f durch g auf das Dreieck mit der Punktbezeichnung g abgebildet wird. Dem Leser wird empfohlen, die Punktbezeichnungen zu prüfen, d.h. den Fundamentalbereich f mit der an einem Punkt

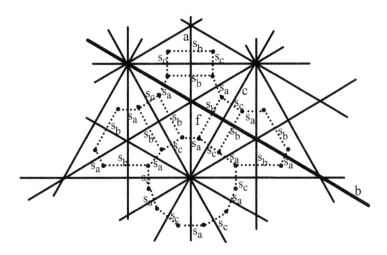

Abbildung 4.15: Cayley-Graph von G in der Zerlegung Z'

stehenden Abbildung in das zugehörige Dreieck in Gedanken abzubilden. Wir überprüfen das allgemein: f wird durch s_a, s_b, s_c auf die jeweiligen Nachbardreiecke abgebildet. Wir nehmen induktiv an, dass bei allen Dreiecken, mit höchstens Abstand n von f gilt: Hat ein Dreieck d die Punktbezeichnung g, so wird f mit der Operation g auf d abgebildet. Der Abstand zwischen zwei Punkten des Cayley-Graphen sei die Anzahl Kanten auf dem kürzesten Weg zwischen den beiden Punkten.

Sei P ein Punkt mit Abstand n von dem Punkt 1 mit der Beschriftung g_n. Induktiv wissen wir, dass $g_n(1) = P$. Sei P' ein Nachbarpunkt von P mit der Beschriftung $g_n h$. Es gibt also eine Kante mit der Beschriftung h zwischen P und P'. Wir müssen zeigen, dass $g_n h(1) = P'$ gilt. Das ist aber wahr, weil $h(1)$ auf den Punkt mit der Beschriftung h abgebildet wird, der wiederum mit der Operation g_n auf P' abgebildet wird.

Jetzt ist auch klar, warum sich aus dem Dualisieren der Cayley-Graph ergibt. Wir erhalten für jedes Gruppenelement einen Punkt, und die Operation auf den Kanten entspricht der von Satz 4.52.

Aufgaben

1. Vervollständigen Sie die Punktbezeichnungen in Abbildung 4.16.

2. Betrachten Sie die Zerlegung Q der Ebene in kongruente Quadrate aus Abbildung 1.4 mit Symmetriegruppe $G_{(4,4)}$, und vollziehen Sie Abschnitt 4.6 für Q nach. Finden Sie also einen Fundamentalbereich f für $G_{(4,4)}$, indem Sie die Ebene weiter unterteilen in eine Zerlegung Q', auf der $G_{(4,4)}$ frei operiert. Beweisen Sie Satz 4.31 (siehe Seite 80) neu. Weisen Sie also nach, dass $G_{(4,4)}$ von den Spiegelungen an den Randgeraden von f erzeugt wird, und zeichnen

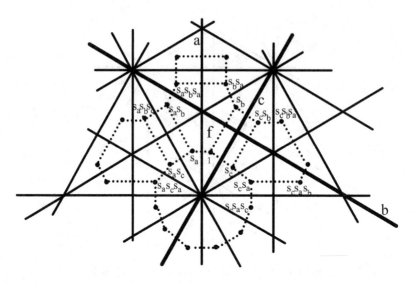

Abbildung 4.16: Cayley-Graph von G in der Zerlegung Z' mit Bezeichnung der Punkte

Sie den Cayley-Graphen zu diesem Erzeugendensystem der Gruppe $G_{(4,4)}$.

3. Betrachten Sie noch einmal eine Zerlegung Q der Ebene in kongruente Quadrate. Sei G die von den Randgeraden eines einzelnen Quadrats erzeugte Gruppe. Zeigen Sie $G \triangleleft G_{(4,4)}$. Bestimmen Sie $G_{(4,4)}/G$.

4. Weisen Sie nach, dass die Zerlegung der Ebene in reguläre Sechsecke dieselbe Symmetriegruppe hat wie die Zerlegung in reguläre Dreiecke, indem Sie feststellen, dass die jeweiligen Fundamentalbereiche gleich sind.

5. Finden Sie den Cayley-Graphen zur Gruppe D_3 erzeugt von zwei Spiegelungen. Finden Sie dazu den (unbegrenzten) Fundamentalbereich in Abbildung 1.1, und zeichnen Sie den Cayley-Graphen in (eine Kopie) dieser Abbildung.

6. Beweisen Sie: Die Symmetriegruppe des Tetraeders hat eine Untergruppe $H < S_4$ erzeugt von $(1, 2, 4, 3)$, die auf den Seiten des Tetraeders mit der Seite d als Fundamentalbereich operiert, wobei d die Seite mit den Ecken 1,2,3 ist. Wir erhalten als $S_4 = S_4(d) \cdot H$. Weder $S_4(d)$ noch H ist dabei normal in S_4.

7. Vollziehen Sie Satz 4.56 mit Spiegeln für weitere Beispiele nach. Stellen Sie dazu beispielsweise zwei Spiegel aneinandergrenzend im Winkel $360/2n$ Grad auf. Der eingeschlossene Winkelbereich dient als Fundamentalbereich für die Gruppe D_n. Sie sehen die n Spiegelachsen des regulären n-Ecks.

Kapitel 5

Gruppenpräsentationen

Gruppen lassen sich durch Erzeugende und Relationen, das sind Produkte von Erzeugenden und ihren Inversen, die das neutrale Element ergeben, darstellen. Diese Darstellung heißt Präsentation einer Gruppe und beschreibt sie vollständig. Umgekehrt ist es jedoch im Allgemeinen nicht möglich, von zwei gegebenen Präsentationen zu entscheiden, ob sie dieselbe Gruppe beschreiben oder nicht. Das führt uns zu den Entscheidungsproblemen die, zuerst von Max Dehn formuliert, in vielen Fällen auf sehr geometrische Weise in Kapitel 10 gelöst werden können.

5.1   Gruppenpräsentationen

Sei die Gruppe D_3 gegeben durch:

$$D_3 = \{id, d_{120}, d_{240}, s_a, s_b, s_c\}$$

In Aufgabe 5 aus Abschnitt 2.1 haben wir gesehen, dass die Gruppe D_3 durch eine beliebige Spiegelung $s = s_a$ und eine Drehung $d = d_{120}$ um 120 Grad erzeugt werden kann, d.h. $D_3 = \langle d, s \rangle$. Jedes Element der D_3 kann also als Produkt von d und s und ihren Inversen geschrieben werden. Zum Beispiel gilt für die Drehung um 240 Grad: $d_{240} = d^2$, wie man an Abbildung 1.1 erkennt. Es gilt:

$$D_3 = \{id, s, d, d^2, sd, sd^2\}$$

(Das haben wir uns schon in Abschnitt 3.2 klargemacht). Ein *Wort* ist ein beliebiger Ausdruck in den Erzeugenden und ihren Inversen, in unserem Fall ein Ausdruck in s, d, s^{-1}, d^{-1}. Beispiele für Worte sind $s^2 d^{-3} sd$ oder $sdsd$. Es gibt gewisse Worte, die in der gegebenen Gruppe trivial sind. Weil d eine Drehung um 120 Grad ist, gilt $d^3 = id$. s ist eine Spiegelung, also $s^2 = id$. Solche Worte heißen *Relationen*.

© Springer-Verlag GmbH Deutschland, ein Teil von Springer Nature 2020
S. Rosebrock, *Anschauliche Gruppentheorie*,
https://doi.org/10.1007/978-3-662-60787-9_5

Definition 5.1 *Sei $G = \langle g_1, \ldots, g_n \rangle$ und w ein Wort in den Erzeugenden $g_1, \ldots, g_n$ und ihren Inversen. Gilt $w = 1$ in G, so heißt w* Relation *oder* Relator *in G.*

s^2 und d^3 sind also Relationen in $D_3 = \langle s, d \rangle$. Natürlich ist auch s^4 eine Relation. Diese lässt sich aus s^2 ableiten.

$s^2 d^{-2} dss^{-1} ds^{-2}$ ist eine Relation, die sich aber durch Kürzen von Paaren ss^{-1} und dd^{-1} zu 1 reduzieren lässt (wir schreiben in diesem Kontext oft 1 für *id*). Solche Relationen heißen *frei reduzierbar* zum neutralen Element 1. Wir werden diese, genauso wie die Relationen vom Typ ss^{-1} und $s^{-1}s$, nicht in Listen von Relationen aufführen. Ein Wort heißt *reduziert*, wenn solche Kürzungen von Paaren von Erzeugenden und ihren Inversen nicht möglich sind.

Relationen kann man sehr leicht im Cayley-Graphen erkennen. Sei w ein Wort in den Erzeugenden einer Gruppe $G = \langle g_1, \ldots, g_n \rangle$. Wir können w also schreiben als $w = a_1 a_2 \ldots a_n$, wobei jedes a_i ein Erzeugendes g_j oder Inverses einer Erzeugenden g_j^{-1} ist. Zu w finden wir einen Weg im Cayley-Graphen $\Gamma_G(g_1, \ldots, g_n)$, indem wir bei der 1 starten und zuerst die Kante mit der Beschriftung a_1 mit ihrer Orientierung gehen. Wir landen dann beim Punkt a_1. Danach gehen wir die Kante mit der Beschriftung a_2 und sind beim Punkt $a_1 a_2$. Ist a_i eine inverse Erzeugende, gehen wir gegen die Pfeilrichtung und sonst mit der Pfeilrichtung. Zu jedem Wort w gibt es also einen Weg $\gamma_w \in \Gamma_G$. Wie man Relationen im Cayley-Graphen erkennt, sieht man folgendermaßen:

Satz 5.2 *Sei $G = \langle g_1, \ldots, g_n \rangle$ und $w = a_1 a_2 \ldots a_m$ ein Wort in den Erzeugenden und ihren Inversen. w ist genau dann eine Relation in G, wenn $\gamma_w \in \Gamma_G(g_1, \ldots, g_n)$ geschlossen ist.*

Beweis: Sei w eine Relation. Es gilt also $w = 1$ in G. Nach der Definition des Cayley-Graphen sind wir beim Punkt mit der Beschriftung a_1, wenn wir von dem Punkt mit der Beschriftung 1 die Kante mit der Beschriftung a_1 laufen. Vom Punkt a_1 laufen wir die Kante a_2 und sind also danach am Punkt $a_1 a_2$. Sind wir ganz w abgelaufen, so sind wir am Punkt $a_1 a_2 \ldots a_m$. Da w eine Relation ist, ist dieses Wort gleich 1, welches die Beschriftung unseres Startpunkts ist. Also ist der Weg γ_w geschlossen.

Sei umgekehrt γ_w ein Weg, der im Punkt $v \in G$ beginnt und endet. Dieser Weg liest ein Wort $a_1 a_2 \ldots a_m$ entlang seiner Kanten. Da der Weg wieder bei v endet, folgt $v = v a_1 a_2 \ldots a_m$ und somit $a_1 a_2 \ldots a_m = 1$. $\square$

Zurück zu unserem Beispiel: Es gilt $s_c = s_a d_{120} = sd$, und s_c hat die Ordnung 2. Es ist also $sdsd$ eine Relation, welche wir als geschlossenen Weg, ebenso wie die Relation d^3, in Abbildung 4.9 auf Seite 91 erkennen. Die Relation s^2 steckt implizit in der Abbildung, weil wir orientierte Kantenpaare durch unorientierte Kanten ersetzt haben.

Wir sagen, eine Relation $w = 1$ lässt sich aus einer Menge von Relationen $\{w_1, \ldots, w_m\}$ *gewinnen* oder *ist aus diesen ableitbar*, falls die Gleichung $w = 1$ durch Anwendung der Relationen $\{w_1, \ldots, w_m\}$ und freien Reduktionen gefolgert werden kann. Die drei Relationen s^2, d^3 und $sdsd$ bilden eine Menge von *definierenden* Relationen, das bedeutet, dass jede andere Relation aus diesen ableitbar ist.

Die Relation $s^4 = 1$ lässt sich aus s^2 gewinnen, indem wir die Relation s^2 zweimal hintereinander anwenden. Aber auch $w = d^2sd^2s$ ist eine Relation, die sich aus den definierenden Relationen gewinnen lässt: Die definierende Relation $sdsd = 1$ lässt sich durch Multiplikation von rechts mit d^2 in $sdsd^3 = d^2$ verwandeln. Aus der definierenden Relation d^3 folgt $sds = d^2$ (das haben wir auch schon in Abschnitt 4.4 festgestellt). Ersetzen wir die beiden d^2 in w durch sds folgt $w = sdsssdss$. Aus der definierenden Relation s^2 folgt $w = sdsd$, was selbst eine definierende Relation ist. Wir haben also das Wort $w = d^2sd^2s$ nur durch Anwendung definierender Relationen in die Identität verwandelt.

Definition 5.3 *Sei $G = \langle g_1, \ldots, g_n \rangle$, und $w_1, \ldots, w_m$ seien Relationen in G. Lässt sich jede andere Relation aus $\{w_1, \ldots, w_m\}$ gewinnen, so heißt die Menge $\{w_1, \ldots, w_m\}$ definierende Relationen von G bezüglich der Erzeugenden $g_1, \ldots, g_n$.*

Wir müssen noch beweisen, dass $\{s^2, d^3, sdsd\}$ eine Menge von definierenden Relationen für $D_3 = \langle s, d \rangle$ ist. Bevor wir das tun, noch etwas Theorie:

Definition 5.4 *Sei $G = \langle g_1, \ldots, g_n \rangle$, und $w_1, \ldots, w_m$ seien definierende Relationen in den Erzeugenden $g_1, \ldots, g_n$. Dann heißt $\langle g_1, \ldots, g_n \mid w_1, \ldots, w_m \rangle$ Präsentation der Gruppe G.*

Prinzipiell kann eine Gruppe auch unendlich viele Erzeugende und Relationen benötigen. Gruppen, die unendlich viele Erzeugende benötigen, heißen *unendlich erzeugt*. Wir haben in Satz 2.23 schon gesehen, dass die Gruppe $(\mathbb{R}, +)$ unendlich erzeugt ist. Ebenso ist die Symmetriegruppe des Kreises unendlich erzeugt. Das liegt daran, dass es beliebig kleine reelle Zahlen und Drehungen um beliebig kleine Winkel gibt. Diese beiden Gruppen benötigen in jeder Präsentation auch unendlich viele Relationen und heißen deswegen *unendlich präsentiert*. Es gibt auch Gruppen, die zwar mit endlich vielen Erzeugenden auskommen, aber unendlich viele Relationen benötigen.

Nun der versprochene Beweis gleich allgemein für alle Diedergruppen:

Satz 5.5 $D_n = \langle s, d \mid s^2, d^n, sdsd \rangle$.

Beweis: Wie wir oben gesehen haben, sind s^2, d^n und $sdsd$ Relationen in D_n. Wir müssen noch zeigen: Ist w eine beliebige Relation in D_n, so lässt sie sich mit den definierenden Relationen in die Gruppeneins verwandeln. Wir betrachten noch einmal die Darstellung der Diedergruppe D_n aus Abschnitt 3.2. Dort haben wir festgestellt, dass sich die Elemente der D_n schreiben lassen als:

$$D_n = \{id, d, d^2, \ldots, d^{n-1}, s, sd, sd^2, \ldots, sd^{n-1}\} \tag{5.1}$$

Wir zeigen hier eine *Normalform* für die Elemente der Gruppe D_n, d.h., jedes beliebige Wort w in den Erzeugenden s, d lässt sich in eines der Worte aus (5.1) nur unter Benutzung der obigen drei definierenden Relationen verwandeln. Dann werden unter dieser Verwandlung Relationen in die Gruppeneins umgeformt.

Jedes Wort w in s, d hat die Form $w = s^{\epsilon_1} d^{\delta_1} s^{\epsilon_2} d^{\delta_2} \ldots s^{\epsilon_k} d^{\delta_k}$. Wegen der definierenden Relation s^2 können wir davon ausgehen, dass für $i \neq 1$ jedes $\epsilon_i = 1$ ist. Sonst setzen wir genügend oft die definierende Relation s^2 ein, bis wir entweder s^1 oder s^0 erhalten. $s^0 = 1$ können wir weglassen, und in dem Fall wird unser Wort kürzer. Genauso können wir davon ausgehen, dass $\delta_i \in \{1, 2, \ldots, n-1\}$. $\epsilon = \epsilon_1$ oder δ_k können auch 0 sein. Unser Wort lautet also jetzt: $w = s^\epsilon d^{\delta_1} s d^{\delta_2} \ldots s d^{\delta_k}$, wobei $\epsilon \in \{0, 1\}$.

Schieben wir in die definierende Relation $sdsd$ nach dem zweiten s noch einmal die Relation $sdsd$ ein (wir dürfen das, weil wir jedes Wort, das gleich dem neutralen Element ist, an jede Stelle schreiben dürfen), so erhalten wir $sds\,sdsd\,d$, oder, nach Kürzen von s^2, das Wort $sd^2 sd^2$. Durch einen weiteren Einschub von $sdsd$ hinter dem zweiten s erhalten wir $sd^3 sd^3$ usw. Wir können also aus den definierenden Relationen jedes Wort $sd^i sd^i$ folgern.

Die Relation $sd^i sd^i = 1$ lässt sich auch als $sd^i = d^{-i}s$ schreiben. In unserem Wort $w = s^\epsilon d^{\delta_1} s d^{\delta_2} \ldots s d^{\delta_k}$ können wir also $s d^{\delta_2}$ durch $d^{-\delta_2} s$ ersetzen und erhalten $w = s^\epsilon d^{\delta_1 - \delta_2 + \delta_3} s d^{\delta_4} \ldots s d^{\delta_k}$. Analog gehen wir für die anderen Teilworte $s d^{\delta_i}$ vor, bis wir $w = s^\epsilon d^\tau$ erhalten, wobei τ die entsprechende Wechselsumme der δ_i ist. Nach Normieren der d-Potenz hat w die Form eines Wortes aus (5.1). $\qquad \Box$

Wir erkennen die Aussage von Satz 5.5 mit etwas Übung viel leichter im Cayley-Graphen. Jede Relation ist ein geschlossener Weg, und jeder beliebige geschlossene Weg in Abbildung 4.9 muss entlang seiner Kanten s^2, d^3 oder $sdsd$ lesen, oder er muss aus diesen elementaren Wegen zusammensetzbar sein. Zum Beispiel ist der Weg $sddsd^{-1}$ geschlossen und zusammensetzbar aus d^3 und $(dsds)^{-1}$. In der Tat erkennt man bei einem Cayley-Graphen, der ganz in der Ebene liegt wie in unserem Beispiel, besonders leicht eine Menge definierender Relationen. Der Graph teilt die Ebene in elementare Flächenstücke, und jedes Stück muss entlang seines Randes eine Relation aus der Menge der definierenden Relationen lesen. Das kann man in diesem Beispiel leicht nachprüfen.

In GAP definiert man erst die Erzeugenden (denen man mit `s:=F.1;;d:=F.2;;` noch etwas umständlich Namen geben muss) und erzeugt dann mit *Erzeugende/[Relationen]* eine Präsentation.

```
gap> F := FreeGroup("s","d");;
gap> s:=F.1;; d:=F.2;;
gap> D7:= F/[s^2, d^7, (s*d)^2];;
gap> Elements(D7);
[ <identity ...>, s, s*d, d, s*d*s, d*s, s*d^2, d^2,
  s*d^2*s, d^2*s, s*d^3, d^3, s*d^3*s, d^3*s ]
```

Beachten Sie, dass die Elemente nicht unbedingt in der Normalform (5.1) vorliegen (Übung: Bringen Sie die Elemente in die Normalform).

Präsentationen von Gruppen sind nicht eindeutig:

Satz 5.6 $D_n = \langle s_1, s_2 \mid s_1^2, s_2^2, (s_1 s_2)^n \rangle$.

Beweis: Wir betrachten die Spiegelung s und die Drehung d aus Satz 5.5 und setzen $s_1 = s$ und $s_2 = sd$ (s_1 und s_2 sind also zwei „benachbarte" Spiegelungen im regulären n-Eck). Dann folgt aus $s_1^2 = 1$ die Relation $s^2 = 1$, aus $s_2^2 = 1$ die Relation $sdsd = 1$. Aus $(s_1 s_2)^n$ folgt $d^n = 1$ (nach Streichen von s^2). Wir können also aus den Relationen $s_1^2, s_2^2, (s_1 s_2)^n$ die definierenden Relationen aus Satz 5.5 gewinnen, und damit sind $s_1^2, s_2^2, (s_1 s_2)^n$ selbst eine Menge definierender Relationen. $\square$

Beispiel 5.7 *Die Symmetriegruppe der Raute aus Abbildung 1.5 (siehe auch Beispiel 2.8) hat die Präsentation* $\langle a, b \mid a^2, b^2, ab = ba \rangle$.

Wir überprüfen das mit GAP:

```
gap> F := FreeGroup("a","b");;
gap> a:=F.1;;b:=F.2;;
gap> R:=F/[a^2, b^2, a*b*a^-1*b^-1];
<fp group on the generators [ a, b ]>
gap> Elements(R);
[ <identity ...>, a, b, a*b ]
```

In der Tat hat die Gruppe der Raute 4 Elemente, wie wir in Beispiel 2.8 festgestellt haben, zwei Spiegelungen s_a und s_b und das Produkt dieser beiden Spiegelungen, die eine Drehung um 180 Grad definieren. Die Relation $ab = ba$ wird in GAP durch `a*b*a^-1*b^-1` kodiert. Dieser Term ergibt sich durch Multiplizieren der rechten Seite von $ab = ba$ nach links.

Wir betrachten noch einmal die Gruppe $G = G_{(3,6)}$ von Abschnitt 4.6, die auf der Zerlegung der Ebene in reguläre Dreiecke operiert. Wir suchen eine Präsentation von G. Nach Satz 5.2 brauchen wir nur eine Übersicht über die geschlossenen Wege im Cayley-Graphen $\Gamma_G(s_a, s_b, s_c)$, wobei s_a, s_b, s_c Spiegelungen an den Geraden a, b, c aus Abbildung 4.13 sind.

An Abbildung 4.15 auf Seite 99 sehen wir sofort, dass alle geschlossenen Wege sich genau aus denen der Form $(s_c s_b)^2$, $(s_a s_b)^3$ und $(s_a s_c)^6$ zusammensetzen lassen. Wir folgern also

Satz 5.8 $G_{(3,6)} = \langle s_a, s_b, s_c \mid s_a^2, s_b^2, s_c^2, (s_c s_b)^2, (s_a, s_b)^3, (s_a s_c)^6 \rangle$.

Aufgaben

1. Beweisen Sie die Behauptung aus Beispiel 5.7 ohne Benutzung von GAP, indem Sie entweder rechnen oder am Cayley-Graphen argumentieren.

2. Finden Sie noch mindestens zwei weitere Präsentationen der Symmetriegruppe der Raute.

3. Beweisen Sie, dass die Symmetriegruppe des Bandornaments aus Abbildung 1.3 auf Seite 3 die Präsentation $P = \langle s, \tau \mid s^2 = \tau, \tau s = s\tau \rangle$ hat, wobei s eine Gleitspiegelung und τ eine Translation (um die doppelte Länge von $\vec{v}$ aus Abbildung 1.3) ist. Beweisen Sie, dass P eine Präsentation der Gruppe $\mathbb{Z}$ ist.

4. Zeigen Sie am Beispiel der Gruppe D_5, wie man aus einer Präsentation den Cayley-Graphen gewinnt. Eine Präsentation für die Gruppe D_5 ist in Satz 5.5 gegeben.

5. Finden Sie eine Präsentation der endlich zyklischen Gruppe $\mathbb{Z}_n$.

6. Die *Quaternionengruppe* ist eine Gruppe der Ordnung 8 mit den Elementen $Q = \{\pm 1, \pm k, \pm i, \pm j\}$ und den Relationen

$$k^2 = i^2 = j^2 = -1, ij = k, jk = i, ki = j, ji = -k, kj = -i, ik = -j.$$

Zeigen Sie,

   (a) dass Q die Ordnung 8 hat (eventuell mit GAP),

   (b) dass Q nur ein Element der Ordnung 2 hat und dass das Zentrum von Q von diesem Element erzeugt wird,

   (c) dass $D_4 \not\cong Q$,

   (d) dass jede Untergruppe von Q normal ist,

   (e) dass $Q = \langle x, y \mid x^4, x^2 y^{-2}, xyxy^{-1} \rangle$.

5.2 Freie Gruppen

Freie Gruppen wurden von WALTER VAN DYCK im Jahr 1882 eingeführt.

Definition 5.9 *Eine Gruppe, die eine Präsentation ohne definierende Relationen hat, heißt* frei. *Die Erzeugenden einer solchen Präsentation heißen* Basis *der freien Gruppe, und deren Anzahl ist der* Rang *der freien Gruppe.*

Daher kommt auch der GAP-Befehl `FreeGroup` oben. Äquivalent können wir auch definieren: Eine Gruppe heißt frei, wenn sie eine Präsentation hat, bei der jede Relation frei reduzierbar zur 1 ist.
Es gilt $\mathbb{Z} = \langle t \mid \ \rangle$. Die ganzen Zahlen bilden also eine freie Gruppe. Sie hat den Rang 1.
Lässt man unendlich viele Erzeugende zu, so gibt es auch freie Gruppen von unendlichem Rang.
Haben zwei freie Gruppen denselben Rang, so sind sie isomorph. Den Isomorphismus erhält man, indem man eine beliebige bijektive Abbildung zwischen den beiden Basen zu einem Isomorphismus der Gruppen fortsetzt. Die Gruppenelemente haben nur neue Namen bekommen, ansonsten sind die Gruppen genau dieselben.
Man kann umgekehrt zeigen, dass zwei isomorphe freie Gruppen denselben Rang haben. Der Beweis ist aber schwieriger, und wir lassen ihn aus.

Nach Satz 5.2 erkennt man Cayley-Graphen von freien Gruppen (bezüglich einer Basis) daran, dass sie keine Zyklen haben. Da Cayley-Graphen immer zusammenhängend sind (siehe Aufgabe 4), folgt:

Satz 5.10 *Der Cayley-Graph einer endlich erzeugten, freien Gruppe bezüglich einer Basis ohne Relationen ist ein Baum.*

Eine freie Gruppe operiert also frei auf einem Baum. Davon gilt sogar die Umkehrung (siehe [Arm88]): Operiert eine Gruppe frei auf einem Baum, so ist diese Gruppe frei. Damit können wir leicht den Satz von *Nielsen-Schreier* beweisen:

Satz 5.11 *Untergruppen freier Gruppen sind frei.*

Beweis: Sei $H < F$, und F sei frei. Nach Satz 5.10 operiert F frei auf einem Baum. Jede seiner Untergruppen und damit auch H operieren frei auf demselben Baum. Nach der Umkehrung des obigen Satzes ist damit also H frei. $\square$

Freie Gruppen haben eine *universelle Abbildungseigenschaft*. Das bedeutet, dass, wenn man die Basis einer freien Gruppe beliebig in eine andere Gruppe abbildet, so kann man auch alle anderen Gruppenelemente so abbilden, dass man einen Homomorphismus erhält. Der folgende Satz präzisiert diese Aussage:

Satz 5.12 *Sei F eine Gruppe, und $X \subset F$ erzeuge F. Dann sind folgende Aussagen äquivalent:*

1. *F ist frei mit Basis X (Sprechweise: F ist frei über X).*

2. *Jede Funktion $f\colon X \to G$ in eine beliebige Gruppe G kann eindeutig zu einem Homomorphismus $\phi\colon F \to G$ fortgesetzt werden.*

Beweis: 1.$\Rightarrow$2.:
Sei $a \in F$ beliebig. Wir schreiben a als Produkt der Erzeugenden und ihrer Inversen:

$$a = x_{i_1}^{\epsilon_1} x_{i_2}^{\epsilon_2} \ldots x_{i_m}^{\epsilon_m}$$

Dabei ist jedes $x_{i_k} \in X$ und $\epsilon_k = \pm 1$. Ist

$$a = x_{j_1}^{\delta_1} x_{j_2}^{\delta_2} \ldots x_{j_p}^{\delta_p}$$

eine andere solche Darstellung, so ist

$$x_{i_1}^{\epsilon_1} x_{i_2}^{\epsilon_2} \ldots x_{i_m}^{\epsilon_m} (x_{j_1}^{\delta_1} x_{j_2}^{\delta_2} \ldots x_{j_p}^{\delta_p})^{-1}$$

frei reduzierbar zu 1, weil F frei ist. Es folgt, dass

$$f(x_{i_1}^{\epsilon_1}) f(x_{i_2}^{\epsilon_2}) \ldots f(x_{i_m}^{\epsilon_m}) f(x_{j_p}^{-\delta_p}) \ldots f(x_{j_1}^{-\delta_1})$$

frei reduzierbar zu 1 ist. Wir können nämlich im Bild dieselben Kürzungen durchführen wie im Urbild. Es hängt also

$$f(x_{i_1}^{\epsilon_1}) f(x_{i_2}^{\epsilon_2}) \ldots f(x_{i_m}^{\epsilon_m})$$

nur von a ab. Wir definieren $\phi : F \to G$ durch

$$\phi(a) = f(x_{i_1}^{\epsilon_1}) f(x_{i_2}^{\epsilon_2}) \ldots f(x_{i_m}^{\epsilon_m})$$

für jedes Element $a \in F$. Leicht überzeugt man sich, dass ϕ ein Homomorphismus ist. Dieser Homomorphismus ist eindeutig, da jeder Homomorphismus als Bild von a

$$f(x_{i_1}^{\epsilon_1}) f(x_{i_2}^{\epsilon_2}) \ldots f(x_{i_m}^{\epsilon_m})$$

haben muss.

2.$\Rightarrow$1.:
Es sei $f\colon X \to G$ eine Funktion in eine beliebige Gruppe G, und

$$a = x_{i_1}^{\epsilon_1} x_{i_2}^{\epsilon_2} \ldots x_{i_m}^{\epsilon_m} = 1$$

sei ein beliebiges Element in F, wobei die x_i in X liegen. Da f zu einem Homomorphismus $\phi\colon F \to G$ fortgesetzt werden kann, folgt $\phi(a) = \phi(x_{i_1}^{\epsilon_1} x_{i_2}^{\epsilon_2} \ldots x_{i_m}^{\epsilon_m}) = \phi(x_{i_1}^{\epsilon_1}) \phi(x_{i_2}^{\epsilon_2}) \ldots \phi(x_{i_m}^{\epsilon_m}) = 1$ und deshalb:

$$f(x_{i_1}^{\epsilon_1}) f(x_{i_2}^{\epsilon_2}) \ldots f(x_{i_m}^{\epsilon_m}) = 1$$

in G. Das muss für alle Gruppen G und alle Funktionen f gelten. Wäre a nicht frei reduzierbar zu 1 und gilt $f(x_i) \neq f(x_j)$ für $x_i \neq x_j$, $x_i, x_j \in X$, so haben wir einen Widerspruch, falls G z.B. selbst als freie Gruppe gewählt wird, so dass $f(a)$ keine Relation in G ist. Also ist jede Relation mit Buchstaben aus X in F frei reduzierbar zu 1, und deshalb ist F eine freie Gruppe.

Es fehlt nur zu zeigen, dass X eine Basis von F ist. Würde X mehr Elemente enthalten als der Rang von F, dann gäbe es eine Relation unter den Elementen von X, die im Bild nicht gelten müssen. Wir werden in Satz 5.16 beweisen, dass das nicht möglich ist. $\qquad\Box$

Satz 5.13 *Jede endlich erzeugte Gruppe G ist Quotient einer freien Gruppe.*

Beweis: Wir nehmen ein endliches Erzeugendensystem X von G als Erzeugendensystem einer freien Gruppe F. Nach Satz 5.12 lässt sich dann die Identität auf X, also die Abbildung $f\colon X \to G$, die die Elemente von X auf sich selbst abbildet, zu einem Homomorphismus $\phi\colon F \to G$ fortsetzen. Nach dem 1. Isomorphiesatz (Satz 3.41) gilt $G = F/kern(\phi)$. $\qquad\Box$

Sei $F(X)$ die freie Gruppe über X. Sei $G = \langle X \mid R \rangle$, wobei X eine Menge von Erzeugenden und R eine Menge von Relationen in X ist. Der *Normalenabschluss* von R ist der kleinste Normalteiler in $F(X)$, der die Elemente von R enthält, und wird mit $\bar{R}$ bezeichnet. Die Normalteilereigenschaft lässt sich für $\bar{R}$ nach Lemma 3.38 zeigen, indem man $g\bar{R}g^{-1} \subset \bar{R}$ für alle $g \in F(X)$ beweist. Da $\bar{R} \lhd F(X)$, muss mit $r \in R$ also auch $wrw^{-1} \subset \bar{R}$ für alle Worte $w \in F(X)$ gelten. Von diesen wrw^{-1} können wir beliebig endliche Produkte bilden, ohne den Normalteiler zu verlassen.

Es folgt also:

$$\bar{R} \supset \{\prod w_{i_j} r_{i_j}^{\epsilon_j} w_{i_j}^{-1}\},$$

wobei das Produkt über alle möglichen endlichen Produkte gebildet wird mit $\epsilon_j = \pm 1$, $r_{i_j} \in R$ und $w_{i_j} \in F(X)$. Es gilt aber auch

$$\bar{R} \subset \{\prod w_{i_j} r_{i_j}^{\epsilon_j} w_{i_j}^{-1}\},$$

weil $\bar{R}$ der *kleinste* Normalteiler in $F(X)$ ist, der die Elemente von R enthält. Es folgt also:

Satz 5.14 *Sei $G = \langle X \mid R \rangle$. Dann gilt:*

$$\bar{R} = \{\prod w_{i_j} r_{i_j}^{\epsilon_j} w_{i_j}^{-1}\},$$

wobei $\epsilon_j = \pm 1$, $r_{i_j} \in R$ und $w_{i_j} \in F(X)$.

Korollar 5.15 *Ist $G = \langle X \mid R \rangle$, so ist G isomorph zu $F(X)/\bar{R}$.*

Beweis: Ist $G = \langle X \mid R \rangle$, so lassen sich genau Worte der Form
$w = \prod w_{i_j} r_{i_j}^{\epsilon_j} w_{i_j}^{-1}$ mit $\epsilon_j = \pm 1$, $r_{i_j} \in R$ und $w_{i_j} \in F(X)$ als Relationen aus
R darstellen. Wir können Relationen nämlich konjugieren und diese Konjugate
multiplizieren.   □

Der folgende Satz von VAN DYCK beschreibt, in welchen Fällen sich zu einer gegebenen Präsentation ein Homomorphismus in eine gegebene Gruppe finden lässt,
nämlich dann, wenn die Relationen im Bild gelten (d.h. Bilder von Relationen
Relationen der Bildgruppe sind).

Satz 5.16 *Sei $G = \langle X \mid R \rangle$ und $f\colon X \to H$ eine beliebige Funktion in eine Gruppe
H. Es sei $\phi\colon F(X) \to H$ der zugehörige, nach Satz 5.12 fortgesetzte, Homomorphismus. Gilt $\phi(r) = id$ für alle $r \in R$, so induziert ϕ einen Homomorphismus
$\psi\colon G \to H$ mit $f(x) = \psi(x)$ für alle $x \in X$.*

Beweis: Aus $\phi(r) = id$ für alle $r \in R$ folgt, dass $R \subset kern(\phi)$. Ist $g \in G$, so
schreiben wir g in den Erzeugenden und ihren Inversen:

$$g = x_{i_1}^{\epsilon_1} x_{i_2}^{\epsilon_2} \dots x_{i_m}^{\epsilon_m}$$

Dabei ist jedes $x_{i_k} \in X$ und $\epsilon_k = \pm 1$. Wir definieren $\psi\colon G \to H$ durch

$$\psi(g) = f(x_{i_1}^{\epsilon_1}) f(x_{i_2}^{\epsilon_2}) \dots f(x_{i_m}^{\epsilon_m})$$

wie im Beweis von Satz 5.12. Der Unterschied zweier Darstellungen von g in den
Erzeugenden ist eine Relation, und diese gilt im Bild, da $R \subset kern(\phi)$.   □

Satz 5.17 *Jede Gruppe hat eine Gruppenpräsentation.*

Beweis: Wähle für eine Gruppe G ein Erzeugendensystem X (etwa alle Elemente
von G). Aus der universellen Abbildungseigenschaft erhalten wir einen Homomorphismus $\phi\colon F(X) \to G$. Die Elemente von $kern(\phi)$ bilden die Relationen, also
$G = \langle X \mid kern(\phi) \rangle$.   □

Vorsicht: Die entstehende Gruppenpräsentation ist keinesfalls immer endlich. Andererseits haben z.B. endliche Gruppen immer eine endliche Präsentation: Man
nehme alle Gruppenelemente einer endlichen Gruppe G als Erzeugende. Für je
zwei Gruppenelemente $g, h \in G$ einer endlichen Gruppe G berechne man $g \cdot h$ und
erhält jeweils ein neues Gruppenelement $c = g \cdot h$. Man schreibe dann alle Gleichungen $g \cdot h = c$ als Relationen auf.

Sei g Element einer freien Gruppe F. Mit $|g|$ bezeichnen wir die *Länge* von g, also die Summe der Beträge der Exponenten. Zum Beispiel hat das Wort $a^3b^{-2}a^6b$ die Länge 12.

Sei F_n die freie Gruppe vom Rang n. Es ist klar, dass $F_n < F_m$ für $n < m$. Man lasse einfach $m - n$ Basiselemente aus einer Basis der Gruppe F_m weg und erhält die Gruppe F_n.

Erstaunlicherweise gilt aber auch, dass $F_n < F_m$ für $n > m$. Wir zeigen hier $F_3 < F_2$ und betrachten dazu die Teilmenge $H \subset F_2$ der Elemente mit gerader Länge, also

$$H = \{g \in F_2 \mid |g| \text{ ist gerade}\}.$$

Satz 5.18 *H ist eine Untergruppe von F_2. H ist frei vom Rang 3.*

Beweis: Das neutrale Element hat die Länge 0 und ist daher in H. Die Verknüpfung zweier Elemente gerader Länge aus H ist wieder gerade und damit auch in H. Die Verknüpfung ist also abgeschlossen auf H. Das Inverse eines Elements $g \in H$ hat dieselbe Länge wie g und ist damit auch in H. Also ist $H < F_2$.

Nach Satz 5.11 sind Untergruppen freier Gruppen frei, d.h., H ist eine freie Gruppe. Ist $F_2 = \langle a, b \rangle$, so kann man beweisen, dass $\{a^2, ab, ab^{-1}\}$ eine Basis für H bildet (siehe [Mei08]), und damit hat H den Rang 3. $\qquad\square$

Satz 5.19 *Es gilt $S_n = \langle x_1, \ldots, x_{n-1} \mid x_i^2, [x_i, x_j], \forall |i - j| > 1, (x_i x_{i+1})^3 \rangle$.*

Beweis: Sei J_n die durch $\langle x_1, \ldots, x_{n-1} \mid x_i^2, [x_i, x_j], \forall |i - j| > 1, (x_i x_{i+1})^3 \rangle$ präsentierte Gruppe. Wir konstruieren einen Homomorphismus $\phi\colon J_n \to S_n$, indem wir $\phi(x_i) = (i, i+1)$ setzen. Nach Satz 5.16 ist der Homomorphismus wohldefiniert, wenn die Relationen in J_n auch im Bild gelten. Es ist klar, dass $\phi(x_i) = (i, i+1)$ die Ordnung 2 hat. Die Relationen $x_i^2 = 1$ sind also im Bild erfüllt. x_i kommutiert mit x_j für $|i - j| > 1$. Im Bild heißt das, dass $(i, i+1)$ mit $(j, j+1)$ kommutieren muss, was erfüllt ist für $|i - j| > 1$. Zuletzt ergibt sich: $\phi(x_i x_{i+1}) = (i, i+1, i+2)$ hat die Ordnung 3, sodass die Relationen $(x_i x_{i+1})^3 = 1$ im Bild erfüllt sind.

Wir zeigen, dass

$$S_n = < (1, 2), (2, 3), (3, 4), \ldots, (n-1, n) >$$

gilt. Dann erzeugen die Bilder der Erzeugenden von J_n, und wir haben bewiesen, dass ϕ surjektiv ist. Man überlege sich dazu: Sitzen n Personen in einer Reihe, so kann man die Personen beliebig auf ihren Plätzen permutieren, indem man immer nur benachbarte Personen ihre Plätze tauschen lässt. Soll etwa die Person von Platz 7 auf Platz 1, so kann man folgendermaßen vorgehen: Personen der Plätze 7 und 6 tauschen ihre Plätze, danach Personen von 6 und 5, dann 5 und 4, 4 und 3, 3 und 2 und zuletzt 2 und 1. Damit ist die Person von Platz 7 auf Platz 1 gewandert. Nun schaut man, welche Person auf Platz 2 soll, und verfährt analog. Analog verfährt man mit allen anderen Plätzen.

Man kann beweisen, dass ϕ injektiv ist, indem man zeigt, dass die Ordnung von J_n $n!$ ist. Dazu betrachtet man die Untergruppe $H < J_n$ erzeugt von $\{x_1, \ldots, x_{n-2}\}$. Diese erfüllt alle Relationen von J_{n-1} und ist damit isomorph zu J_{n-1}. Induktiv können wir annehmen, dass J_{n-1} die Ordnung $(n-1)!$ hat. Jetzt zeige man, dass der Index von H in J_n gleich n ist, indem man zeigt, dass es nur n Nebenklassen gibt. Diese werden erzeugt von den Repräsentanten

$$x_1 \ldots x_{n-1}, x_2 \ldots x_{n-1}, \ldots, x_{n-2}x_{n-1}, x_{n-1}$$

und einem Element von H. Also hat J_n nach Korollar 3.16 die Ordnung $(n-1)! \cdot n = n!$ und ist damit isomorph zu S_n.   □

Beispiel 5.20 *Wir analysieren eine Gruppenpräsentation mit* GAP. *Wir betrachten die Gruppe:*

$$G = \langle x, y, z \mid x^2, y^2, z^2, xyz = yzx = zxy \rangle$$

In GAP:

```
gap>  F := FreeGroup( "x", "y", "z");
<free group on the generators [ x, y, z ]>
gap> x:=F.1;; y:=F.2;; z:=F.3;;
gap> G:=F/[x^2, y^2, z^2, x*y*z*x*z*y, x*y*z*y*x*z];
<fp group on the generators [ x, y, z ]>
gap> Size(G);
16
gap> Elements(G);
[ <identity ...>, x, y, z, (x*y)^2, x*y, x*z, y*x*y,
   y*z, x*y*x, x*z*x, x*y*z, y*x, z*x, z*y, x*z*y ]
```

Es handelt sich also um eine Gruppe der Ordnung 16. Sie ist nicht kommutativ, weil der Kommutator $[x, y] = (xy)^2$ als Element auftaucht. Wegen der Relationen x^2, y^2 gilt nämlich $x = x^{-1}$ und $y = y^{-1}$.

Aus den Relationen folgt sofort $zxz = yxy$ und $yzy = xzx$. Die meisten Worte der Länge 4 kann man zu kürzeren Worten umformen. Wir zeigen das am Beispiel von $xzyx$. Aus der Relation $xyz = yzx$ folgt $zyx = xzy$ durch Invertieren auf beiden Seiten. Anschließend folgt:

$$xzyx = x \cdot zyx = x \cdot xzy = zy$$

Man mache sich klar:

$$(xy)^2 = (zy)^2 = (xz)^2 = (yx)^2 = (yz)^2 = (zx)^2$$

Andere Worte der Länge 4 können in ihrer Länge reduziert werden. Mit diesen Informationen lässt sich leicht der Cayley-Graph zeichnen (siehe Abbildung 5.1).

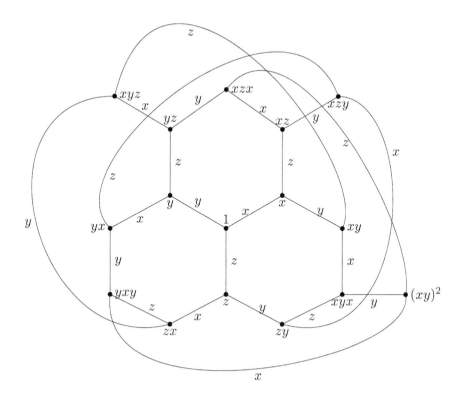

Abbildung 5.1: Cayley-Graph zu einer Gruppe der Ordnung 16

Mit Hilfe des folgenden *Ping-Pong-Lemmas* kann man in manchen Fällen zeigen, dass eine gegebene Gruppe eine freie Gruppe ist (Verallgemeinerungen davon finden sich in [Ce17]).

Satz 5.21 *Seien a und b Erzeugende einer Gruppe G. G operiere auf einer Menge X. Seien $X_a, X_b \subset X$ disjunkte Teilmengen. Sei $a^k(X_b) \subset X_a$ und $b^k(X_a) \subset X_b$ für alle $k \in \mathbb{Z}, k \neq 0$. Dann ist G isomorph zur freien Gruppe vom Rang 2.*

Beweis: Wir beweisen, dass kein Wort der Form

$$a^{n_1} b^{n_2} a^{n_3} b^{n_4} \ldots a^{n_m}, \quad a^{n_1} b^{n_2} a^{n_3} b^{n_4} \ldots b^{n_m}$$

$$b^{n_1} a^{n_2} b^{n_3} a^{n_4} \ldots b^{n_m} \quad \text{oder} \quad b^{n_1} a^{n_2} b^{n_3} a^{n_4} \ldots a^{n_m} \tag{5.2}$$

mit allen $n_i \neq 0$ und $m \geq 1$ die Identität ist. Das genügt, denn jedes Element von G muss eine dieser 4 Formen haben, und es gibt dann also keine Relationen in G. Das Element $g = a^{n_1} b^{n_2} a^{n_3} b^{n_4} \ldots a^{n_m}$ erfüllt $g(X_b) \subset X_a$, weil: $a^{n_m}(X_b) \subset X_a$ und $b^{n_{m-1}} a^{n_m}(X_b) \subset b^{n_{m-1}}(X_a) \subset X_b$ etc. Weil $g(X_b) \subset X_a$, ist g verschieden vom neutralen Element.

Die anderen 3 Formen von Worten aus (5.2) werden analog bewiesen. $\square$

Wie beim Tischtennisspiel springt man durch eine a-Potenz von X_b nach X_a, und danach geht der Ball zurück mit einer b-Potenz von X_a nach X_b und dann wieder mit einer a-Potenz nach X_a usw.

Beispiel 5.22 *Sei X ein unendlicher Baum, und a, b seien bijektive Abbildungen von X auf sich, die jeweils eine Gerade (d.h. ein in zwei Richtungen unendlicher Weg) l_a und l_b durch eine Translation auf sich abbilden. l_a heißt dann Achse von a, und die Operation von a (die Translation) heißt hyperbolisch. Außerdem sollen sich l_a und l_b in genau einem Punkt schneiden.*

Ein Beispiel für einen solchen Baum ist der Cayley-Graph der freien Gruppe mit 2 Erzeugenden, abgebildet in Abbildung 4 aus dem Anhang F. Die Gerade l_a ist hier die waagerechte Gerade durch den Punkt 1 und l_b die senkrechte Gerade durch den Punkt 1. Entfernt man den Punkt 1 aus X, so erhält man 4 Komponenten. X_b besteht aus der oberen und der unteren Komponente, X_a aus der rechten und der linken Komponente. Man mache sich klar, dass $a^k(X_b) \subset X_a$ und $b^k(X_a) \subset X_b$ gilt. a^k verschiebt nämlich den Punkt 1 nach X_a und damit auch alles, was am Punkt 1 dranhängt, nämlich auch X_b.

Aufgaben

1. Zeichnen Sie einen Ausschnitt des Cayley-Graphen der freien Gruppe vom Rang 2.

2. Zeigen Sie, dass die Gruppe H aus Satz 5.18 den Index 2 in F_2 hat.

3. Sei F eine freie Gruppe und $g \in F, g \neq 1$. Zeigen Sie, dass für den Zentralisator $Z(g) = \langle g \rangle \cong \mathbb{Z}$ gilt.

4. Zeichnen Sie den Cayley-Graphen zur *verallgemeinerten Quaternionengruppe*

$$\langle a, b \mid a^4 = b^2 = abab \rangle.$$

Gehen Sie analog zu Beispiel 5.20 vor.

5.3 Tietze-Transformationen und Entscheidbarkeit

In Abschnitt 5.1 haben wir beschrieben, was es heißt, eine Relation aus anderen zu gewinnen. Wir präzisieren hier das dort Gesagte:

Sei $G = \langle X \mid R \rangle$, wobei X eine Menge von Erzeugenden und R eine Menge von Relationen in X ist. Liegt ein Wort $r \in F(X)$ im Normalenabschluss $\bar{R}$, so lässt es sich aus den anderen Relationen gewinnen. Wir können es also gefahrlos zur Menge der Relationen hinzunehmen, ohne die Gruppe zu ändern. Es folgt $G = \langle X \mid R, r \rangle$.

Sei $w \in F(X)$ ein beliebiges Wort, und a sei ein neues Symbol, das nicht in X liegt. Dann gilt $G = \langle X, a \mid R, a = w \rangle$. Durch die neue Erzeugende können wir nämlich auch nicht mehr Gruppenelemente bilden als nur mit X. Jedes a in einem beliebigen Wort kann nämlich durch w ersetzt werden, und dann haben wir nur noch die bereits in X bildbaren Worte. Wir definieren:

Definition 5.23 *Sei $G = \langle X \mid R \rangle$. Die Operationen*

$$\langle X \mid R \rangle \quad \to \quad \langle X \mid R, r \rangle \quad \text{für } r \in \bar{R} \tag{5.3}$$

$$\langle X \mid R \rangle \quad \to \quad \langle X, a \mid R, a = w \rangle \quad \text{für } w \in F(X) \tag{5.4}$$

und ihre Inversen heißen Tietze-Transformationen.

Mit Tietze-Transformationen lassen sich Relationen anmultiplizieren, da für Relationen $r_i \neq r_j$ gilt:

$$\langle X \mid r_1, \ldots, r_n \rangle \xrightarrow{(5.3)} \langle X \mid r_1, \ldots, r_n, r_i r_j \rangle \xrightarrow{(5.3)^{-1}}$$

$$\langle X \mid r_1, \ldots, r_{i-1}, r_i r_j, r_{i+1}, \ldots, r_n \rangle$$

Dabei wird im 2. Schritt r_i gestrichen. Wir dürfen das, weil r_i im Normalenabschluss von $\{r_1, \ldots, r_{i-1}, r_i r_j, r_{i+1}, \ldots, r_n\}$ liegt. Es gilt nämlich $r_i = r_i r_j \cdot r_j^{-1}$.

Analog kann man leicht zeigen, dass die *Konjugation* mit einem beliebigen $w \in F(X)$, also $r \to w r w^{-1}$ für eine Relation r, ebenso wie das *Invertieren* einer Relation $r \to r^{-1}$ mit Tietze-Transformationen realisierbar ist.

TIETZE bewies 1908 den folgenden Satz:

Satz 5.24 *Zwei Präsentationen präsentieren genau dann dieselbe Gruppe, wenn sie durch eine Sequenz von Tietze-Transformationen ineinander übergehen.*

Vor dem Beweis betrachten wir zwei Beispiele, die zeigen, wie kompliziert Tietze Transformationen sein können:

Beispiel 5.25 *Die Präsentation $\langle x, y \mid y^{-2} x^3, \, x y^{-1} x^{-1} y^{-1} x y \rangle$ präsentiert die triviale Gruppe.*

Um das zu beweisen, führen wir die triviale Gruppenpräsentation $\langle x, y \mid x, y \rangle$ durch Tietze-Transformationen in die obige Präsentation über. Wir invertieren die beiden Relationen zu $R_1 = y^{-1}$ und $S_1 = x^{-1}$ und lassen dann GAP arbeiten:

```
gap> F := FreeGroup( "x", "y");
<free group on the generators [ x, y ]>
gap> x:=F.1;; y:=F.2;;
gap> R1:=y^-1;
y^-1
gap> S1:=x^-1;
x^-1
gap> R2:=R1*S1^-1;
y^-1*x
gap> S2:=S1*R2^-1;
x^-2*y
gap> R3:=S2^-1*R2;
y^-1*x^2*y^-1*x
gap> S3:=S2*R3^-1;
x^-2*y*x^-1*y*x^-2*y
```

Zur Vereinfachung schreiben wir jetzt für $y^{-1}x^2$ den Buchstaben u:

```
gap> u:=y^-1*x^2;;
gap> R4:=u*(S3*u*R3*u^-1)*u^-1;
x*y^-1*x^-1*y*x^-2*y
gap> S:=x^-1*R4*S3^-1*x;
y^-2*x^3
gap> R:=R4*u*S*u^-1;
x*y^-1*x^-1*y^-1*x*y
```

und wir enden mit den angegebenen Relationen S, R.

Beispiel 5.26 *Die Präsentationen* $P = \langle x, y, z \mid xy = yz, yz = zx, zx = xy \rangle$ *und* $Q = \langle a, b \mid a^3 = b^2 \rangle$ *präsentieren dieselben Gruppen.*

Wir ersetzen in den ersten beiden Relationen von P jedes z durch xyx^{-1} und eliminieren anschließend mit $(5.4)^{-1}$ die Erzeugende z und die dritte Relation. Die ersten beiden Relationen werden, bis auf Konjugieren, gleich, und wir können eine davon streichen. Wir erhalten: $\langle x, y \mid xyx = yxy \rangle$. Wir fügen die Erzeugende a und die Relation $a = xy$ hinzu. Dann ersetzen wir jedes y durch $x^{-1}a$ und streichen mit $(5.4)^{-1}$ hinterher die Erzeugende a und die Relation $y = x^{-1}a$. Wir erhalten: $\langle a, x \mid ax = x^{-1}a^2 \rangle$. Führen wir $b = ax$ ein und streichen anschließend x und $x = a^{-1}b$, so erhalten wir schließlich Q.
Wir spielen ein bisschen in GAP:

```
gap> F := FreeGroup( "x", "y", "z" );;
gap> x:=F.1;; y:=F.2;; z:=F.3;;
gap> G:=F/[x*y*z^-1*y^-1, y*z*x^-1*z^-1, z*x*y^-1*x^-1];
<fp group on the generators [ x, y, z ]>
gap> P := PresentationFpGroup( G );
```

```
<presentation with 3 gens and 3 rels of total length 12>
gap> SimplifyPresentation( P );
#I  there are 2 generators and 1 relator of total length 6
gap> TzPrintRelators(P);
#I  1. x*y*x*y^-1*x^-1*y^-1
```

Beim Kommando `SimplifyPresentation` versucht GAP, mit Tietze-Transformationen eine gegebene Präsentation zu vereinfachen.

```
gap> TzSubstitute( P );
#I  substituting new generator _x4 defined by x*y
#I  eliminating y = x^-1*_x4
#I  there are 2 generators and 1 relator of total length 5
gap> TzPrintRelators(P);
#I  1. x*_x4^-2*x*_x4
```

Mit `TzSubstitute` versucht GAP Tietze-Transformationen vom Typ (5.4). Für $a =$ `_x4` entspricht die Relation `x*_x4^-2*x*_x4` der Relation $ax = x^{-1}a^2$. Weitere Versuche, die Präsentation zu vereinfachen, bleiben fruchtlos. GAP hält Q nicht für einfacher als $\langle a, x \mid ax = x^{-1}a^2 \rangle$.

Wir beweisen jetzt Satz 5.24:

Beweis: Geht die Präsentation P durch eine Sequenz von Tietze-Transformationen in eine Präsentation P' über, so sind die zugehörigen Gruppen isomorph, wie wir am Anfang dieses Abschnitts gesehen haben. Wir beweisen die Umkehrung: Seien also $P = \langle X \mid R \rangle$ und $Q = \langle Y \mid S \rangle$ zwei Präsentationen derselben Gruppe. Wir ändern zuerst P so ab, dass die Elemente von Y als Erzeugende vorkommen. Da die Elemente von X erzeugen, können wir jedes Element $y_i \in Y$ als Wort w_i in den Elementen von X schreiben:

$$y_i = w_i(X) \quad \forall y_i \in Y$$

Wir ändern P mit (5.4) zu $P_1 = \langle X, Y \mid R, y_i = w_i(X), \forall y_i \in Y \rangle$. Die Relationen S können mit (5.3) zu P_1 dazugeschrieben werden. Sie müssen aus R folgen, da P_1 und Q dieselbe Gruppe präsentieren und R eine Menge definierender Relationen ist. Wir erhalten also:

$$P_2 = \langle X, Y \mid R, y_i = w_i(X), \forall y_i \in Y, S \rangle$$

Da die Elemente von Y auch erzeugen, können wir umgekehrt jedes Element $x_j \in X$ als Wort v_j in den Elementen von Y schreiben:

$$x_j = v_j(Y) \quad \forall x_j \in X$$

Die Relationen $x_j = v_j(Y)$ sind Relationen in der Gruppe und lassen sich deshalb aus den Relationen von P_2 ableiten. Wir dürfen also P_2 mit (5.3) abändern zu

$$P_3 = \langle X, Y \mid R, \ y_i = w_i(X), \forall y_i \in Y, \ S, \ x_j = v_j(Y), \forall x_j \in X \rangle.$$

P_3 ist symmetrisch, kann also genauso aus Q durch Tietze-Transformationen gewonnen werden. Wir können also aus P_3 durch die zugehörigen inversen Tietze-Transformationen Q gewinnen.   □

Sind die Präsentationen P und Q endlich, so ist die Sequenz von Tietze-Transformationen endlich. Es folgt also:

Korollar 5.27 *Zwei endliche Präsentationen präsentieren genau dann dieselbe Gruppe, wenn sie durch eine endliche Sequenz von Tietze-Transformationen ineinander übergehen.*

Leider erhält man durch diesen Satz kein konkretes Verfahren, um zu zwei gegebenen Präsentationen zu entscheiden, ob die zugehörigen Gruppen isomorph sind oder nicht. Dieses Entscheidungsproblem ist als *Isomorphieproblem* in die Literatur eingegangen. Es ist ein *unentscheidbares* Problem, d.h., es gibt keinen Algorithmus, der als Eingabe zwei beliebige endliche Präsentationen liest, nach endlicher Zeit stoppt und als Ausgabe angibt, ob die Präsentationen zu isomorphen Gruppen gehören oder nicht. Das Isomorphieproblem gehört zu den drei fundamentalen Problemen im Zusammenhang mit Gruppenpräsentationen, die MAX DEHN 1911 formuliert hat. Es ist noch nicht einmal für die triviale Gruppe lösbar, d.h., für eine gegebene Gruppenpräsentation gibt es kein allgemeines Verfahren zu entscheiden, ob sie eine Präsentation der trivialen Gruppe ist.

Das *Wortproblem* gehört auch zu den drei fundamentalen Problemen. Gegeben sei eine Präsentation $P = \langle X \mid R \rangle$. Wir nehmen im Weiteren an, P sei eine endliche Präsentation, obwohl Definitionen und Sätze zum Teil auch für unendliche Präsentationen gelten. Es gibt aber einige besondere Schwierigkeiten bei unendlichen Präsentationen, denen wir im endlichen Fall aus dem Weg gehen können.
Sei w ein Wort in den Erzeugenden X. Das Wortproblem fragt, ob w eine Relation in P ist oder nicht. Es gibt im Allgemeinen kein Verfahren, das Wortproblem zu entscheiden. Die ersten Beispiele endlicher Präsentationen mit nichtentscheidbarem Wortproblem stammen von NOVIKOV (1955), BOONE (1954) und BRITTON (1958) (für eine ausführliche Diskussion siehe [Rot95]). Natürlich gibt es viele Gruppen, in denen das Wortproblem entscheidbar ist (siehe Aufgabe 1).

Satz 5.28 *Ist P eine endliche Präsentation einer Gruppe G mit entscheidbarem Wortproblem, so hat jede endliche Präsentation von G entscheidbares Wortproblem.*

Beweis: Seien $P = \langle X \mid R \rangle$ und $P' = \langle X' \mid R' \rangle$ endliche Präsentationen derselben Gruppe, und P habe entscheidbares Wortproblem. Sei w' ein Wort in P'. Da P und P' Präsentationen derselben Gruppe sind, gibt es eine Funktion $\phi \colon X' \to F(X)$, die den Isomorphismus induziert. Durch ϕ können wir das Wort w' in den Erzeugenden X schreiben und in P entscheiden, ob das entstehende Wort w eine Relation ist. Da ϕ einen Isomorphismus induziert, ist w' genau dann eine Relation, wenn w es ist. Wir haben das Wortproblem in P' gelöst.   □

Dieser Beweis nimmt die Existenz eines Isomorphismus an. Ihn zu finden setzt die Lösung des Isomorphieproblems voraus.

Es ist auf den ersten Blick erstaunlich, dass das Wortproblem nicht entscheidbar ist. Wir wissen nämlich, dass Relationen genau die Worte sind, die im Normalenabschluss der definierenden Relationen liegen, also sich als $\prod w_{i_j} r_{i_j}^{\epsilon_j} w_{i_j}^{-1}$ schreiben lassen, wobei $P = \langle X \mid r_1, \ldots, r_n \rangle$ und die Worte w_j aus der freien Gruppe der Erzeugenden sind. Da die Erzeugendenmenge und die definierenden Relationen endlich sind, ist $F(X)$ abzählbar und damit auch die Menge der Konjugierten von Relationen und ihren Inversen. Die Menge der Relationen ist also abzählbar.

Ist also eine Relation $w \in F(X)$ gegeben, so kann man beim Abzählen der Relationen nach endlicher Zeit den Nachweis dafür erbringen. Ist $w \in F(X)$ aber ein beliebiges Wort, und w wurde nach einer gewissen Zeit beim Abzählen aller Relationen noch nicht gefunden, so ist nicht klar, ob es in der Liste noch auftauchen wird. Wenn $w \neq 1$, wird der Vergleichsalgorithmus nie stoppen! Selbst nach sehr langer Zeit haben wir noch keinen Nachweis für die Tatsache, dass $w \neq 1$.

Für endliche Gruppen ist das Wortproblem entscheidbar. Der 1936 von J. Todd und H. Coxeter gefundene *Todd-Coxeter*-Algorithmus (siehe etwa [Joh90]) löst zu einer endlichen Präsentation einer endlichen Gruppe das Wortproblem und gibt sogar die Ordnung der Gruppe an (diesen Algorithmus verwendet GAP beim Kommando `Size(G)`). Man kann sich leicht überlegen, dass das Zeichnen des Cayley-Graphen genau dann möglich ist, wenn das Wortproblem entscheidbar ist. Bevor ich nämlich beim Zeichnen des Cayley-Graphen den nächsten Punkt zeichne, muss ich entscheiden können, ob ich diesen Punkt bereits habe, d.h., ob meine vorgegebene Punktbeschriftung in der Gruppe gleich einer bereits bestehenden ist.

Schließlich fragt das *Konjugationsproblem* für eine gegebene Präsentation Q und zwei gegebene Worte u, v in den Erzeugenden, ob u *konjugiert* zu v in Q ist, d.h., ob es ein Wort w in den Erzeugenden von Q gibt, mit $u = wvw^{-1}$. Für $v = id$ reduziert sich das Konjugationsproblem zum Wortproblem. Da das Wortproblem im Allgemeinen unentscheidbar ist, ist es das Konjugationsproblem auch.

Haben wir in einer Präsentation eine Normalform für Worte gefunden, die sich algorithmisch ermitteln lässt, so ist das bereits eine Lösung des Wortproblems. Das nutzen wir für den folgenden Satz.

Satz 5.29 *Die Gruppe $D_n = \langle s, d \mid s^2, d^n, sdsd \rangle$ hat entscheidbares Wortproblem.*

Beweis: Im Beweis von Satz 5.5 auf Seite 103 haben wir einen Algorithmus angegeben, mit dem man für ein beliebiges Wort in s, d und ihren Inversen feststellen kann, ob es sich um eine Relation handelt oder nicht.   □

Es ist nicht schwer zu sehen, dass freie Gruppen lösbares Wort- und Konjugationsproblem haben, da man leicht eine Normalform für Worte in der freien Gruppe findet. Zwei Worte einer freien Gruppe F beschreiben genau dann dasselbe Gruppenelement in F, wenn sie nach freiem Reduzieren gleich sind.

Aufgaben

1. Geben Sie einen Algorithmus für das Wortproblem in endlich erzeugten abelschen Gruppen an. Lösen Sie das Wortproblem für eine beliebige Gruppe mit gegebenem Cayley-Graphen.

2. Beweisen Sie, dass sich Invertieren von Relationen und Konjugieren von Relationen mit beliebigen Worten aus der freien Gruppe der Erzeugenden durch Tietze Transformationen realisieren lässt.

3. Beweisen Sie: $\langle x, y \mid xy^2 = y^3x, \; yx^2 = x^3y \rangle$ ist eine Präsentation der trivialen Gruppe (Tipp: Nutzen Sie GAP).

4. Sei G die Gruppe, erzeugt von der Spiegelung an der Winkelhalbierenden und den Translationen der Länge 1 entlang den beiden Koordinatenachsen in der Ebene. Geben Sie eine Präsentation der Gruppe G an. Lösen Sie anschließend das Wortproblem in G, indem Sie eine Normalform für beliebige Worte in den drei Erzeugenden angeben.

5. Beschreiben Sie eine Lösung des Konjugationsproblems für freie Gruppen.

Kapitel 6

Produkte von Gruppen

Es gibt verschiedene Möglichkeiten, aus gegebenen Gruppen „größere" Gruppen zu bauen. Es gibt nämlich verschiedene Weisen, Gruppen miteinander zu multiplizieren. Drei dieser Möglichkeiten, direkte Produkte, freie Produkte und semidirekte Produkte, wollen wir in den folgenden Abschnitten behandeln. Mit Hilfe des semidirekten Produkts können wir ein Bandornament beschreiben. Am Schluss charakterisieren wir noch die möglichen Translationsuntergruppen von Symmetriegruppen in der euklidischen Ebene.

6.1 Das direkte Produkt

Definition 6.1 *Seien A, B Mengen. Das* kartesische Produkt *von A und B ist die Menge der geordneten Paare:*

$$A \times B = \{(a,b) \mid a \in A, b \in B\}$$

Definition 6.2 *Seien G, H Gruppen. Das* direkte Produkt $(G \times H, \cdot)$ *von G und H (manchmal auch* direkte Summe *bei einer additiv geschriebenen Gruppe genannt) ist die Gruppe mit dem kartesischen Produkt von G und H als Elementen und der komponentenweisen Verknüpfung:*

$$(g,h) \cdot (g',h') = (g \circ g', h * h') \quad \textit{mit } g, g' \in G, \ h, h' \in H$$

Dabei ist $\circ$ die Verknüpfung in G und $*$ die Verknüpfung in H.

Klarerweise handelt es sich bei $G \times H$ um eine Gruppe: (id, id) ist das neutrale Element. Zu (g,h) ist (g^{-1}, h^{-1}) das Inverse, wenn g^{-1} zu g und h^{-1} zu h invers ist.

$G \times H$ enthält G und H als Untergruppen, denn $i_G : G \to G \times H$ definiert durch $i_G(g) = (g, id)$ ist eine *Inklusion*, d.h. ein injektiver Homomorphismus. Entsprechendes gilt für H. In der Gruppe $G \times H$ schreiben wir daher oft g für (g, id) und h

© Springer-Verlag GmbH Deutschland, ein Teil von Springer Nature 2020
S. Rosebrock, *Anschauliche Gruppentheorie*,
https://doi.org/10.1007/978-3-662-60787-9_6

für (id, h). Die Elemente von G kommutieren mit den Elementen von H in $G \times H$, denn

$$g \cdot h = (g, id) \cdot (id, h) = (g, h) = (id, h) \cdot (g, id) = h \cdot g. \tag{6.1}$$

Deswegen ist G sogar Normalteiler von $G \times H$, weil mit $g' \in G$ und $(g, h) \in G \times H$ gilt:

$$(g, h) \cdot g' \cdot (g, h)^{-1} = (g \cdot h) \cdot g' \cdot (g \cdot h)^{-1} =$$
$$g \cdot g' \cdot h \cdot h^{-1} \cdot g^{-1} = g \cdot g' \cdot g^{-1} \in G$$

Der folgende Satz charakterisiert das direkte Produkt:

Satz 6.3 *G ist genau dann direktes Produkt seiner Untergruppen U und V, wenn gilt:*

1. *$G = U \cdot V$,*

2. *$U \lhd G$, $V \lhd G$,*

3. *$U \cap V = id$.*

Beweis: Wir haben die Eigenschaften 1 und 2 für direkte Produkte bereits nachgewiesen. 3 sieht man folgendermaßen: Aus $(u, id) = (id, v)$ folgt $u = id$ und $v = id$ für $u \in U$ und $v \in V$. Deswegen gilt $U \cap V = (id, id) = id$.
Wir zeigen die Umkehrung: Es gelten also die Bedingungen 1, 2 und 3. Wegen 1 ist jedes Element $g \in G$ durch $g = uv$, $u \in U, v \in V$ darstellbar, also wie im kartesischen Produkt. Wir müssen also nur prüfen, ob die Verknüpfung genauso wie im direkten Produkt gebildet wird.
Wegen 2 ist $u^{-1}v^{-1}u \in V$ und damit $u^{-1}v^{-1}uv \in V$. 2 impliziert genauso, dass $v^{-1}uv \in U$ und deswegen $u^{-1}v^{-1}uv \in U$. Also gilt:

$$u^{-1}v^{-1}uv \in U \cap V,$$

und wegen 3 folgt $u^{-1}v^{-1}uv = 1$. Das ist äquivalent zu $uv = vu$, und in G werden Produkte genauso gebildet, wie in $U \times V$:

$$uv \cdot u'v' = uu' \cdot vv'$$

$\square$

Sind zwei Gruppen durch Präsentationen gegeben, so kann man leicht eine Präsentation für ihr direktes Produkt hinschreiben. Vorher eine Notation:

Definition 6.4 *Der Kommutator zweier Gruppenelementen $g, h \in G$ ist das Element $ghg^{-1}h^{-1} \in G$ und wird mit $[g, h]$ abgekürzt.*

Sind $U \subset G$ und $V \subset G$ Teilmengen der Gruppe G, so ist entsprechend:

$$[U, V] = \{uvu^{-1}v^{-1} \mid u \in U, v \in V\}$$

Satz 6.5 *Ist $\langle X \mid R \rangle$ Präsentation der Gruppe G und $\langle Y \mid S \rangle$ Präsentation der Gruppe H, so besitzt $G \times H$ die Präsentation $\langle X, Y \mid R, S, [X, Y] \rangle$.*

Beweis: Wegen Satz 6.3, 1. lässt sich jedes Element von $G \times H$ als Produkt eines Elements aus G, welches sich mit den Elementen von X erzeugen lässt, und eines Elements aus H, welches sich mit den Elementen von Y erzeugen lässt, schreiben. Deswegen lässt sich $G \times H$ von den Elementen aus X, Y erzeugen.

Die Relationen R und S gelten weiterhin in $G \times H$. Oben haben wir gesehen, dass die Elemente von G mit denen von H in $G \times H$ kommutieren. Die Relationen $[X, Y]$ gewährleisten das. Sind nämlich $g \in G$ und $h \in H$ beliebige Elemente, so können wir sie in den Erzeugenden und ihren Inversen schreiben:

$$g = x_{i_1}^{\epsilon_1} x_{i_2}^{\epsilon_2} \ldots x_{i_m}^{\epsilon_m}$$

Dabei ist jedes $x_{i_k} \in X$ und $\epsilon_k = \pm 1$. Ebenso

$$h = y_{j_1}^{\delta_1} y_{j_2}^{\delta_2} \ldots y_{j_n}^{\delta_n}$$

mit $y_{j_k} \in Y$ und $\delta_k = \pm 1$. Jetzt gilt

$$g \cdot h = x_{i_1}^{\epsilon_1} x_{i_2}^{\epsilon_2} \ldots x_{i_m}^{\epsilon_m} \cdot y_{j_1}^{\delta_1} y_{j_2}^{\delta_2} \ldots y_{j_n}^{\delta_n} = y_{j_1}^{\delta_1} y_{j_2}^{\delta_2} \ldots y_{j_n}^{\delta_n} \cdot x_{i_1}^{\epsilon_1} x_{i_2}^{\epsilon_2} \ldots x_{i_m}^{\epsilon_m} = h \cdot g,$$

wenn die Relationen $[X, Y]$ gelten.

Wir müssen noch zeigen, dass in $G \times H$ nicht mehr Relationen benötigt werden. Dazu betrachten wir eine beliebige Relation in $G \times H$:

$$w = x_{i_1}^{\epsilon_1} y_{j_1}^{\delta_1} x_{i_2}^{\epsilon_2} \ldots y_{j_n}^{\delta_n} = 1$$

Durch Tietze-Operationen mit den definierenden Relationen aus $[X, Y]$ können wir w in

$$x_{i_1}^{\epsilon_1} x_{i_2}^{\epsilon_2} \ldots x_{i_n}^{\epsilon_n} y_{j_1}^{\delta_1} y_{j_2}^{\delta_2} \ldots y_{j_n}^{\delta_n}$$

verwandeln. Dieses Wort ist aber gleich $(1, 1)$, denn w ist eine Relation, und damit muss das Teilwort $x_{i_1}^{\epsilon_1} x_{i_2}^{\epsilon_2} \ldots x_{i_n}^{\epsilon_n}$ durch die Relationen R und das Teilwort $y_{j_1}^{\delta_1} y_{j_2}^{\delta_2} \ldots y_{j_n}^{\delta_n}$ durch die Relationen S trivialisierbar sein. Wir haben eine beliebige Relation nur durch die Nutzung der Relationen $R, S, [X, Y]$ in das neutrale Element verwandelt, und damit ist die Menge $R, S, [X, Y]$ eine Menge von definierenden Relationen. $\qquad \square$

Eine Präsentation der Gruppe $(\mathbb{Z}_n, +)$ ist $\langle x \mid x^n \rangle$. Es gibt nämlich die Worte $1, x, x^2, \ldots, x^{n-1}$, und die Verknüpfung definiert sich durch Addition der Exponenten modulo n: $x^i x^j = x^{i+j} \bmod n$. Aus Satz 6.5 folgt also:

Korollar 6.6 $\mathbb{Z}_n \times \mathbb{Z}_m = \langle x, y \mid x^n, y^m, xy = yx \rangle$

Eine Präsentation von $\mathbb{Z}_2 \times \mathbb{Z}_2$ ist also $\langle a, b \mid a^2, b^2, ab = ba \rangle$. Das ist dieselbe Präsentation wie in Beispiel 5.7. Deswegen ist die Symmetriegruppe der Raute, also die Klein'sche Vierergruppe, isomorph zu $\mathbb{Z}_2 \times \mathbb{Z}_2$.

Die Gruppe $\mathbb{Z}_n$ ist in GAP `CyclicGroup(n)`. Wir erhalten die Klein'sche Vierergruppe durch

```
gap> G:=DirectProduct(CyclicGroup(2),CyclicGroup(2));
<pc group of size 4 with 2 generators>
gap> Elements(G);
[ <identity> of ..., f1, f2, f1*f2 ]
```

mit den 4 Elementen id, 2 Spiegelungen und ihrem Produkt als Drehung um 180 Grad.
Die Automorphismengruppe der Gruppe $\mathbb{Z}_2 \times \mathbb{Z}_2$ ist die symmetrische Gruppe S_3. Es lassen sich nämlich die 3 Elemente, die nicht die Identität sind, beliebig permutieren, und man erhält zu jeder Permutation einen Automorphismus der Klein'schen Vierergruppe.

Beispiel 6.7 *Der Cayley-Graph zur Gruppe $\mathbb{Z}_4 \times \mathbb{Z}_2$ erzeugt von $(1,0)$ und $(0,1)$ ist in Abbildung 6.1 gezeigt.*

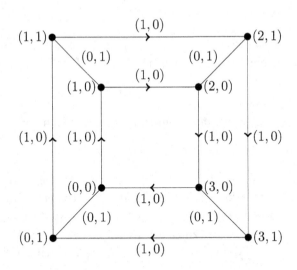

Abbildung 6.1: Ein Cayley-Graph zur Gruppe $\mathbb{Z}_4 \times \mathbb{Z}_2$

Sei $Q \in \mathbb{R}^3$ ein Quader, bei dem genau 2 gegenüberliegende Seitenflächen Quadrate sind. Sei $Sym^+(Q)$ die Gruppe der orientierungserhaltenden Isometrien von Q. Wir beweisen $Sym^+(Q) \cong \mathbb{Z}_4 \times \mathbb{Z}_2$: Sei A eine feste Ecke von Q. Man mache sich klar: Zu jeder Ecke $B \in Q$ gibt es ein und nur ein Element $g \in Sym^+(Q)$, so dass $g(A) = B$. Also hat $Sym^+(Q)$, wie $\mathbb{Z}_4 \times \mathbb{Z}_2$ auch, 8 Elemente, denn Q hat 8 Ecken. Sei $d \in Sym^+(Q)$ die Drehung um 90 Grad um die Achse, die durch die Mitten der gegenüberliegenden Quadratseiten geht, und t sei eine Drehung um 180 Grad um eine Achse, die durch die Mitten zweier gegenüberliegender Rechtecke aus Q geht. Wir erhalten den Isomorphismus $\phi \colon Sym^+(Q) \to \mathbb{Z}_4 \times \mathbb{Z}_2$, indem wir $\phi(d) = (1,0)$ und $\phi(t) = (0,1)$ setzen.

Sei P ein Quader im $\mathbb{R}^3$ ohne Quadrate im Rand und $Sym(P)$ seine Symmetriegruppe. Wir begründen, dass $Sym(P)$ isomorph zur Gruppe $\mathbb{Z}_2 \times \mathbb{Z}_2 \times \mathbb{Z}_2$ ist ganz analog zum Beweis eben. Sei A eine feste Ecke von P. Man mache sich klar: Zu jeder Ecke $B \in P$ gibt es ein und nur ein Element $g \in Sym(P)$, so dass $g(A) = B$. Also hat $Sym(P)$, wie $\mathbb{Z}_2 \times \mathbb{Z}_2 \times \mathbb{Z}_2$ auch, 8 Elemente. Es gibt 3 verschiedene Ebenen E_1, E_2, E_3, die jeweils durch die Kantenmitten von 4 parallelen Kanten von P gehen. Sei s_i die Spiegelung an der Ebene E_i.
Es gilt $Sym(P) = \langle s_1, s_2, s_3 \rangle$, wie man sich leicht klar macht. Den Isomorphismus $\phi \colon Sym(P) \to \mathbb{Z}_2 \times \mathbb{Z}_2 \times \mathbb{Z}_2$ erhalten wir durch

$$\phi(s_1) = (1,0,0), \quad \phi(s_2) = (0,1,0), \quad \phi(s_3) = (0,0,1).$$

Die Diedergruppe D_6 ist isomorph zu $S_3 \times \mathbb{Z}_2$. GAP gibt uns den Isomorphismus. Wir geben uns ein reguläres 6-Eck mit den Ecken $1, \ldots, 6$ durchnummeriert vor. Wir erzeugen die Gruppe D_6 durch eine Spiegelung an der Geraden durch die Ecken $1, 4$ und die Drehung d um 60 Grad.

```
gap> G:=DirectProduct(SymmetricGroup(3),CyclicGroup(2));
<group of size 12 with 3 generators>
gap> D6:=Group((6,2)(3,5),(1,2,3,4,5,6));
Group([ (2,6)(3,5), (1,2,3,4,5,6) ])
gap> IsomorphismGroups(G,D6);
[ DirectProductElement( [ (1,2,3), <identity> of ... ] ),
  DirectProductElement( [ (1,2), <identity> of ... ] ),
  DirectProductElement( [ (), f1 ] ) ] ->
  [ (1,3,5)(2,4,6), (1,3)(4,6), (1,4)(2,5)(3,6) ]
```

Bei dem Isomorphismus $\phi \colon S_3 \times \mathbb{Z}_2 \to D_6$ wird also $((1,2,3),0)$ auf d^4, $((1,2),0)$ auf die Spiegelung an der Geraden durch die Ecken $2,5$ und $((),1)$ auf die Punktspiegelung abgebildet.

Beispiel 6.8 *Wir betrachten die beiden Gruppen mit 4 Elementen $\mathbb{Z}_4$ und $\mathbb{Z}_2 \times \mathbb{Z}_2$. Beide haben Normalteiler, die isomorph zu $\mathbb{Z}_2$ sind, und die jeweiligen Faktorgruppen sind auch isomorph zu $\mathbb{Z}_2$. Es gibt also verschiedene Gruppen mit isomorphen Normalteilern, so dass auch die Faktorgruppen isomorph sind.*

Aufgaben

1. Sei Z eine Zerlegung der Ebene in gleichgroße Quadrate und $G_{(4,4)}$ die zugehörige Symmetriegruppe (siehe Aufgabe 2 aus Abschnitt 4.6).

    (a) Geben Sie eine Präsentation für die Gruppe $G_{(4,4)}$ an.

    (b) Sei T die Untergruppe der Translationen von $G_{(4,4)}$. Zeigen Sie, dass $T = \mathbb{Z} \times \mathbb{Z}$ gilt.

2. Sei $g \in G$ ein Element der Ordnung n und $h \in H$ ein Element der Ordnung m. Welche Ordnung hat $(g, h) \in G \times H$?

3. Beweisen Sie, dass die Symmetriegruppe des Bandornaments von Abbildung 6.2 isomorph zu $\mathbb{Z} \times \mathbb{Z}_2$ ist, und geben Sie eine Präsentation der Gruppe an.

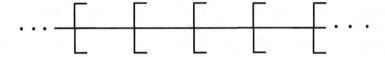

Abbildung 6.2: Bandornament

4. Definieren Sie einen Isomorphismus $\phi: \mathbb{Z}_6 \to \mathbb{Z}_3 \times \mathbb{Z}_2$, und beweisen Sie, dass es sich um einen Isomorphismus handelt. Verallgemeinern Sie Ihre Beobachtung auf $\psi: \mathbb{Z}_n \to \mathbb{Z}_p \times \mathbb{Z}_q$, wobei p und q *teilerfremd* sind (also der größte gemeinsame Teiler von p und q gleich 1 ist) und $n = p \cdot q$.

5. (a) Wir definieren eine Operation auf der Menge M derjenigen natürlichen Zahlen, die nur Primfaktoren $2, 3, 5$ und 7 haben. $a \diamond b$ sei das gewöhnliche Produkt von a und b, wobei gemeinsame Primfaktoren gestrichen werden. Zum Beispiel $12 \diamond 42 = (2 \cdot 2 \cdot 3) \diamond (2 \cdot 3 \cdot 7) = 2 \cdot 7 = 14$. Warum handelt es sich bei $(M, \diamond)$ nicht um eine Gruppe?

    (b) Ändern Sie M so ab, dass $(M, \diamond)$ zu einer Gruppe wird.

    (c) Zu welcher bekannten Gruppe ist $(M, \diamond)$ isomorph?

6. Beweisen Sie, dass S_n für $n \geq 3$ nicht isomorph zur Gruppe $A_n \times \mathbb{Z}_2$ ist, indem Sie nutzen, dass das Zentrum von S_n trivial ist (siehe Satz 4.45), aber das von $A_n \times \mathbb{Z}_2$ nicht.

6.2 Das freie Produkt

Definition 6.9 *Sei G eine Gruppe gegeben durch die Präsentation $\langle X \mid R \rangle$, und die Gruppe H sei gegeben durch die Präsentation $\langle Y \mid S \rangle$. Das* freie Produkt $G * H$ *der Gruppen G und H besitzt die Präsentation $\langle X, Y \mid R, S \rangle$. G und H heißen dann* freie Faktoren *von $G * H$.*

Diese Definition macht nur Sinn, wenn das freie Produkt unabhängig von den konkreten Präsentationen ist:

Satz 6.10 *Das freie Produkt $G * H$ hängt nur von den Gruppen G und H ab.*

Beweis: Sei $\langle X' \mid R' \rangle$ eine weitere Präsentation von G und $\langle Y' \mid S' \rangle$ eine weitere Präsentation von H. Der Isomorphismus ϕ_G von $\langle X' \mid R' \rangle$ nach $\langle X \mid R \rangle$ und der Isomorphismus ϕ_H von $\langle Y' \mid S' \rangle$ nach $\langle Y \mid S \rangle$ führen nach Satz 5.16 zu einem Homomorphismus ϕ von $\langle X', Y' \mid R', S' \rangle$ nach $\langle X, Y \mid R, S \rangle$, weil die definierenden Relationen R', S' auf Relationen in $\langle X, Y \mid R, S \rangle$ abgebildet werden. ϕ kann durch die Inversen von ϕ_G und ϕ_H invertiert werden und ist damit selbst ein Isomorphismus. □

Ein *Bandornament* ist eine Figur in der Ebene, mit Translationsuntergruppe $\mathbb{Z}$. Ein Beispiel eines Bandornaments hatten wir bereits in Abbildung 1.3 betrachtet.

Beispiel 6.11 *Das Bandornament von Abbildung 6.3 hat als Symmetriegruppe $D_\infty = \mathbb{Z}_2 * \mathbb{Z}_2$, die* unendliche Diedergruppe.

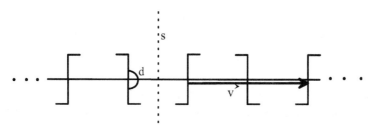

Abbildung 6.3: Bandornament

Dazu mache man sich klar, dass G von der Spiegelung s, der Drehung d um 180 Grad und der Translation τ entlang $\vec{v}$ (siehe Abbildung 6.3) erzeugt wird. Man bekommt die Spiegelungen an Parallelen zu s durch $\tau^n s$ für $n \in \mathbb{Z}$, die weiteren 180-Grad-Drehungen durch $\tau^m d$ für $m \in \mathbb{Z}$. Die Gleitspiegelung um den Vektor $\vec{v}/2$ erhält man durch sd. Verfolgt man eine der kleinen, waagerechten Strecken aus Abbildung 6.3 unter diesen Isometrien, so kann man diese Strecke auf jede beliebige andere waagerechte Strecke abbilden. Deswegen erzeugen s, d, τ.

Führt man die Gleitspiegelung zweimal aus, so erhält man die Translation τ. Deswegen ist $\tau = (sd)^2$ eine Relation in G. Wir erhalten insgesamt die folgende Präsentation:

$$G = \langle s, d, \tau \mid s^2, d^2, s\tau s = \tau^{-1}, d\tau d = \tau^{-1}, \tau = (sd)^2 \rangle \qquad (6.2)$$

Da s eine Spiegelung ist, gilt die Relation s^2. Ebenso hat eine Drehung um 180 Grad die Ordnung 2 und führt zur Relation d^2. Die Relationen $s\tau s = \tau^{-1}, d\tau d = \tau^{-1}$ macht man sich leicht elementar an der Abbildung klar.

Um uns klarzumachen, dass wir in (6.2) nicht mehr Relationen benötigen, verwandeln wir diese Präsentation durch Tietze-Transformationen zuerst in eine andere Präsentation: Ersetzt man τ durch $(sd)^2$ in $s\tau s = \tau^{-1}$ und $d\tau d = \tau^{-1}$, so werden diese beiden Relationen mit Hilfe von $s^2 = 1$ und $d^2 = 1$ zu trivialen Relationen $s \cdot sdsd \cdot s = dsds$ und $d \cdot sdsd \cdot d = dsds$ und können daher weggelassen werden. Anschließend streichen wir τ und die Relation $\tau = (sd)^2$ mit $(5.4)^{-1}$ und erhalten so:

$$G = \langle s, d \mid s^2, d^2 \rangle \qquad (6.3)$$

Das ist nach Definition 6.9 eine Präsentation von $\mathbb{Z}_2 * \mathbb{Z}_2$. Ein Ausschnitt des Cayley-Graphen von der Präsentation aus (6.3) findet sich in Abbildung 6.4. Das

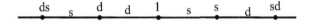

Abbildung 6.4: Cayley-Graph zu $\mathbb{Z}_2 * \mathbb{Z}_2$

ist nicht derselbe Cayley-Graph wie von $(\mathbb{Z}, +)$. Wir haben hier jedes Paar von orientierten Kanten zwischen denselben Punkten durch eine unorientierte Kante ersetzt, weil d und s beide Ordnung 2 haben.

Dem Cayley-Graphen sehen wir an, dass die Elemente von (6.3) genau

$$\{s, d, sd, ds, sds, dsd, (sd)^2, (ds)^2, (sd)^2 s, (ds)^2 d, \ldots\}$$

sind. In Abbildung 6.3 können wir nachvollziehen, dass diese Isometrien alle verschieden sind. Daher brauchen wir in (6.3) und damit auch in (6.2) keine zusätzlichen Relationen.

Ist $G = H_1 * \ldots * H_n$, und $g \in G$ ist nichttrivial, dann hat g eine Darstellung $g = g_1 \ldots g_m$, wobei jedes g_i nichttriviales Element von einem H_j ist, und g_{i-1} und g_i liegen in verschiedenen Faktoren H_j und H_k. Das liegt daran, dass wir das Element g nach Definition des freien Produkts in den Erzeugenden der Faktoren schreiben können.

Satz 6.12 *Sind die Gruppen G, H jeweils endlich erzeugt mit lösbarem Wortproblem, dann ist $G * H$ endlich erzeugt mit lösbarem Wortproblem.*

Beweis: Wir schreiben ein Wort w in den Erzeugenden auf als

$$w = g_1 h_1 g_2 h_2 \ldots g_n h_n,$$

wobei $g_i \in G, h_i \in H$ und $h_i \neq 1$ für $1 \leq i < m$ und $g_i \neq 1$ für $1 < i \leq m$. Das können wir immer erreichen, indem wir Faktoren aus G oder H, die das triviale Element beschreiben, weglassen.

Jetzt ist $w = 1$ in $G * H$ genau dann, wenn $m = 1, g_1 = 1$ und $h_1 = 1$. $\qquad \square$

Aufgaben

1. Beweisen Sie, dass das freie Produkt zweier nichttrivialer Gruppen immer unendliche Ordnung hat.

2. Beweisen Sie: Die freie Gruppe vom Rang 2 ist isomorph zu $\mathbb{Z} * \mathbb{Z}$.

6.3 Das semidirekte Produkt

Ist $G = A \times B$, so folgt $G/A = B$. Die Umkehrung ist jedoch nicht richtig. Gilt allgemein $G/N = H$, so heißt G *Erweiterung* von N mit H. Ein Typ von Erweiterung, das direkte Produkt, war in Abschnitt 6.1 Thema. Das semidirekte Produkt ist ein weiterer Typ von Erweiterung.

Wir wissen aus Abschnitt 3.5, dass sich jede Isometrie der Ebene durch eine Isometrie, die den Ursprung fix lässt, gefolgt von einer Translation darstellen lässt, d.h. $\mathcal{E} = \mathcal{T} \mathcal{O}_2$. Nach Satz 3.43 ist die Untergruppe der Translationen Normalteiler in $\mathcal{E}$, und es gibt einen surjektiven Homomorphismus $\phi \colon \mathcal{E} \to \mathcal{O}_2$ mit Kern $\mathcal{T}$, also $\mathcal{E}/\mathcal{T} \cong \mathcal{O}_2$.

Also ist $\mathcal{E}$ Erweiterung von $\mathcal{T}$ mit $\mathcal{O}_2$. Es gilt $\mathcal{O}_2 < \mathcal{E}$ und $\mathcal{T} \lhd \mathcal{E}$. Außerdem gibt es einen injektiven Homomorphismus $\psi \colon \mathcal{O}_2 \to \mathcal{E}$, einfach indem man die Elemente von $\mathcal{O}_2$ als Elemente von $\mathcal{E}$ auffasst. Es gilt $\phi \psi(g) = g$ für alle $g \in \mathcal{O}_2$. Das ist ein Beispiel eines semidirekten Produkts $\mathcal{E} = \mathcal{T} \rtimes \mathcal{O}_2$:

Definition 6.13 *Eine Erweiterung G von N mit H heißt* semidirektes Produkt, *wenn es einen surjektiven Homomorphismus $\phi \colon G \to H$ mit $kern(\phi) = N$ und einen Homomorphismus $\psi \colon H \to G$ gibt, mit $\phi \psi(h) = h, \forall h \in H$. Schreibweise: $G = N \rtimes H$*

Gilt $G = N \rtimes H$, so ist der zugehörige Homomorphismus $\psi \colon H \to G$ injektiv, weil aus $\psi(h) = \psi(h')$ folgt $\phi\psi(h) = \phi\psi(h')$ und deswegen $h = \phi\psi(h) = \phi\psi(h') = h'$.

Es gilt eine Charakterisierung des semidirekten Produkts analog zu Satz 6.3. Um sie zu beweisen, benötigen wir:

Satz 6.14 2. Isomorphiesatz: *Ist N normal in G und H eine beliebige Untergruppe von G, so folgt:*

$$(N \cdot H)/N \cong H/(H \cap N)$$

Dabei ist $N \cdot H = \{n \cdot h \mid h \in H, n \in N\}$ wie üblich.

Beweis: Die Abbildung $h \to Nh$, die jedem $h \in H$ die Nebenklasse Nh zuordnet, ist ein surjektiver Homomorphismus $\phi \colon H \to (N \cdot H)/N$. Der Kern von ϕ besteht aus den Elementen von H, die auch in N liegen, also aus $H \cap N$. Das Resultat folgt aus dem ersten Isomorphiesatz. $\square$

Weil wir gerade dabei sind, beweisen wir auch noch:

Satz 6.15 3. Isomorphiesatz: *Seien H, N normal in G, und H sei enthalten in N. Dann ist N/H eine normale Untergruppe von G/H und*

$$(G/H)/(N/H) \cong G/N.$$

Beweis: Wir definieren eine Abbildung $\phi \colon G/H \to G/N$ durch $\phi(gH) = gN$. Diese Abbildung ist ein Homomorphismus, weil

$$\phi(gH)\phi(g'H) = gNg'N = gg'N = \phi(gg'H).$$

Dieser Homomorphismus ist surjektiv, denn zu jeder Nebenklasse gN gibt es ein Urbild gH. gH gehört genau dann zum Kern von ϕ, wenn $gN = N$, also wenn $g \in N$. Es gilt also $kern(\phi) = N/H$. Nach Satz 3.39 ist also N/H Normalteiler von G/H, und nach Satz 3.41 ist $(G/H)/(N/H)$ isomorph zu G/N. $\square$

Beispiel 6.16 *Wir wählen $G = \mathbb{Z}, N = 3\mathbb{Z}$ und $H = 9\mathbb{Z}$. Dann ist $H \subset N$, und N, H sind Normalteiler von G, weil G abelsch ist. Nach Satz 6.15 folgt also:*

$$\mathbb{Z}_3 = \mathbb{Z}/3\mathbb{Z} = (\mathbb{Z}/9\mathbb{Z})/(3\mathbb{Z}/9\mathbb{Z}) = (\mathbb{Z}/9\mathbb{Z})/(\mathbb{Z}/3\mathbb{Z}) = \mathbb{Z}_9/\mathbb{Z}_3$$

Es folgt die versprochene Charakterisierung des semidirekten Produkts:

Satz 6.17 *G ist genau dann semidirektes Produkt seiner Untergruppen N und H, wenn gilt:*

1. *$G = N \cdot H$,*

2. *$N \lhd G$, $H < G$,*

3. *$N \cap H = id$.*

Beweis: Ist G semidirektes Produkt von N mit H, so gilt $G = N \cdot H$. Da N Kern eines Homomorphismus ist, ist N normal in G. N und H haben per Definition nur die Identität gemeinsam.

Seien umgekehrt die Bedingungen 1. bis 3. erfüllt. Aus $G = N \cdot H$ und dem zweiten Isomorphiesatz folgt:

$$G/N \cong (N \cdot H)/N \cong H/(H \cap N)$$

Aus der dritten Bedingung folgt $H/(H \cap N) = H/id = H$, so dass $G/N = H$. Also ist G Erweiterung von N mit H. Der geforderte Homomorphismus ψ ist die Inklusion $\psi\colon H \to G$. $\qquad\square$

Nicht immer, wenn sich eine Gruppe G als $U \cdot V$ für Untergruppen U und V schreiben lässt, handelt es sich um ein direktes oder semidirektes Produkt. In Aufgabe 6 aus Abschnitt 4.6 wurde ein Beispiel eines Produkts vorgestellt, das kein semidirektes Produkt ist, da beide Faktoren keine Normalteiler sind.

Beispiel 6.18 *In der Symmetriegruppe G des Bandornaments aus Abbildung 1.3 sei T die Untergruppe der Translationen. In Beispiel 3.48 wurde $[G : T] = 2$ gezeigt. Zusammen mit Aufgabe 3 aus Abschnitt 3.4 folgt, dass $T \lhd G$. In Beispiel 3.48 haben wir auch begründet, dass sich jedes Element aus G als Produkt aus Translation und Gleitspiegelung schreiben lässt. Es folgt also $G = T \rtimes S$.*

Hat man zwei Gruppen H und N gegeben, so ist deren direktes Produkt eindeutig bestimmt. Beim semidirekten Produkt ist das nicht der Fall. Jedes Element von $G = N \rtimes H$ lässt sich eindeutig als Produkt nh und, weil N Normalteiler ist, als hn für $h \in H$ und $n \in N$ schreiben. Für zwei Elemente $h_1 n_1, h_2 n_2$ aus $N \rtimes H$ folgt:

$$h_1 n_1 \cdot h_2 n_2 = h_1 h_2 \cdot h_2^{-1} n_1 h_2 \cdot n_2 = h_1 h_2 n_1^{h_2} n_2$$

Dabei wurde für die Konjugation von n_1 mit h_2 also für $h_2^{-1} n_1 h_2 = n_1^{h_2}$ gesetzt. Da N normal ist in G, ist $n_1^{h_2} \in N$. Es ist sogar für ein festes $g \in G$ die Abbildung $\alpha_g\colon N \to N$, definiert durch $n \to n^g = g^{-1} n g$, ein Automorphismus. Zu jedem $h \in H$ gibt es also einen Automorphismus α_h von N, oder, anders ausgedrückt, zu einem semidirekten Produkt $G = N \rtimes H$ gibt es einen Homomorphismus von H in die Automorphismengruppe von N, definiert durch $h \to \alpha_h$.

Sind umgekehrt nur die Gruppen N, H und ein Homomorphismus von H in die Automorphismengruppe von N gegeben, so ist dadurch ein semidirektes Produkt definiert, denn dann ist jedes Produkt $h_1 n_1 \cdot h_2 n_2$ festgelegt. Sind alle Automorphismen $n \to n^h$ die Identität, also gilt $n = n^h$ für alle $n \in N$ und alle $h \in H$, so ist das zugehörige semidirekte Produkt ein direktes Produkt, und H wird zum Normalteiler im entstehenden Produkt.

Wir betrachten die Diedergruppe D_n. In D_n gilt die Relation

$$d^i s = s d^{n-i}, \tag{6.4}$$

wobei d eine Drehung um $360/n$ Grad und s eine Spiegelung ist. $d^i s$ ist nämlich eine Spiegelung und hat deswegen die Ordnung 2. Es gilt also $d^i s d^i s = id$, und damit folgt $d^i s d^i = s$ und nach Multiplikation von d^{n-i} von links die Gleichung (6.4).

Es gilt $D_n = \mathbb{Z}_n \cdot \mathbb{Z}_2$, denn wir können jedes Element von D_n darstellen als Paar (d^k, s^ϵ) oder etwas kürzer als $d^k s^\epsilon$ ($0 \leq k < n$ und $s \in \{0, 1\}$) mit der Drehung d um $360/n$ Grad und der Spiegelung s. D_n ist aber nicht isomorph zu $\mathbb{Z}_n \times \mathbb{Z}_2$, weil $\mathbb{Z}_2$ kein Normalteiler in D_n ist. Links- und Rechtsnebenklassen sind verschieden: $d\{id, s\} \neq \{id, s\}d$, weil $ds \neq sd$.

Wir verknüpfen zwei Elemente von D_n. Dabei nehmen wir im ersten Element nicht das neutrale Element im $\mathbb{Z}_2$-Faktor: $d^k s \cdot d^m s^\delta$. Wäre D_n das direkte Produkt von $\mathbb{Z}_n$ und $\mathbb{Z}_2$, dann wäre das Resultat $d^{k+m} s^{1+\delta}$. Das ist aber nicht der Fall, statt dessen müssen wir d^m an s^ϵ mit Hilfe der Gleichung (6.4) vorbeischieben:

$$d^k s \cdot d^m s^\delta = d^k d^{n-m} s^{1+\delta}$$

Der oben beschriebene Homomorphismus $\phi \colon \mathbb{Z}_2 \to Aut(\mathbb{Z}_n)$ ergibt sich also, indem s auf den Automorphismus abgebildet wird, der in Z_n jedes Element auf sein Inverses abbildet.

Im Fall von $N = \mathbb{Z}_k = \langle y \mid y^k \rangle$ und $H = \mathbb{Z}_m = \langle x \mid x^m \rangle$ wollen wir Präsentationen für semidirekte Produkte hinschreiben. Ein Automorphismus von N muss y auf ein Element der Ordnung k abbilden, also auf ein y^l, so dass l und k teilerfremd sind (vergleiche Aufgabe 7 aus Abschnitt 3.3). Die Konjugation von y mit x gibt dieses Element, so dass

$$\mathbb{Z}_k \rtimes \mathbb{Z}_m = \langle x, y \mid x^m, y^k, x^{-1} y x = y^l \rangle,$$

falls k und l teilerfremd sind und $l^m \equiv 1 \bmod k$ gilt. Die letzte Bedingung ist notwendig, weil: Die Abbildung von H in die Automorphismengruppe von N muss ein Homomorphismus sein, und deshalb muss das Bild von x dieselbe Ordnung wie x, nämlich m, haben. y^m wird auf y^{l^m} abgebildet, und das muss y sein, also muss $l^m \equiv 1 \bmod k$ gelten.

Im GAP betrachten wir $\mathbb{Z}_7 \rtimes \mathbb{Z}_3$. `GroupHomomorphismByImages` erzeugt einen Homomorphismus, in unserem Fall von $\mathbb{Z}_3$ in die Automorphismengruppe von $\mathbb{Z}_7$, wobei das erzeugende Element von $\mathbb{Z}_3$ auf den Automorphismus von $\mathbb{Z}_7$ abgebildet wird, der jedes Element verdoppelt. $1 \in \mathbb{Z}_3$ verdoppelt, $2 \in \mathbb{Z}_3$ vervierfacht und $3 = 0 \in \mathbb{Z}_3$ verachtfacht, was in $\mathbb{Z}_7$ der 1 entspricht. Also wird der 0 der triviale Automorphismus zugeordnet, damit haben wir einen Homomorphismus $\phi \colon \mathbb{Z}_3 \to Aut(\mathbb{Z}_7)$. Der Befehl `SemidirectProduct` konstruiert schließlich das zugehörige semidirekte Produkt.

```
gap> N:=CyclicGroup(7);; H:=CyclicGroup(3);;
gap> AutN:=AutomorphismGroup(N);
<group with 1 generators>
gap> el:=Elements(AutN);
[ IdentityMapping( <pc group of size 7 with 1 generators> ),
  Pcgs([ f1 ]) -> [ f1^2 ], [ f1 ] -> [ f1^3 ],
  Pcgs([ f1 ]) -> [ f1^4 ],
  Pcgs([ f1 ]) -> [ f1^5 ], Pcgs([ f1 ]) -> [ f1^6 ] ]
gap> hom := GroupHomomorphismByImages(H, AutN,
> GeneratorsOfGroup(H),[el[2]]);
[ f1 ] -> [ Pcgs([ f1 ]) -> [ f1^2 ] ]
gap> p:=SemidirectProduct(H,hom,N);
<pc group of size 21 with 2 generators>
gap> Elements(p);
[ <identity> of ..., f1, f2, f1^2, f1*f2, f2^2, f1^2*f2, f1*f2^2,
  f2^3, f1^2*f2^2, f1*f2^3, f2^4, f1^2*f2^3, f1*f2^4, f2^5,
  f1^2*f2^4, f1*f2^5, f2^6, f1^2*f2^5, f1*f2^6, f1^2*f2^6 ]
```

Für einen anderen Homomorphismus nach $Aut(N)$ erhalten wir in dem Fall dasselbe semidirekte Produkt:

```
gap> hom2 := GroupHomomorphismByImages(H, AutN,
> GeneratorsOfGroup(H),[el[4]]);
[ f1 ] -> [ Pcgs([ f1 ]) -> [ f1^4 ] ]
gap> p2:=SemidirectProduct(H,hom2,N);;
gap> IsomorphismGroups(p,p2);
[ f1, f2 ] -> [ f1^2*f2^4, f2^4 ]
```

`IsomorphismGroups` gibt einen Isomorphismus zwischen zwei Gruppen an, falls sie isomorph sind und `fail` sonst. Die Abbildung, die das Erzeugende von H auf den Automorphismus `f1 -> f1^3` in N abbildet, ist kein Homomorphismus, weil $3^3 \not\equiv 1 \bmod 7$. Das widerspricht der obigen Bedingung: $l^m \equiv 1 \bmod k$.

Zuletzt bilden wir noch das semidirekte Produkt $\mathbb{Z}_7 \rtimes \mathbb{Z}_3$ über den trivialen Automorphismus, also das direkte Produkt. Dieses erweist sich als verschieden von dem zuvor konstruierten semidirekten Produkt.

```
gap> hom3 := GroupHomomorphismByImages(H, AutN,
> GeneratorsOfGroup(H),[el[1]]);
[ f1 ] -> [ IdentityMapping( Group( [ f1 ] ) ) ]
gap> p3:=SemidirectProduct(H,hom3,N);;
gap> IsomorphismGroups(p,p3);
fail
```

Satz 6.19 $D_n = \mathbb{Z}_n \rtimes \mathbb{Z}_2$.

Beweis: Nach Satz 5.5 auf Seite 103 gilt $D_n = \langle s, d \mid s^2, d^n, sdsd \rangle$. Wir schreiben die letzte Relation um zu $sds^{-1} = d^{n-1}$. n ist teilerfremd zu $n-1$ und $(n-1)^2 \equiv 1$ mod n. Also gilt

$$\mathbb{Z}_n \rtimes \mathbb{Z}_2 = \langle s, d \mid s^2, d^n, sds^{-1} = d^{n-1} \rangle$$

nach dem oben Gesagten. $\square$

Aufgaben

1. Sei G eine Gruppe der Ordnung n und H eine Gruppe der Ordnung m. Welche Ordnungen haben $G \times H$ und $G \rtimes H$?

2. Schreiben Sie den Stabilisator $\mathcal{E}(l)$ einer Geraden l in $\mathcal{E}$ als semidirektes Produkt seiner Translationsuntergruppe mit der Untergruppe von $\mathcal{E}(l)$, die einen Punkt $P \in l$ festlässt.

6.4 Diskontinuierliche Gruppen und Translationen

Zwischen der Symmetriegruppe des Kreises und eines regulären n-Ecks besteht ein wesentlicher Unterschied darin, dass ein Kreis beliebig kleine Drehungen zulässt und das reguläre n-Eck nicht. Genauso lässt die Symmetriegruppe einer Geraden beliebig kleine Translationen zu, im Gegensatz zu Bandornamenten, die Translationen immer um Vektoren zulassen, die eine gewisse Länge nicht unterschreiten (deren Translationsuntergruppe ist nach Definition immer $\mathbb{Z}$). Wir fassen diesen Unterschied in eine Definition:

Definition 6.20 *Eine Gruppe G von Isometrien im $\mathbb{R}^2$ operiert* diskontinuierlich, *wenn es für jeden Punkt $P \in \mathbb{R}^2$ eine Scheibe D mit Mittelpunkt P gibt, die außer P kein Bild von P unter G enthält, d.h., $\forall g \in G$ mit $g \neq \text{id}$ gilt $g(P) \notin D$ oder $g(P) = P$.*

Es ist nicht schwer zu sehen, dass diese Definition äquivalent ist zu der folgenden: Eine Gruppe G von Isometrien im $\mathbb{R}^2$ heißt *diskontinuierlich*, wenn zu jedem Punkt

$P \in \mathbb{R}^2$ und zu jeder Scheibe $D \subset \mathbb{R}^2$ die Bahn von P nur endlich viele Punkte in D hat (siehe Aufgabe 1).

Ist eine Gruppe diskontinuierlich, dann ist natürlich auch jede ihrer Untergruppen diskontinuierlich. Zur Erinnerung: $\mathcal{T} < \mathcal{E}$ ist die Untergruppe der Translationen.

Satz 6.21 *Sei $T < \mathcal{T}$ diskontinuierlich. Dann ist T entweder die triviale Gruppe, isomorph zu $\mathbb{Z}$ oder isomorph zu $\mathbb{Z} \times \mathbb{Z}$.*

Beweis: Wir nehmen an, T sei nicht die triviale Gruppe. Sei P ein beliebiger Punkt der euklidischen Ebene. Wir wählen eine Scheibe mit Mittelpunkt P so groß, dass Punkte aus der Bahn T_P enthalten sind. Weil T diskontinuierlich ist, sind es nur endlich viele. Sei $\tau \in T$ die Translation, so dass $\tau(P)$ eines der P am nächsten liegenden Elemente aus der Bahn T_P ist. Sei l die Gerade durch P und $\tau(P)$, und $T(l)$ sei ihr Stabilisator in T. Wir zeigen, dass $T(l)$ isomorph zu $\mathbb{Z}$ ist mit Erzeugendem τ. Sonst gäbe es eine Translation $\alpha \in T(l)$, so dass $\alpha(P)$ im offenen Intervall $]\tau^k(P), \tau^{k+1}(P)[$ läge. Dann wäre aber der Punkt $\tau^{-k}\alpha(P)$ näher an P als $\tau(P)$ im Widerspruch zur Definition von τ.

Ist $T = T(l)$, so ist T isomorph zu $\mathbb{Z}$. Ist $T \neq T(l)$, so gibt unter allen Translationen, die nicht aus $T(l)$ sind, eine Translation μ, so dass $\mu(P)$ den kleinsten Abstand von P hat. Dieser Abstand ist mindestens so groß wie der von $\tau(P)$ zu P nach Definition von τ.

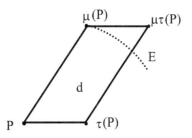

Abbildung 6.5: Fundamentalbereich

Sei d das Parallelogramm mit den Eckpunkten $P, \mu(P), \mu\tau(P), \tau(P)$ (siehe Abbildung 6.5).

Dieses Parallelogramm ist Fundamentalbereich für die Gruppe

$$T' = \{\tau^n \mu^m \mid n, m \in \mathbb{Z}\} \cong \mathbb{Z} \times \mathbb{Z}$$

von Translationen, d.h., die Bilder $\tau^n \mu^m(d)$ bedecken die ganze Ebene.

Sei $\alpha \in T$ eine beliebige Translation. Dann liegt also $\alpha(P)$ in irgendeinem Parallelogramm $\tau^n \mu^m(d)$, d.h., $\mu^{-m}\tau^{-n}\alpha(P)$ liegt in d. Wir wollen $\alpha \in T'$ zeigen. Dann haben wir $T = T'$ bewiesen und damit die Behauptung. Dafür genügt es aber zu zeigen, dass $\beta = \mu^{-m}\tau^{-n}\alpha \in T'$.

Ist $\beta(P)$ einer der Eckpunkte von d, dann ist $\beta \in T'$, und die Behauptung ist bewiesen. $\beta(P)$ kann nicht auf einer der Kanten $P, \tau(P)$ oder $P, \mu(P)$ liegen, sonst hätten wir einen Widerspruch zur Definition von τ oder μ. Es kann auch nicht auf einer der anderen beiden Kanten liegen, denn sonst wäre $\mu^{-1}\beta$ oder $\tau^{-1}\beta$ eine Translation um eine kürzere Strecke als τ oder μ. Sei s der Abstand von P nach $\mu(P)$. Läge $\beta(P)$ in der offenen Scheibe E mit Mittelpunkt P und Radius s (siehe Abbildung 6.5), so wäre $\beta(P)$ näher an P als $\mu(P)$ im Widerspruch zur Definition von μ. Es kann aber auch nicht in der Scheibe E_1 mit selbem Radius um den Punkt $\mu\tau(P)$ liegen, sonst wäre $\mu^{-1}\tau^{-1}\beta(P)$ näher an P als $\mu(P)$. Die Scheiben E und E_1 bedecken aber ganz d. Also ist $\beta(P)$ einer der Eckpunkte von d, und die Behauptung ist bewiesen. $\square$

Die Untergruppe der Translationen einer Zerlegung der Ebene in Quadrate ist isomorph zu $\mathbb{Z} \times \mathbb{Z}$, wie man sich leicht klarmacht.

Aufgaben

1. Zeigen Sie: Eine Gruppe G von Isometrien im $\mathbb{R}^2$ ist genau dann diskontinu-ierlich, wenn zu jedem Punkt $P \in \mathbb{R}^2$ und zu jeder Scheibe $D \subset \mathbb{R}^2$ die Bahn von P nur endlich viele Punkte in D hat.

2. Geben Sie eine Präsentation der Untergruppe der Translationen von $G_{(4,4)}$ an.

Kapitel 7

Endliche Gruppen

In diesem Kapitel geht es um Gruppen mit endlicher Ordnung. Im ersten Abschnitt stellen wir eine Klasse von Beispielen endlicher Gruppen vor, die im Weiteren noch eine Rolle spielen werden.

Wegen des Satzes von Lagrange gibt es nur Untergruppen von gewissen Ordnungen von endlichen Gruppen. Die Ordnungen der Untergruppen müssen Teiler der Gruppenordnung sein. Der Satz macht aber keinerlei Aussagen darüber, ob es solche Untergruppen wirklich gibt. Die Sylow-Sätze im zweiten Abschnitt machen Aussagen über die Existenz von Untergruppen von endlichen Gruppen. Im darauffolgenden Abschnitt studieren wir mit Hilfe der Sylow-Sätze einige Gruppen kleiner Ordnung. Die letzten beiden Abschnitte befassen sich mit endlichen Gruppen in der euklidischen Geometrie und auf der Kugeloberfläche.

7.1 Ein Beispiel

In gewissen Fällen sagt eine gegebene Präsentation viel über die zugehörige Gruppe aus. Wir wollen das an einem Beispiel verdeutlichen:

Beispiel 7.1 *Die Gruppe $G_{m,n} = \langle x, y \mid x^m, y^n, xy = y^2 x \rangle$ für $m, n \geq 2$ hat endliche Ordnung.*

Wir können nämlich jedes Wort $w \in G_{m,n}$ in ein Wort aus folgender Menge verwandeln:

$$\{ y^k x^j \mid 0 \leq k < m,\, 0 \leq j < n \} \tag{7.1}$$

Das sieht man ähnlich wie im Beweis von Satz 5.5 auf Seite 103: Jedes Wort w in x, y hat die Form $w = x^{\epsilon_1} y^{\delta_1} x^{\epsilon_2} y^{\delta_2} \ldots x^{\epsilon_k} y^{\delta_k}$. Wegen der Relationen x^m, y^n können wir davon ausgehen, dass $0 \leq \epsilon_i < m$ und $0 \leq \delta_i < n$. Mit Hilfe der Relation $xy = y^2 x$ schieben wir jedes y in w nach links (um den Preis der größer werdenden Potenz), bis alle y vor allen x kommen. Dann normieren wir beide Potenzen mit

© Springer-Verlag GmbH Deutschland, ein Teil von Springer Nature 2020
S. Rosebrock, *Anschauliche Gruppentheorie*,
https://doi.org/10.1007/978-3-662-60787-9_7

den Relationen x^m und y^n und erhalten so ein Wort aus der geforderten Menge. Es folgt: $|G_{m,n}| \leq m \cdot n$.

Vorsicht, die Elemente von (7.1) sind nicht unbedingt alle verschieden. Für gerades n folgt beispielsweise, wenn man in $xyx^{-1} = y^2$ beide Seiten hoch $n/2$ nimmt, $xy^{n/2}x^{-1} = y^n = 1$ und damit $y^{n/2} = 1$. Ist n eine 2-er Potenz, so kann man diesen Trick iterieren (siehe Aufgabe 1) und erhält $y = 1$. Es folgt in dem Fall $G_{m,n} = \mathbb{Z}_m$. Andererseits überzeugt uns GAP leicht, dass $G_{3,7}$ die Ordnung $3 \cdot 7 = 21$ hat:

```
gap> m:=3;;n:=7;;
gap> freigrp := FreeGroup("x","y");;
gap> x:=freigrp.1;;y:=freigrp.2;;
gap> gmn := freigrp/[x^m, y^n, x*y*x^-1*y^-2];;
gap> Size(gmn);
21
gap> e:=Elements(gmn);
[ <identity ...>, x, x^2, y, x*y, x^2*y, y*x, x^2*y*x, x*y*x,
  x^2*y^2, y^2, x*y^2, x*y*x*y, y*x*y, x^2*y*x*y, x*y^3, y^3,
  x^2*y^3, x*y*x*y*x, y*x*y*x, x^2*y*x*y*x ]
```

Diese Gruppe ist nicht abelsch, weil xy und yx verschieden sind. Die Gruppe ist also verschieden von $\mathbb{Z}_{21}$ und von $\mathbb{Z}_3 \times \mathbb{Z}_7$. Wir haben also eine kleine Gruppe gefunden, die bisher noch nicht aufgetaucht ist.

Führen wir dieselbe Berechnung für $n = 6$ durch, so erhalten wir von GAP die Ausgabe [<identity ...>, x, x^2].
Die Gruppen $G_{m,n}$ sind uns in Abschnitt 6.3 als semidirekte Produkte bereits begegnet. Die dort genannten Bedingungen lauten in unserem Fall:
n muss ungerade und $2^m \equiv 1 \bmod n$ sein. Der oben genannte Fall $m = 3$ und $n = 7$ ist also ein semidirektes Produkt von $\mathbb{Z}_3$ mit $\mathbb{Z}_7$. Dass $G_{3,7}$ 21 Elemente hat, folgt aus Aufgabe 1 von Abschnitt 6.3.

Aufgaben

1. Zeigen Sie $G_{m,n} = \mathbb{Z}_m$, falls n eine 2-er Potenz ist.

2. Beweisen Sie die Ausgabe von GAP: $G_{3,6} = \mathbb{Z}_3$.

3. Beweisen Sie: $G_{2,3} = D_3$.

7.2 Die Sylow-Sätze

Der Satz von Lagrange (siehe Satz 3.14) sagt aus, dass die Ordnungen von Untergruppen endlicher Gruppen nur gewisse Werte annehmen können, sie müssen nämlich Teiler der Gruppenordnung sein. Ob solche Gruppen wirklich existieren, weiß man damit noch nicht. Der folgende *Erste Satz von Sylow* macht eine solche Aussage. 1872 wurde dieser Satz von Sylow bewiesen.

Satz 7.2 1. Sylow-Satz *Sei G eine Gruppe der Ordnung $p^l m$, wobei p nicht m teilt und $l \geq 1$. Dann enthält G eine Untergruppe der Ordnung p^l.*

Eine solche Untergruppe der Ordnung p^l von G nennt man *p-Sylow-Untergruppe* oder *Sylow-Untergruppe*. Bevor wir Satz 7.2 beweisen, brauchen wir noch etwas Vorbereitung:

Sei X eine G-Menge. Dann operiert G auf den k-elementigen Teilmengen von X. Ist nämlich $U \subset X$ eine k-elementige Teilmenge, so hat für $g \in G$ die Teilmenge $gU = \{gu \,|\, u \in U\}$ auch k Elemente, weil jedes Gruppenelement $g \in G$ die Elemente von X permutiert (siehe Seite 70).
Die Anzahl der k-elementigen Teilmengen einer n-elementigen Menge ist für $1 \leq k \leq n$ gegeben durch den *Binomialkoeffizient* $\binom{n}{k}$ und berechnet sich durch:

$$\binom{n}{k} = \frac{n!}{(n-k)!\,k!} = \frac{n(n-1)(n-2)\dots(n-k+1)}{k(k-1)(k-2)\dots 1}$$

Dabei bedeutet das Ausrufezeichen die *Fakultät* einer Zahl, also
$n! = n(n-1)(n-2)(n-3)\dots 2 \cdot 1$.

In GAP lassen sich Binomialkoeffizienten direkt ausrechnen:

```
gap> Binomial(6,3);
20
```

Lemma 7.3 *Es sei $n = p^l m$, $l \geq 1$, und p teilt nicht m. Dann ist $\binom{n}{p^l}$ nicht durch p teilbar.*

Beweis: Es gilt:

$$\binom{n}{p^l} = \frac{n(n-1)(n-2)\dots(n-j)\dots(n-p^l+1)}{p^l(p^l-1)(p^l-2)\dots(p^l-j)\dots 1}$$

Wir ordnen jedem Faktor $(n-j)$ den Faktor (p^l-j) im Nenner zu. Wir beweisen: p teilt $(n-j)$ genauso oft wie (p^l-j). Dann sind wir fertig, weil kein p mehr im Zähler bleibt, das nicht mit einem p im Nenner kürzbar ist. Wir zerlegen j in $j = p^e k$, wobei k nicht durch p teilbar ist. Es folgt $e < l$, weil der Nennerfaktor $(p^l - j)$ größer als 0 ist. Da n und p^l durch p^e teilbar sind, sind das auch $(n-j)$ und $(p^l - j)$. Sie sind aber nicht durch p^{e+1} teilbar. $\square$

Lemma 7.4 *Die endliche Gruppe G operiere auf der Menge aller Teilmengen von G bezüglich der Linksmultiplikation. Sei U eine Teilmenge von G. Die Ordnung des Stabilisators $G(U)$ ist ein Teiler von $|U|$.*

Beweis: U besteht aus den Bahnen $G(U)g$, wobei $g \in U$. Diese Bahnen sind nach Beispiel 4.21 Rechtsnebenklassen. Also besteht U aus einer Vereinigung von Rechtsnebenklassen. Die Anzahl der Elemente von U ist daher ein Vielfaches von $|G(U)|$. □

Wir beweisen jetzt den ersten Sylow-Satz:

Beweis: Sei X die Menge aller Teilmengen von G mit genau p^l Elementen. G operiert auf X durch Linksmultiplikation, weil jede p^l-elementige Teilmenge von G, durch Multiplikation mit einem Gruppenelement, in eine andere p^l-elementige Teilmenge übergeht, wie oben erläutert.

Wir werden zeigen, dass eine dieser Teilmengen einen Stabilisator der Ordnung p^l hat. Da Stabilisatoren Untergruppen sind, ist damit die Behauptung bewiesen.

Sei $|G| = n = p^l m$. Es gilt $|X| = \binom{n}{p^l}$, und nach Lemma 7.3 ist $|X|$ nicht durch p teilbar. Bezüglich der Operation von G auf X zerlegen wir X nach Satz 4.13 in Bahnen:

$$|X| = |B_1| + |B_2| + \ldots + |B_r|$$

Da p nicht $|X|$ teilt, gibt es eine Bahn B_i, deren Anzahl Elemente von p nicht geteilt wird. Sei $U \in X$ eine Teilmenge, die der Bahn B_i angehört. Weil $U \in X$ ist, ist p^l die Anzahl Elemente von U. Nach Lemma 7.4 ist die Anzahl Elemente von $|G(U)|$ deswegen eine p-Potenz. Die Bahnformel ergibt hier:

$$p^l m = |G| = |G(U)| \cdot |B_i|$$

Da p nicht $|B_i|$ teilt, folgt $|G(U)| = p^l$, und $G(U)$ ist die gesuchte Untergruppe. □

In GAP erhalten wir sehr leicht Sylow-Untergruppen.

```
gap> G:=SymmetricGroup(5);;
gap> SylowSubgroup(G,2);
Group([ (1,2), (3,4), (1,3)(2,4) ])
gap> Size(last);
8
```

Der folgende *Zweite Satz von Sylow* gibt genauere Informationen über Sylow-Untergruppen:

Satz 7.5 2. Sylow-Satz *Sei G eine endliche Gruppe und $J < G$. Sei p eine Primzahl und p teile $|J|$. H sei eine p-Sylow-Untergruppe von G. Dann gibt es eine zu H konjugierte Untergruppe $H' = gHg^{-1}$, so dass $J \cap H'$ eine Sylow-Untergruppe von J ist.*

Beweis: G operiert durch Linksmultiplikation auf der Menge $X = G/H$ der

Linksnebenklassen von H: $g \cdot (g'H) = (gg')H$. Diese Operation ist transitiv, denn durch Multiplikation mit einem geeigneten $g \in G$ kann jede beliebige vorgegebene Nebenklasse in jede beliebige andere transformiert werden. Der Stabilisator $G(x)$ des Elements $x = 1H$ ist H selbst. Der Stabilisator von gx für beliebiges $g \in G$ ist die konjugierte Untergruppe gHg^{-1}, weil

$$gHg^{-1} \cdot gx = gHg^{-1} \cdot gH = gH \cdot H = gH = gx.$$

Die Anzahl Elemente von X berechnet sich durch $|G|/|H|$, und weil H p-Sylow-Untergruppe ist, wird sie nicht von p geteilt.

Wir lassen nur noch die Elemente von J auf X operieren und zerlegen X in disjunkte Bahnen unter dieser Operation. Weil $|X|$ teilerfremd zu p ist, gibt es eine Bahn B, deren Länge nicht von p geteilt wird. Sei $gx \in B$. Wie oben erwähnt, ist dann $H' = gHg^{-1}$ der Stabilisator des Elements gx bezüglich der Operation von G. Schränken wir die Operation wieder auf J ein, so stabilisieren nur noch die Elemente von $H' \cap J$. Es gilt: $[J : H' \cap J] = |B|$, und deswegen ist dieser Index teilerfremd zu p. Eine konjugierte Untergruppe hat immer gleich viele Elemente wie die Untergruppe (siehe Satz 4.29), und weil J als p-Gruppe vorausgesetzt ist, ist auch $H' \cap J$ eine p-Gruppe. Weil ihr Index in J teilerfremd zu p ist, ist sie eine p-Sylow-Untergruppe von J. □

Korollar 7.6 *Sei G eine endliche Gruppe. Es gelten folgende Aussagen:*

1. *Sei die Untergruppe $J < G$ eine p-Gruppe. Dann ist J in einer p-Sylowuntergruppe enthalten.*

2. *Alle p-Sylow-Untergruppen von G sind zueinander konjugiert.*

Beweis: Eine p-Gruppe J hat eine p-Potenz als Ordnung und somit nur eine einzige Sylow-Untergruppe, nämlich sich selbst. Aus dem 2. Sylow-Satz folgt dann: Zu einer p-Sylow-Untergruppe $H < G$ gibt es eine konjugierte Untergruppe $H' < G$ mit $J \cap H' = J$. Die letzte Bedingung heißt gerade $J \subset H'$. 1. folgt jetzt aus der Tatsache, dass, weil H' genauso viele Elemente wie H hat, H' eine p-Sylow-Untergruppe ist.

Für 2. nehmen wir an, J und H seien p-Sylow-Untergruppen von G. Im Beweis von 1. haben wir gesehen, dass es dann eine zu H konjugierte p-Sylow-Untergruppe H' gibt, mit $J \subset H'$. J und H' haben dieselbe Ordnung, also gilt $J = H'$, und J ist konjugiert zu H. □

Wir lassen eine endliche Gruppe G auf ihren s-elementigen Teilmengen durch Konjugation operieren. Ist H eine s-elementige Untergruppe, so besteht die Bahn aus den zu H konjugierten Untergruppen:

$$G_H = \{gHg^{-1} \mid g \in G\}$$

H ist genau dann Normalteiler, wenn $gHg^{-1} = H$ für alle $g \in G$, also wenn G_H nur H selbst enthält. Der Stabilisator bezüglich der Operation der Konjugation von s-elementigen Teilmengen heißt *Normalisator*:

$$G(H) = \{g \in G \mid gHg^{-1} = H\}$$

$G(H) = G$, wenn H Normalteiler in G ist. Je „weiter weg" H davon ist, Normalteiler zu sein, desto kleiner ist der Normalisator.

Gilt für $g \in G$ die Eigenschaft $gHg^{-1} = H$, dann gilt das Gleiche für jedes Element der Nebenklasse gH. Das liegt an Lemma 3.13: Ist $j \in gH$ und gilt $gH = Hg$, so folgt $gH = jH$ und $Hg = Hj$ und damit $jH = Hj$. $G(H)$ besteht also aus ganzen Nebenklassen.

Satz 7.7 *Gilt $H < G$, so folgt $G(H) < G$ und $H \lhd G(H)$.*

Beweis: Um die Abgeschlossenheit zu zeigen, nutzen wir Lemma 3.38: Ist nämlich $gHg^{-1} \in H$, dann können wir also gHg^{-1} statt H in jHj^{-1} einsetzen. Weil $jHj^{-1} \in H$, folgt dann $jgHg^{-1}j^{-1} \in H$. Das neutrale Element von G liegt in $G(H)$. Ist $g \in G(H)$, dann folgt $g^{-1} \in G(H)$. Aus $gH = Hg$ folgt nämlich $g^{-1}H = Hg^{-1}$ durch Multiplikation von g^{-1} von links und von rechts.

Zur zweiten Behauptung: H ist Untergruppe von $G(H)$, weil jedes $h \in H$ die Eigenschaft $hHh^{-1} = H$ erfüllt. Die Konjugation permutiert die Elemente von H. H ist genau deswegen aber auch Normalteiler in $G(H)$ (aber nicht unbedingt in G). $\qquad\qquad\qquad\qquad\qquad\qquad\qquad\qquad\qquad\qquad\qquad\qquad\qquad\qquad\quad\square$

In GAP betrachten wir $S_5(S_3)$, wobei die S_3 die Elemente 1,2,3 permutieren soll:

```
gap> G:=SymmetricGroup(5);;
gap> Normalizer(G,Subgroup(G,[(1,2,3)]));
Group([ (1,2,3), (4,5), (2,3) ])
gap> Elements(last);
[ (), (4,5), (2,3), (2,3)(4,5), (1,2), (1,2)(4,5), (1,2,3),
  (1,2,3)(4,5), (1,3,2), (1,3,2)(4,5), (1,3), (1,3)(4,5) ]
```

Klar ist, dass in diesem Normalisator nur die Elemente nicht vorkommen dürfen, die die 4 oder 5 mit 1,2 oder 3 permutieren.

Sei k die Anzahl der zu H konjugierten Untergruppen. Dann schreibt sich die Bahnformel als:

$$|G| = |G(H)| \cdot k$$

Also ist die Anzahl der zu H konjugierten Untergruppen gleich dem Index $[G : G(H)]$. Ist H eine p-Sylow-Untergruppe von G, so sind nach Korollar 7.6 alle

Gruppen derselben Ordnung zu H konjugiert. Die Anzahl der p-Sylowuntergruppen ist dann also $k = [G : G(H)]$.

Satz 7.8 3. Sylow-Satz *Sei G eine Gruppe der Ordnung $p^l m$, wobei p nicht m teilt und $l \geq 1$. Sei k die Anzahl der p-Sylow-Untergruppen von G. Dann ist p ein Teiler von $k - 1$ und k ein Teiler von m.*

Beweis: Wie eben festgestellt, gilt für die Anzahl der p-Sylow-Untergruppen $k = [G : G(H)]$ bei gegebener p-Sylow-Untergruppe $H < G$ bezüglich der Operation der Konjugation. Weil $H \subset G(H)$, teilt $k = [G : G(H)]$ die Zahl $m = [G : H]$.

Um zu zeigen, dass p die Zahl $k - 1$ teilt, betrachten wir die Menge $M = \{H = H_1, H_2, \ldots, H_k\}$ der p-Sylow-Untergruppen. Wir betrachten die Konjugation mit Elementen jetzt nur noch aus H zu einer beliebigen p-Sylowuntergruppe H. Wir zerlegen M bezüglich dieser Operation in Bahnen $B_1, \ldots, B_r$. Es gilt also etwa $B_i = \{h H_j h^{-1} \mid h \in H\}$. Sei B_1 die Bahn von H.
Sei $N_j = G(H_j) = \{g \in G \mid g H_j g^{-1} = H_j\}$ der Normalisator von H_j. Die Bahn B_i besteht genau dann aus nur einer einzigen Untergruppe H_j, wenn $H \in N_j$. $H \in N_j$ heißt nämlich genau, dass $h H_j h^{-1} = H_j$ für alle $h \in H$. Ist $H \in N_j$, so sind H und H_j p-Sylow-Untergruppen von N_j, weil sie p-Sylow-Untergruppen von G sind. Dann sind H und H_j nach Korollar 7.6 konjugiert. H_j ist normal in N_j, und deswegen folgt $H = H_j$. Es gibt also nur eine H-Bahn der Länge 1, nämlich $B_1 = \{H\}$. Die Länge der anderen H-Bahnen $B_2, \ldots, B_r$ sind p-Potenzen: Die Bahnformel sagt nämlich

$$p^l = |H| = |H(H_t)| \cdot |B_i|, \qquad r \geq i \geq 2,$$

falls B_i die Bahn zu H_t ist. Es folgt also $k = 1 + p^{\epsilon_2} + \ldots + p^{\epsilon_r}$ und damit die Behauptung. $\qquad\square$

Aufgaben

1. Berechnen Sie den Normalisator $G(G)$ für eine beliebige Gruppe G.

2. Sei $H = \langle 3 \rangle$ Untergruppe der endlich zyklischen Gruppe $\mathbb{Z}_{15}$. Berechnen Sie den Normalisator $\mathbb{Z}_{15}(H)$.

3. Wir betrachten D_4, und $s \in D_4$ sei eine Spiegelung. Sei $H = \langle s \rangle$. Berechnen Sie den Normalisator $D_4(H)$.

7.3   Einige Gruppen kleiner Ordnung

Cauchy bewies den folgenden Satz bereits im Jahr 1846 für Permutationsgruppen:

Satz 7.9 Satz von Cauchy *Sei G eine endliche Gruppe und p eine Primzahl, die die Ordnung der Gruppe teilt. Dann enthält G ein Element der Ordnung p.*

Beweis: Sei $H < G$ eine Sylow-Untergruppe der Ordnung p^l und $1 \neq h \in H$. Die von h erzeugte Untergruppe teilt die Gruppenordnung, deswegen teilt die Ordnung von h die Ordnung von H. Es gilt also $|h| = p^k$, $0 < k \leq l$. Dann hat $g = h^{p^{k-1}}$ die Ordnung p, weil $g^p = h^{p*p^{k-1}} = h^{p^k} = 1$. Kleinere Ordnung als p kann g nicht haben, weil $g \neq 1$, und die Ordnung von g muss die Ordnung von H teilen.   □

Die Gruppen der Ordnungen bis fünf sind uns bereits bekannt: Die triviale Gruppe ist die einzige Gruppe der Ordnung 1. Von Gruppen mit Primzahlordnung gibt es nur die zyklischen (Korollar 3.20), und sonst gibt es nur die Klein'sche Vierergruppe $\mathbb{Z}_2 \times \mathbb{Z}_2$ (siehe Definition 2.20 und Aufgabe 9 von Abschnitt 3.1) mit 4 Elementen.

Satz 7.10 *Es gibt bis auf Isomorphie genau zwei Gruppen der Ordnung sechs, die zyklische Gruppe $\mathbb{Z}_6$ und die Diedergruppe D_3.*

Beweis: Wegen Satz 7.9 muss jede Gruppe der Ordnung sechs ein Element x der Ordnung 3 und ein Element y der Ordnung 2 enthalten. Die sechs Elemente

$$G = \{x^i y^j \mid 0 \leq i \leq 2, 0 \leq j \leq 1\}$$

sind alle verschieden, denn eine Gleichung $x^i y^j = x^m y^n$ könnte als $x^{i-m} = y^{n-j}$ geschrieben werden. Da aber jede Potenz von x, außer dem neutralen Element, die Ordnung 3 hat und jede Potenz von y, außer dem neutralen Element, die Ordnung 2 hat, folgt $i = m$ und $n = j$. Die Menge G ist also bereits die ganze Gruppe. Da $yx \neq 1, x, x^2, y$, folgt $yx = xy$ oder $yx = x^2 y$. Die beiden Möglichkeiten für Gruppen der Ordnung 6 sind also:

$$P_1 = \langle x, y \mid x^3, y^2, yx = xy \rangle \text{ und } P_2 = \langle x, y \mid x^3, y^2, yx = x^2 y \rangle$$

Mehr Relationen sind nicht notwendig, da wir für je zwei Elemente aus G mit den Relationen ihr Produkt in G bestimmen können. Da wir bereits zwei Gruppen der Ordnung 6 kennen, müssen das die beiden sein.   □

Die Präsentation P_1 ist als Präsentation des direkten Produkts $\mathbb{Z}_3 \times \mathbb{Z}_2$ bereits aufgetaucht (siehe Korollar 6.6 auf Seite 123). In Aufgabe 4 aus Abschnitt 6.1 wurde bewiesen, dass $\mathbb{Z}_3 \times \mathbb{Z}_2 = \mathbb{Z}_6$.
Die Präsentation P_2 ist die Gruppe $G_{2,3}$ aus Abschnitt 7.1. Die Relation $yx = x^2 y$ in P_2 lässt sich zu $yxyx$ umschreiben, und wir erhalten

$$P_2' = \langle x, y \mid x^3, y^2, yxyx \rangle.$$

Diese Präsentation ist uns als Präsentation der Gruppe D_3 bereits in Satz 5.5 begegnet.

Sieben ist eine Primzahl, so dass es nur die Gruppe $\mathbb{Z}_7$ der Ordnung sieben gibt.

Ganz analog zum Beweis von Satz 7.10 zeigt man:

Satz 7.11 *Ist p eine Primzahl mit $p \geq 3$ und G eine Gruppe der Ordnung $2p$, so ist G isomorph zu $\mathbb{Z}_{2p}$ oder D_p.*

Man kann beweisen, dass es 5 Gruppen der Ordnung 8 gibt (siehe etwa [Cig95]). Die Gruppen $\mathbb{Z}_8, \mathbb{Z}_4 \times \mathbb{Z}_2, \mathbb{Z}_2 \times \mathbb{Z}_2 \times \mathbb{Z}_2$ haben offensichtlich alle die Ordnung 8 und sind verschieden. Es gibt nämlich nur in der ersten Gruppe ein Element der Ordnung 8, und die zweite Gruppe enthält ein Element der Ordnung 4 im Gegensatz zur dritten Gruppe. Die Gruppe D_4 ist nichtkommutativ und damit verschieden von den oberen dreien. In der Übungsaufgabe 6 von Abschnitt 5.1 haben wir bereits die Quaternionengruppe kennengelernt. Sie ist die letzte Gruppe der Ordnung 8. Dort haben wir auch bewiesen, dass sie zu keiner der obigen Gruppen isomorph ist.

Um die Gruppen der Ordnung 9 zu analysieren, beweisen wir:

Satz 7.12 *Ist p eine Primzahl, so sind alle Gruppen der Ordnung p^2 abelsch.*

Beweis: Sei G eine Gruppe der Ordnung p^2, und p sei prim. Nach Satz 4.44 auf Seite 86 ist das Zentrum $C(G)$ von G nichttrivial. Es hat p oder p^2 Elemente, weil es eine Untergruppe von G ist. Die Faktorgruppe $G/C(G)$ hat also die Ordnung p oder ist trivial. Im letzteren Fall ist $G = C(G)$ und deshalb G abelsch.
$G/C(G)$ habe die Ordnung p. Sei $x \in G$ nicht aus dem Zentrum. Dann enthält der Zentralisator $Z(x) = \{g \in G \mid gx = xg\}$ mehr Elemente als das Zentrum. Weil $Z(x)$ eine Untergruppe von G ist, folgt $|Z(x)| = p^2$ und damit $G = Z(x)$. Daraus folgt aber, dass x im Zentrum liegen muss im Widerspruch zu unserer Annahme. Also kommt der Fall $|G/C(G)| = p$ nicht vor, und G ist abelsch. $\quad\square$

Wir kennen schon zwei Gruppen der Ordnung 9: $\mathbb{Z}_9 = \langle x \mid x^9 \rangle$ und
$\mathbb{Z}_3 \times \mathbb{Z}_3 = \langle x, y \mid x^3, y^3, yx = xy \rangle$. Diese Gruppen sind verschieden, weil die letztere, im Gegensatz zur ersten, kein Element der Ordnung 9 enthält. In der Tat sind das die beiden einzigen Gruppen der Ordnung 9. Enthält nämlich eine Gruppe der Ordnung 9 ein Element der Ordnung 9, so handelt es sich um die Gruppe $\mathbb{Z}_9$. Ansonsten haben alle nichttrivialen Elemente die Ordnung 3. Seien x, y zwei solche, wobei x keine Potenz von y ist. Da die Gruppe nach Satz 7.12 abelsch ist, müssen diese beiden Elemente kommutieren. Wir erhalten die Präsentation $\langle x, y \mid x^3, y^3, yx = xy \rangle$.

In GAP erhalten wir bequem
alle Gruppen einer vorgegebenen kleinen Ordnung:

```
gap> SmallGroupsInformation(9);

There are 2 groups of order 9.
  1 is of type c9.
  2 is of type 3^2.
```

Nach Satz 7.11 gibt es nur zwei Gruppen der Ordnung 10, die Gruppen D_5 und
Z_{10} und auch nur die Gruppen D_7 und Z_{14} der Ordnung 14.

Die Gruppen der Ord-
nung 12 schauen wir uns
in GAP an:

```
gap> A:=AllGroups(12);;
gap> List(A, cs -> StructureDescription(cs));
[ "C3 : C4", "C12", "A4", "D12", "C6 x C2" ]
```

Es gibt also die Gruppen $Z_{12}, Z_2 \times Z_6, D_6, A_4$ und noch ein semidirektes Produkt
$Z_3 \rtimes Z_4$. Es handelt sich dabei um die Gruppe $G_{4,3}$ aus Abschnitt 7.1 (siehe auch
Aufgabe 2).

Wir kennen jetzt also alle Isomorphietypen von Gruppen bis zur Ordnung 15 (nach
Korollar 7.14 gibt es nur eine Gruppe der Ordnung 15):

Ordnung	Anzahl	Abelsch	Nichtabelsch
1	1	Triviale Gruppe $\{e\}$	
2	1	Z_2	
3	1	$Z_3 \cong A_3$	
4	2	$Z_4, D_2 \cong Z_2 \times Z_2$	
5	1	Z_5	
6	2	$Z_6 \cong Z_2 \times Z_3$	$D_3 \cong S_3$
7	1	Z_7	
8	5	$Z_8, Z_4 \times Z_2, Z_2 \times Z_2 \times Z_2$	D_4, Q
9	2	$Z_9, Z_3 \times Z_3$	
10	2	$Z_{10} \cong Z_2 \times Z_5$	D_5
11	1	Z_{11}	
12	5	$Z_{12}, Z_6 \times Z_2$	$D_6, A_4, Z_3 \rtimes Z_4$
13	1	Z_{13}	
14	2	$Z_{14} \cong Z_2 \times Z_7$	D_7
15	1	Z_{15}	

In [Joy02] ist eine Tabelle aller Gruppen bis zur Ordnung 25 einschließlich Präsentationen angegeben.

Die Anzahl Gruppen mit n Elementen nimmt mit steigendem n stark zu. Zum
Beispiel gibt es genau 49.487.365.422 paarweise nicht isomorphe Gruppen mit 1024
Elementen.

Satz 7.13 *Seien $p > q$ Primzahlen, und sei G eine Gruppe der Ordnung $p \cdot q$. Die Zahl q teile nicht $p - 1$. Dann ist G isomorph zu $\mathbb{Z}_{p \cdot q}$.*

Beweis: Sei G eine beliebige Gruppe der Ordnung $p \cdot q$. Nach dem 3. Sylow-Satz ist die Anzahl k der p-Sylow-Untergruppen von G ein Teiler von q, und es gilt: p teilt $k - 1$. Weil $p > q$, folgt: Es gibt nur eine p-Sylow-Untergruppe $H < G$. Jede zu H konjugierte Untergruppe hat gleich viele Elemente, muss also gleich H sein, und deswegen ist H normal in G.

Analog sieht man, dass es nur eine q-Sylow-Untergruppe H' gibt, die auch normal in G ist. Die Anzahl m der q-Sylow-Untergruppen von G muss ein Teiler von p (also $m = 1$ oder $m = p$) sein, und es muss gelten: q teilt $m - 1$.

Die Ordnung von $H \cap H'$ teilt p und q, es folgt also $H \cap H' = \{1\}$. $H \cdot H'$ ist eine Untergruppe mit mehr als p Elementen, deswegen folgt $G = H \cdot H'$. Die Charakterisierung des direkten Produkts, Satz 6.3, zeigt: $G = H \times H'$. Die Behauptung folgt jetzt aus Aufgabe 4 aus Abschnitt 6.1. $\square$

Korollar 7.14 *Bis auf Isomorphie ist die Gruppe $\mathbb{Z}_{15}$ die einzige Gruppe der Ordnung 15.*

Wir kennen bereits zwei Gruppen der Ordnung 21, die Gruppe $\mathbb{Z}_{21}$ und das semidirekte Produkt $G_{3,7} = \mathbb{Z}_7 \rtimes \mathbb{Z}_3$ aus Abschnitt 7.1. Der 3. Sylow-Satz schließt nicht aus, dass es sieben konjugierte 3-Sylow-Untergruppen geben kann. Das passiert bei der Gruppe $G_{3,7}$, und wir können nicht argumentieren wie in Satz 7.13.

Aufgaben

1. Beweisen Sie: Ist p prim, so gibt es genau zwei Gruppen der Ordnung p^2, die Gruppen $\mathbb{Z}_{p^2}$ und $\mathbb{Z}_p \times \mathbb{Z}_p$, und diese sind nicht isomorph.

2. Ist die alternierende Gruppe A_4 isomorph zur Diedergruppe D_6? Falls Sie nicht weiterkommen, können Sie sich mit GAP die Ordnungen der Elemente ansehen. Für die Gruppe A_4 geht das etwa mit
   ```
   A4:=AlternatingGroup(4);; List(Elements(A4), i->Order(i));
   ```

3. Zeigen Sie, dass die Gruppe $\mathbb{Z}_{77}$ die einzige Gruppe der Ordnung 77 ist.

4. Beweisen Sie, dass die Gruppe A_5 keine Untergruppen der Ordnungen 15 und 30 enthält.

5. Wie viele Elemente der Ordnung 4 enthält die Gruppe S_5?

6. Beweisen Sie: Ein Zyklus der Länge k erzeugt eine Untergruppe isomorph zu $\mathbb{Z}_k$ in der S_n.

7. Wir betrachten die Gruppe S_n, die Gruppe der Permutationen der Menge $T_n = \{1, 2, 3, \ldots, n\}$. Der *Träger* eines Elements sind die Zahlen aus T_n, die in der Permutationsschreibweise des Elements auftreten, ohne die Zyklen der Länge 1. Beispielsweise hat das Element $(1, 5, 6)(3, 9)$ den Träger $\{1, 3, 5, 6, 9\}$. Zeigen Sie:

(a) 2 Elemente von S_n kommutieren, wenn ihre Träger disjunkt sind.

(b) Für $p, q \in S_n$ haben pq und qp dieselbe Zyklenstruktur.

(c) Mit welchem Element muss man konjugieren, um aus $(1, 5, 6)(3, 9)$ das Element $(1, 2, 9)(5, 3)$ zu erzeugen?

(d) Bestimmen Sie die Klassengleichung der Gruppe S_4.

7.4   Die orthogonale Gruppe

In Definition 3.5 ist die Gruppe $\mathcal{O}_2$ als die Untergruppe der Symmetriegruppe der Ebene definiert, die den Ursprung festlässt. Sie besteht nach Satz 1.6 nur aus Spiegelungen und Drehungen.

Satz 7.15 *Sei $G < \mathcal{O}_2$ eine endliche Gruppe. Dann ist $G \cong D_n$ oder $G \cong D_n^+ \cong \mathbb{Z}_n$ für ein $n \in \mathbb{N}$.*

Beweis: Sind alle Elemente von G Drehungen, so genügt es zu zeigen, dass G zyklisch ist. Wegen Satz 2.15 folgt dann $G = D_n^+ = \mathbb{Z}_n$. Der Beweis ist ganz ähnlich dem von Satz 3.10: Ist G die triviale Gruppe, so gilt $G = \mathbb{Z}_1$. Sonst enthält G eine nichttriviale Drehung d_α um einen Winkel $0 < \alpha < 2\pi$, wobei α der kleinste Winkel sein soll, der bei einer solchen Drehung vorkommt.

Wir beweisen $G = \langle d_\alpha \rangle$. Ist nämlich $d_\beta \in G$, so folgt $\beta = t \cdot \alpha + \psi$ für ein $t \in \mathbb{N} \cup \{0\}$ mit $0 \leq \psi < \alpha$. Da $d_\psi = d_\beta d_{t\alpha}^{-1}$ auch in G liegt, muss, wegen $0 \leq \psi < \alpha$, der Winkel $\psi = 0$ sein, denn α war minimal gewählt. Es folgt $d_\beta = d_{t\alpha} = d_\alpha^t$, und die Behauptung ist für den Fall gezeigt, dass G nur Drehungen enthält.

Im Fall, dass G mindestens eine Spiegelung s enthält, betrachten wir die Untergruppe aller Drehungen, die nach dem oben Gezeigten $D_n^+ < G$ ist. Die Elemente $E = \{id, d_\alpha, d_\alpha^2, \ldots, d_\alpha^{n-1}, s, sd_\alpha, sd_\alpha^2, \ldots, sd_\alpha^{n-1}\}$ sind also in G, und das sind nach Abschnitt 3.2 genau die Elemente der Gruppe D_n. Deswegen gilt $E = D_n < G$. Enthält G noch weitere Elemente, so müssen das Spiegelungen sein. Sei $s' < G$ eine beliebige Spiegelung. Das Produkt zweier Spiegelungen ist nach Satz 1.9 eine Drehung, deswegen folgt $s \cdot s' = d_\gamma \in G$ für eine Drehung d_γ. Da $s, d_\gamma \in E$ folgt $s' \in E$, und deswegen $G = D_n$. $\square$

Satz 7.16 *Sei $G < \mathcal{E}$ diskontinuierlich. Dann ist der Stabilisator $G(P)$ eines Punktes $P \in \mathbb{R}^2$ endlich, und zwar entweder eine zyklische Gruppe oder eine Diedergruppe.*

Beweis: Ein beliebiger Kreis K mit Mittelpunkt P wird durch $G(P)$ auf sich abgebildet. Sei Q ein Punkt auf K und D eine Scheibe, die ganz K enthält. Da G diskontinuierlich ist, darf die Bahn des Punktes Q unter $G(P) < G$ nur endlich viele Punkte enthalten, und deshalb ist $G(P)$ endlich. Nach Satz 7.15 ist $G(P)$ zyklisch oder eine Diedergruppe. $\qquad\square$

Korollar 7.17 *Sei $G < \mathcal{E}$ diskontinuierlich, und ihre Translationsuntergruppe $T = G \cap \mathcal{T}$ sei trivial. Dann ist G endlich, und zwar entweder eine zyklische Gruppe oder eine Diedergruppe.*

Beweis: Enthält G keine Translationen, dann hält sie einen Punkt P fix (siehe Übungsaufgabe 1). Also ist G Stabilisator eines Punktes, und wir wenden Satz 7.16 an. $\qquad\square$

Ist $G < \mathcal{E}$ diskontinuierlich, so gibt es nach Satz 6.21 für die Translationsuntergruppe $T < G$ die Möglichkeit, dass T trivial ist, und der Fall ist mit Korollar 7.17 abgedeckt. Ist die Untergruppe T unendlich zyklisch (also gleich $\mathbb{Z}$) so handelt es sich um eine Gruppe eines Bandornaments, nach Definition von Bandornamenten. Es gibt 7 verschiedene Typen von Gruppen von Bandornamenten, wobei nicht nur die Isomorphie der Gruppen berücksichtigt wird, sondern auch, welche Isometrien zu den Gruppenelementen gehören (siehe etwa [Hen12]).

Im verbleibende Fall, $T = \mathbb{Z} \times \mathbb{Z}$, heißt G *kristallographische Gruppe*. Die Klassifikation dieser Gruppen ist am schwierigsten. Man kann zeigen, dass es 17 Typen von ebenen kristallographischen Gruppen gibt. Eine ausführliche Behandlung der kristallographischen Gruppen und der Bandornamente findet sich in [Lyn85] oder auch in [Hen12]. Wir wollen hier nur die sogenannte *kristallographische Einschränkung* beweisen:

Satz 7.18 *Sei $G < \mathcal{E}$ eine endliche Untergruppe einer kristallographischen Gruppe. Dann hat jede Drehung aus G die Ordnung 1,2,3,4 oder 6. G ist dann eine der Gruppen $\mathbb{Z}_n$ oder D_n für $n = 1, 2, 3, 4$ oder 6.*

Beweis: Die zweite Aussage folgt mit Satz 7.15 aus der ersten. Zum Beweis der ersten Aussage nehmen wir an, G enthalte eine Drehung d der Ordnung $n \geq 2$ um den Punkt P, und n sei maximal gewählt. Sei $\tau \in G$ eine Translation kürzester Länge und $\tau(P) = Q$.

Dann haben die n Punkte

$$Q, d(Q), d^2(Q), \dots, d^{n-1}(Q)$$

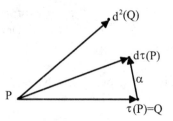

denselben Abstand von dem jeweiligen Nach-
barn auf dem Kreis mit Radius $|\tau|$ um P. Für
$n = 6$ ist dieser Abstand jeweils genau $|\tau|$, für
$n > 6$ ist er kleiner als $|\tau|$. Also ist der Abstand
von $\tau(P)$ zu $d\tau(P)$ in dem Fall kleiner als $|\tau|$
(siehe Abbildung 7.1).
Es gilt:

Abbildung 7.1: Der Fall $n > 6$

$$d\tau d^{-1}\tau^{-1}(\tau(P)) = d\tau d^{-1}(P) = d\tau(P)$$

Die Translation $\alpha = d\tau d^{-1}\tau^{-1}$ bildet also $\tau(P)$ auf $d\tau(P)$ ab und hat deswegen im
Fall $n > 6$ im Widerspruch zur Minimalität von τ kürzere Länge als τ.
Im Fall $n = 5$ ist der Abstand von $d^2\tau^{-1}(P)$ zu $\tau(P)$ kleiner als $|\tau|$. Es gilt:

$$d^2\tau^{-1}d^{-2}\tau^{-1}(\tau(P)) = d^2\tau^{-1}(P)$$

Die Translation $d^2\tau^{-1}d^{-2}\tau^{-1}$ bildet also $\tau(P)$ auf $d^2\tau^{-1}(P)$ ab und hat deswegen
im Widerspruch zur Minimalität von τ kürzere Länge als τ.   □

Aufgaben

1. Beweisen Sie: Enthält eine Gruppe $G < \mathcal{E}$ keine Translationen (außer der
   trivialen), dann gibt es einen Punkt P der Ebene, der unter jeder Isometrie
   aus G fix bleibt.

2. Beweisen Sie: Die Gruppe $\mathcal{O}_2$ wird von einer Spiegelung und allen Drehungen
   erzeugt.

7.5   Reguläre Zerlegungen der 2-Sphäre

Wir betrachten in diesem Abschnitt Isometrien des $\mathbb{R}^3$, und zwar solche, die den
Ursprung fix lassen. Die zugehörige Gruppe ist die orthogonale Gruppe $\mathcal{O}_3$, wie wir
bereits festgestellt haben. Diese Gruppe operiert auf der Oberfläche S einer Kugel.
S sei die Menge aller Punkte mit Abstand genau 1 vom Ursprung im $\mathbb{R}^3$.
Welches sind typische Elemente der Gruppe $\mathcal{O}_3$, und wie wirken sie sich auf S
aus? Betrachten wir eine Ebene E im $\mathbb{R}^3$, die durch den Ursprung geht. $E \cap S$ ist
ein sogenannter *Großkreis* g auf der Kugeloberfläche (siehe Abbildung 7.2). Eine
Spiegelung an E bewirkt in S, dass die beiden Hälften der Kugeloberfläche jeweils

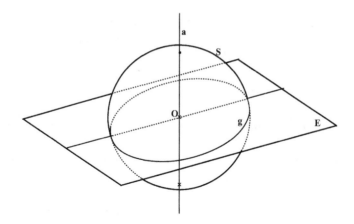

Abbildung 7.2: Isometrien auf der Kugeloberfläche

aufeinander abgebildet werden. Betrachten wir Isometrien von S, so können wir diese Spiegelung als Spiegelung an dem Großkreis g interpretieren. An Großkreisen auf der Kugeloberfläche können also Spiegelungen ausgeführt werden. Großkreise sind *Geraden* auf der Kugeloberfläche. Sie realisieren kürzeste Verbindungen. Fliegt man von Frankfurt nach New York, so fliegt man nicht auf einem Breitenkreis, sondern hält sich nördlich. Man kommt Grönland sehr nahe.

Betrachten wir eine Gerade a im $\mathbb{R}^3$, die durch den Ursprung geht. $a \cap S$ besteht aus 2 gegenüberliegenden Punkten auf der Kugeloberfläche, sogenannten *Diametralpunkten*. Die Kugeloberfläche kann man um a drehen und erhält damit eine Isometrie von S. Jedes Paar von Diametralpunkten auf S lässt sich also als Drehzentrum nutzen, und die zugehörige Isometrie ist eine *sphärische Drehung*.

Je zwei verschiedene Geraden (Großkreise) g, g' auf S haben 2 Schnittpunkte. Es gibt keine parallelen Geraden auf S. Das Produkt der zugehörigen Spiegelungen $s_g \circ s_{g'}$ ergibt nach Satz 1.9 eine Drehung um den doppelten Winkel zwischen g und g'. Der Beweis von Satz 1.9 gilt nämlich sinngemäß auch für die Kugeloberfläche und nicht nur für die Ebene. Translationen kann man auf der Kugeloberfläche keine durchführen. Man kann beweisen, dass jede orientierungserhaltende Isometrie der 2-Sphäre eine Drehung ist (siehe Satz 4.19 auf Seite 74).

Da jetzt Geraden auf der Kugeloberfläche definiert sind, können wir Dreiecke und allgemeiner n-Ecke auf der Kugeloberfläche definieren. Leicht macht man sich klar, dass die Winkelsumme im Dreieck auf der Kugeloberfläche immer größer als π ist.

Im Weiteren suchen wir Zerlegungen der 2-Sphäre S *vom Typ (n,m)*. Wir suchen also Zerlegungen von S in lauter reguläre n-Ecke, von denen immer m an einem Punkt zusammenkommen. Dabei dürfen die n-Ecke nur an ihren Randkanten zusammenstoßen und sich nicht überlappen. Solche Zerlegungen heißen *regulär*.

Hier ist eine alternative Definition einer regulären Zerlegung. Sei T eine Zerlegung der Kugeloberfläche oder der euklidischen Ebene. Eine *Fahne* (P, k, σ) in einer solchen Zerlegung ist eine Ecke $P \in T$ mit angrenzender Kante $k \in T$ mit angrenzendem n-Eck $\sigma \in T$. Zum Beispiel haben wir eine Fahne bei dem Würfel in Abbildung 1.8, wenn wir die Ecke 4 zusammen mit der Kante $(4, 8)$ zusammen mit dem Viereck $(4, 8, 7, 3)$ betrachten. Eine Zerlegung heißt *regulär*, wenn sie *fahnentransitiv* ist, d.h., wenn es zu je zwei Fahnen eine Isometrie der Zerlegung gibt, die die eine Fahne auf die andere abbildet. Ist G die Symmetriegruppe von T, so operiert G auf den Ecken und Kanten und n-Ecken. Ist die Operation fahnentransitiv, dann ist sie auch transitiv auf den Ecken, auf den Kanten und auf den n-Ecken.

Die regulären Zerlegungen der euklidischen Ebene sind vom Typ $(3, 6), (4, 4)$ und $(6, 3)$. Die Zerlegung vom Typ $(3, 6)$ haben wir ausführlich in Abschnitt 4.6 behandelt, und die anderen beiden Typen kamen in den Aufgaben von Abschnitt 4.6 vor. Siehe auch Aufgabe 1 aus Abschnitt 6.1.

Satz 7.19 *Für beliebige $n, m \in \mathbb{N}$ gibt es genau $(n, 2)$, $(2, m)$, $(3, 3)$, $(4, 3)$, $(3, 4)$, $(3, 5)$ und $(5, 3)$ als Typen regulärer Zerlegungen der 2-Sphäre.*

Beweis: Wie man sich leicht elementargeometrisch klarmacht, ist die Winkelsumme in einem regulären n-Eck auf S größer als im euklidischen, also größer als $(n - 2)\pi$. Jeder einzelne Winkel ist also größer als $(n - 2)\pi/n$. m solche Winkel summieren sich an einer Ecke zu 2π. Also gilt:

$$m \frac{(n - 2)\pi}{n} < 2\pi$$

Diese Ungleichung ist äquivalent zu:

$$\frac{1}{m} + \frac{1}{n} > \frac{1}{2}$$

Jetzt rechnet man leicht nach, dass es mehr als die oben angegebenen Möglichkeiten für die Zellzerlegungen von S nicht geben kann. $\square$

Dass die obigen Typen wirklich existieren, sieht man jeweils durch konkretes Angeben der zugehörigen Zellzerlegung. Das wollen wir jetzt tun.

Die Zerlegung vom Typ $(3, 3)$: Die Kugeloberfläche S soll also in reguläre Dreiecke zerlegt werden, von denen jeweils 3 an einem Punkt zusammenkommen sollen. Wir erhalten eine solche Zerlegung, indem wir ein Tetraeder so in den $\mathbb{R}^3$ einbetten, dass seine Eckpunkte auf S liegen. Dann projizieren wir die Kanten des Tetraeders vom Koordinatenursprung auf S (siehe Abbildung 7.3).

Die Symmetriegruppe $G_{(3,3)}$ dieser Zerlegung von S ist also isomorph zur Gruppe des Tetraeders. Es folgt also $G_{(3,3)} = S_4$, und diese Gruppe hat 24 Elemente, wie wir bereits gesehen haben. Suchen wir einen Fundamentalbereich nach Einzeichnen

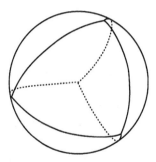

Abbildung 7.3: Zerlegung der 2-Sphäre in gleichseitige Dreiecke

aller Spiegelungen aus $G_{(3,3)}$ in S, so finden wir nach Satz 4.56 ein Erzeugenden-system für $G_{(3,3)}$. Aus Abbildung 7.4 leiten wir die folgende Eingabe für GAP ab.

Dabei dient das gestrichelt eingezeichnete Gebiet als Fundamentalbereich, und die Spiegelungen an den Rändern des Fundamentalbereichs erzeugen $G_{(3,3)}$.

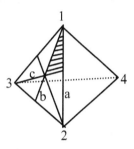

Abbildung 7.4: Tetraeder mit Fundamentalbereich

```
gap> a:=(3,4);; b:=(2,3);; c:=(1,2);;
gap> Size(Group(a,b,c));
24
```

Das Duale der Zerlegung des Tetraeders mit den ein-gezeichneten Spiegelebenenschnitten ist der Cayley-Graph. Daraus leiten wir, wieder indem wir eine Übersicht über alle geschlossenen Wege im Cayley-Graphen gewinnen, die folgende Präsentation her.

Satz 7.20 $G_{(3,3)} = \langle s_a, s_b, s_c \mid s_a^2, s_b^2, s_c^2, (s_c s_b)^3, (s_a s_b)^3, (s_a s_c)^2 \rangle$.

Wir erhalten damit folgende Eingabe für GAP:

```
gap> F := FreeGroup("sa","sb","sc");;
gap> sa:=F.1;; sb:=F.2;; sc:=F.3;;
gap> S4:=F/[sa^2, sb^2, sc^2, (sc*sb)^3, (sa*sb)^3, (sa*sc)^2];
<fp group on the generators [ sa, sb, sc ]>
gap> Size(S4);
24
gap> Elements(S4);
[ <identity ...>, sa, sb, sa*sb, sb*sa, sa*sb*sa, sc, sa*sc,
  sb*sc, sa*sb*sc, sb*sa*sc, sa*sb*sa*sc, sc*sb, sa*sc*sb,
  sb*sc*sb, sa*sb*sc*sb, sb*sa*sc*sb, sa*sb*sa*sc*sb,
  sc*sb*sa, sa*sc*sb*sa, sb*sc*sb*sa, sa*sb*sc*sb*sa,
  sb*sa*sc*sb*sa, sa*sb*sa*sc*sb*sa ]
```

Wir können auch nach der Untergruppe der orientierungserhaltenden Isometrien fragen, also nach der Gruppe $G_{(3,3)}{}^+$. Diese Gruppe wird durch Drehungen erzeugt. Die Drehung um die Achse durch den Punkt 2 und den Mittelpunkt des gegenüberliegenden Dreiecks um 120 Grad erhält man durch $d_2 = s_a s_b$. Die Drehung um die Achse durch den Punkt 4 und den Mittelpunkt des gegenüberliegenden Dreiecks um 120 Grad erhält man durch $d_4 = s_b s_c$, wie man jeweils Abbildung 7.4 entnehmen kann. Außerdem gibt es eine Drehung um 180 Grad der Form $d_k = s_c s_a$. Daraus folgen die Relationen d_2^3, d_4^3, d_k^2. Fundamentalbereich ist hier die Vereinigung von 2 aneinanderhängenden Dreiecken aus Abbildung 7.4. Man mache sich klar, dass $d_2 d_4 d_k$ eine weitere Relation ist. Wir zeigen mit GAP, dass diese Menge von Relationen genügt, also dass

$$G_{(3,3)}{}^+ = \langle d_2, d_4, d_k \mid d_2^3, d_4^3, d_k^2, d_2 d_4 d_k \rangle$$

gilt, indem wir feststellen, dass die so präsentierte Gruppe halb so viele Elemente hat wie die Gruppe $G_{(3,3)}$:

```
gap> f := FreeGroup("d2","d4","dk");;
gap> d2:=f.1;; d4:=f.2;; dk:=f.3;;
gap> G:=f/[d2^3, d4^3, dk^2, d2*d4*dk];
<fp group on the generators [ d2, d4, dk ]>
gap> Size(G);
12
```

Es handelt sich um die Gruppe A_4, weil die Darstellung jeder Drehung des Tetraeders als Permutation der Eckpunkte immer eine gerade Permutation ist. Dreht man beispielsweise das Tetraeder aus Abbildung 7.4 um die Achse durch die Ecke 1 und den Mittelpunkt des Dreiecks 2,3,4, so erhält man die Permutationen (2,3,4) und (2,4,3) der Eckpunkte, die beide gerade sind.

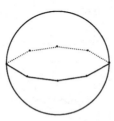

Abbildung 7.5: Zerlegung der S^2 vom Typ $(n, 2)$

Die Zerlegungen vom Typ $(n, 2)$: Wir zerlegen also die Kugeloberfläche S in lauter reguläre n-Ecke, wobei immer zwei n-Ecke an einem Punkt zusammenkommen. Eine solche Zerlegung haben wir in Abbildung 7.5 für den Fall $n = 8$ angegeben. Wir folgern, analog zum Fall $(3, 3)$:

Satz 7.21 $G_{(n,2)} = \langle s_a, s_b, s_c \mid s_a^2, s_b^2, s_c^2, (s_c s_b)^2, (s_a s_b)^n, (s_a s_c)^2 \rangle$.

Durch Zählen der Bilder des Fundamentalbereichs (nach Einzeichnen der Spiegel-geraden) in Abbildung 7.5 oder durch GAP sehen wir, dass die Ordnung der $G_{(n,2)}$ gleich $4n$ ist.

Dual dazu zerlegen wir S bei der Zerlegung vom Typ $(2, m)$ in lauter reguläre 2-Ecke, wovon immer m an einem Punkt zusammenkommen. Die 2-Sphäre wird da-durch wie eine Apfelsine in lauter Scheiben unterteilt. Es sind dieselben Isometrien möglich wie im Fall $(m, 2)$, und wir erhalten genau dieselbe Gruppenpräsentation.

Die Zerlegung $G_{(4,3)}$ von S entspricht dem Würfel. Da ein Würfel 6 Seiten hat und D_4 mit 8 Elementen der Stabilisator einer Seite ist, folgt nach der Bahnformel $|G_{(4,3)}| = 6 \cdot 8 = 48$. Zeichnet man die Spiegelachsen eines Quadrats in eine Würfel-seite, so erhält man 8 Dreiecke. Ein beliebiges davon dient als Fundamentalbereich, und wir folgern:

Satz 7.22 $G_{(4,3)} = \langle s_a, s_b, s_c \mid s_a^2, s_b^2, s_c^2, (s_c s_b)^4, (s_a s_b)^3, (s_a s_c)^2 \rangle$.

Die Zerlegung vom Typ $(3, 4)$ von S entspricht dem Oktaeder und hat dieselbe Gruppenpräsentation wie $G_{(4,3)}$. Das *Oktaeder* besteht aus 8 regulären Dreiecken, von denen immer 4 an einer Ecke zusammenkommen.

Die Gruppe der orientierungserhaltenden Isometrien des Würfels ist gerade die Gruppe S_4. Dazu beobachtet man, dass jede orientierungserhaltende Isometrie die 4 Raumdiagonalen des Würfels permutiert und zwei verschiedene Isometrien des Würfels die Raumdiagonalen auf verschiedene Weise permutieren. Weil es vier Raumdiagonalen gibt, ist eine solche Isometrie also als Element der S_4 darstell-bar. Weil die S_4 24 Elemente hat und die Gruppe der orientierungserhaltenden Isometrien des Würfels auch, müssen die beiden Gruppen dieselben sein.

Der Cayley-Graph der Gruppe S_4 ist in Abbildung 4.10 auf Seite 92 dargestellt. Sei P ein Punkt auf einer Würfelkante eines Würfels W nahe einer Ecke. Betrachtet man die Bahn von P unter der Gruppe der orientierungserhaltenden Isometrien des Würfels $G_{(4,3)}^+ = S_4$, so sieht das Bild sehr ähnlich aus wie die Ecken von Abbildung 4.10. Die Erzeugenden $(1, 2), (2, 4, 3)$ entsprechen Drehungen im Wür-fel, wobei die Würfeldiagonalen die Bezeichnungen $1, 2, 3, 4$ tragen. Rund um jede Würfelecke gibt es ein kleines Dreieck von Elementen der Bahn von P, bei dem die Ecken durch Konjugate einer Drehung von $(2, 4, 3)$ ineinander übergeführt werden. Die Drehung $(2, 4, 3)$ entspricht einer Drehung um 120 Grad um die Würfeldiago-nale 1. Die Erzeugende $(1, 2)$ entspricht einer Drehung des Würfels um eine Achse, die durch die Mitten zwei gegenüberliegender Würfelkanten geht. Diese Würfelkan-ten verbinden die Diagonalen 1 und 2.

Das Dodekaeder aus Abbildung 4.1 auf Seite 70 hat als Symmetriegruppe die Gruppe $G_{(5,3)}$ mit der Präsentation
$G_{(5,3)} = \langle s_a, s_b, s_c \mid s_a^2, s_b^2, s_c^2, (s_c s_b)^5, (s_a, s_b)^3, (s_a s_c)^2 \rangle$. Die Bahnformel verrät uns auch hier leicht $|G_{(5,3)}| = 10 \cdot 12 = 120$. Dual dazu hat die Symmetriegruppe des *Ikosaeders* dieselbe Gruppenpräsentation. Es besteht aus 20 regulären Dreiecken.

Satz 7.23 *Die Ikosaedergruppe hat folgende Präsentation:*

$$G_{(3,5)} = \langle s_a, s_b, s_c \mid s_a^2, s_b^2, s_c^2, (s_c s_b)^5, (s_a s_b)^3, (s_a s_c)^2 \rangle$$

Man kann beweisen, dass die Gruppe der orientierungserhaltenden Isometrien des Dodekaeders isomorph zur Gruppe A_5 ist (siehe [AF09]). Es gibt nämlich 5 Weisen, einen Würfel in einen Dodekaeder einzubeschreiben, so dass jede Ecke des Würfels auf eine Ecke des Dodekaeders fällt. Diese fünf Würfel werden durch eine Isometrie des Dodekaeders permutiert, und eine vorgegebene Permutation der Würfel bestimmt umgekehrt eine orientierungserhaltende Isometrie. Deswegen ist die Gruppe $G_{(3,5)}^+$ eine Untergruppe der Gruppe S_5. Gewisse Drehungen realisieren alle Zyklen der Länge 3, und diese erzeugen die Gruppe A_5.

Insgesamt haben wir hier die Präsentationen der Symmetriegruppen aller *regulären Polyeder* berechnet. Reguläre Polyeder bestehen nur aus kongruenten regulären n-Ecken, von denen immer gleich viele an einer Ecke zusammenkommen. Sie heißen auch *platonische Körper*, weil sie schon PLATON (427–347 v.Chr.) bekannt waren.

Satz 7.24 *Ist G die Symmetriegruppe des Würfels oder des Ikosaeders, so gilt: $G = G^+ \times \mathbb{Z}_2$.*

Beweis: Dies ist eine Anwendung von Satz 6.3: Die Punktspiegelung p am Mittelpunkt des Würfels oder Ikosaeders bildet zusammen mit dem neutralen Element eine Untergruppe $\mathbb{Z}_2$ von G, die mit G^+ nur das triviale Element gemeinsam hat. Im Anhang über Matrizen weisen wir nach, dass die Punktspiegelung mit jedem anderen Gruppenelement kommutiert. G^+ hat den Index 2 in G und ist daher Normalteiler, wie wir in Aufgabe 3 von Abschnitt 3.4 bewiesen haben. Jedes Element von G ist entweder aus G^+, falls es orientierungserhaltend ist, oder aus pG^+, falls es orientierungsumkehrend ist. Damit sind die drei Bedingungen aus Satz 6.3 gezeigt, und G lässt sich also als das entsprechende direkte Produkt schreiben. $\square$

Aufgaben

1. Beweisen Sie: Ist G die Symmetriegruppe einer Zerlegung T und operiert G fahnentransitiv auf T, dann ist T eine Zerlegungen in lauter reguläre n-Ecke, von denen immer m an einem Punkt zusammenkommen.

2. Finden Sie zu den Gruppen $G_{(n,2)}$, $G_{(4,3)}$ und $G_{(3,5)}$ Präsentationen für die Untergruppen der orientierungserhaltenden Isometrien.

3. Spielen Sie mit Spiegeln wie in Aufgabe 7 von Abschnitt 4.6, und erzeugen Sie so Bilder von regulären Polyedern in Spiegeln. Von diesen sieht man aber immer nur Ausschnitte.

4. Präzisieren Sie den Beweis folgender Aussage: Die Gruppe der orientierungs-erhaltenden Isometrien des Dodekaeders oder Ikosaeders ist isomorph zur Gruppe A_5.

7.6 Bahnen zählen

Anna hat eine große Schachtel mit Holzwürfeln. Sie möchte jede Seite von einigen Würfeln rot oder blau anmalen. Wie viele Würfel braucht sie, wenn sie alle Mög-lichkeiten, Würfel anzumalen, betrachten möchte? Der Würfel hat sechs Seiten und jede Seite kann mit zwei Farben gefärbt werden, das ergibt $2^6 = 64$ Möglichkei-ten. Dabei ist aber außer Acht gelassen, dass sich Würfel ineinander drehen lassen. Wenn fünf Seiten eines Würfels blau sind und nur eine rot, dann ist es egal welche Seite rot ist. Durch Drehen des Würfels lässt sich jede Seite zur roten Seite machen. Die Gruppe der orientierungserhaltenden Isometrien des Würfels W^+ operiert auf den 2^6 verschieden gefärbten Würfeln. Diese Würfelmenge nennen wir X. Liegen zwei Würfel in derselben Bahn bezüglich dieser Operation, dann lassen sich die beiden Würfel durch eine Drehung ineinander überführen. Die Anzahl möglicher Färbungen der Holzwürfel ist also gleich der Anzahl Bahnen dieser Operation.

Sei X eine G-Menge. Wir erinnern uns: $x \in X$ heißt *Fixpunkt* von $g \in G$, wenn $g(x) = x$. Wir hatten: $X^g = \{x \in X \mid g(x) = x\}$.

Satz 7.25 *Sei G eine endliche Gruppe, die auf der endlichen Menge X operiert. Die Anzahl verschiedener Bahnen dieser Operation ist*

$$\frac{1}{|G|} \sum_{g \in G} |X^g|.$$

Die Anzahl Bahnen ist also gerade die durchschnittliche Anzahl der Fixpunkte.

Beweis: Es gilt:

$$\sum_{g \in G} |X^g| = \sum_{x \in X} |G(x)| \tag{7.2}$$

Wir zählen nämlich auf zwei Arten die Anzahl Paare g, x, für die $g(x) = x$ gilt. Auf der linken Seite zählen wir für jedes Gruppenelement die Elemente x, die es auf sich selbst abbilden. Auf der rechten Seite zählen wir für jedes Element aus X die Gruppenelemente, die es fix lässt.

Seien $X_1, \ldots, X_n$ die verschiedenen Bahnen. Bahnen sind disjunkt, es gilt also:

$$\sum_{x \in X} |G(x)| = \sum_{k=1}^{n} \sum_{x \in X_k} |G(x)| \qquad (7.3)$$

Nach Satz 4.30 haben Punkte aus derselben Bahn konjugierte Stabilisatoren, und diese Stabilisatoren sind alle gleich groß. Das heißt, ist $y \in X_k$, so folgt:

$$\sum_{x \in X_k} |G(x)| = |X_k| \cdot |G(y)| = |Gy| \cdot |G(y)|$$

Nach der Bahnformel (Satz 4.35) gilt $|Gy| \cdot |G(y)| = |G|$. Mit Gleichung (7.3) folgt:

$$\sum_{x \in X} |G(x)| = \sum_{k=1}^{n} |G| = n|G|$$

Mit (7.2) erhalten wir

$$\sum_{g \in G} |X^g| = n|G|,$$

und das entspricht der Behauptung. $\square$

Beispiel 7.26 *Die Gruppe D_4 operiert auf den Ecken X eines Quadrats. Weil die Operation transitiv ist, gibt es nur eine Bahn, und Satz 7.25 sagt uns*

$$8 = |D_4| = \sum_{g \in D_4} |X^g|.$$

Die beiden Spiegelungen an den Diagonalen eines Quadrats haben je zwei Fixpunkte, und die Identität hat 4, macht insgesamt die geforderten 8. Sonst hat kein Element von D_4 Fixpunkte.

Beispiel 7.27 *Sei G der Stabilisator einer Seitenfläche S in der Symmetriegruppe des Würfels. Es gilt $G \cong D_4$. G operiert auf der Menge der Kanten K des Würfels mit 3 Bahnen. Die Randkanten von S bilden eine Bahn. Ist S' die S gegenüberliegende Seitenfläche, dann bilden die Randkanten von S' eine zweite Bahn. Die übrigen 4 Kanten bilden die dritte Bahn.*
Satz 7.25 gibt uns

$$3 = \frac{1}{|G|} \sum_{g \in G} |K^g| = \frac{1}{8} \sum_{g \in G} |K^g|.$$

Also $\sum |K^g| = 24$. Die Identität lässt 12 Kanten fix. Eine Spiegelung aus G an einer Ebene durch gegenüberliegende Kantenmitten von S lässt 4 Kanten fix, und eine Spiegelung an einer Ebene durch gegenüberliegende Ecken von S lässt 2 Kanten fix. Insgesamt: $24 = 12 + 2 \cdot 4 + 2 \cdot 2$.

Zurück zu unserem Eingangsbeispiel. Konjugierte Gruppenelemente haben dieselbe Anzahl an Fixpunkten (siehe Satz 4.27). Anna muss also aus jeder Konjugationsklasse von Elementen der Gruppe W^+ ein Element nehmen und prüfen, wie viele gefärbte Würfel dieses Element fix lässt. Mit den Eckenbezeichnungen aus Abbildung 1.8 ist $a = (1, 5, 6, 2)(4, 8, 7, 3)$ eine 90-Grad-Drehung um eine Achse durch gegenüberliegende Seitenmitten, $b = (2, 7, 5)(1, 3, 8)$ eine 120-Grad-Drehung um eine Würfeldiagonale und $c = (1, 5)(3, 7)(2, 8)(6, 4)$ eine 180-Grad-Drehung um eine Gerade durch die Mittelpunkte der Kanten $1, 5$ und $3, 7$. Diese drei Elemente erzeugen W^+:

```
gap> Wn:=Group((1,5,6,2)(4,8,7,3),(2,7,5)(1,3,8),(1,5)(3,7)(2,8)(6,4));
Group([ (1,5,6,2)(3,4,8,7), (1,3,8)(2,7,5), (1,5)(2,8)(3,7)(4,6) ])
gap> Size(Wn);
24
gap> C:=ConjugacyClasses(Wn);
[ ()^G, (2,4,5)(3,8,6)^G, (1,2)(3,5)(4,6)(7,8)^G,
  (1,2,3,4)(5,6,7,8)^G, (1,3)(2,4)(5,7)(6,8)^G ]
gap> List(C, i->Size(i));
[ 1, 8, 6, 6, 3 ]
```

Die Konjugationsklassen sind also in der Reihenfolge wie in der GAP-Ausgabe:

1. die Identität als eigene Klasse,

2. 8 Drehungen um 120 oder 240 Grad um Würfeldiagonalen,

3. 6 Drehungen um 180 Grad um Geraden durch gegenüberliegende Kantenmitten,

4. 6 Drehungen um 90 oder 270 Grad um Geraden durch gegenüberliegende Seitenmitten,

5. 3 Drehungen um 180 Grad um Geraden durch gegenüberliegende Seitenmitten.

Die Identität lässt alle 2^6 Würfel fix. Die 120- und 240-Grad-Drehungen lassen jeweils $2^2 = 4$ Würfel fix. Geht die Diagonale, um die gedreht wird, zum Beispiel durch die Ecken 1 und 7, so muss man alle Würfelseiten, die an 1 angrenzen, gleich färben und alle, die an 7 angrenzen, gleich färben. Das gibt 4 Färbungen. Die 180-Grad-Drehungen um gegenüberliegende Kantenmitten und auch die 90- oder 270-Grad-Drehungen lassen jeweils 2^3 Würfel fix. Die Drehungen um gegenüberliegende Seitenmitten lassen jeweils $2^4 = 16$ Würfel fix. Insgesamt haben wir also:

$$\frac{1}{24} \left((1 \cdot 2^6) + (8 \cdot 2^2) + (6 \cdot 2^3) + (6 \cdot 2^3) + (3 \cdot 2^4) \right) = 10$$

Anna braucht also 10 Holzwürfel, um alle möglichen Färbungen erstellen zu können.

Bei diesem einfachen Problem hätte man die Anzahl der Würfel auch auf andere Weise zählen können, aber bei Problemen mit mehr Möglichkeiten ist das keine Option mehr, und man muss auf Satz 7.25 zurückgreifen. Man könnte sich etwa fragen, auf wie viele verschiedene Weisen man die Seitenflächen eines Ikosaeders mit drei Farben färben kann. Ein Ikosaeder hat 20 Seitendreiecke, also gibt es 3^{20} Färbungen, ohne die Drehungen zu berücksichtigen. Das sind über 3 Milliarden.

Aufgaben

1. Jede Kante eines Würfels färbe man blau oder rot. Wie viele verschiedene solcher Würfelfärbungen gibt es?

2. Ein runder Kuchen wird in 8 gleich große Stücke geschnitten. Auf wie viele Weisen kann man rote und grüne Kerzen platzieren, so dass in der Mitte von jedem Stück genau eine Kerze steckt?

3. Die endliche Gruppe G operiere transitiv auf der endlichen Menge X, und es gelte $|X| > 1$. Zeigen Sie mit Hilfe von Satz 7.25, dass es ein $g \in G$ geben muss, das keinen Fixpunkt auf X hat.

Kapitel 8

Abelsche und auflösbare Gruppen

Dieses Kapitel beginnen wir mit Kommutatoren und der Kommutatoruntergruppe einer Gruppe. Die Kommutatoruntergruppe einer nichtabelschen Gruppe ist ein Normalteiler, der nicht die triviale Gruppe ist. Im zweiten Abschnitt geht es um abelsche Gruppen. Endlich erzeugte abelsche Gruppen werden dort klassifiziert, also vollständig aufgelistet. Im letzten Abschnitt werden auflösbare Gruppen vorgestellt, die wichtig sind im Zusammenhang mit Körpererweiterungen in der Galois-Theorie. Auf Körpererweiterungen gehen wir hier nicht ein, auflösbare Gruppen sind aber auch innerhalb der Gruppentheorie interessant.

8.1 Kommutatoren

Ist G eine Gruppe und sind $g, h \in G$, dann heißt $[g, h] = ghg^{-1}h^{-1}$ *Kommutator* von g und h. g und h *kommutieren* in G, wenn $[g, h] = 1$. In einer abelschen Gruppe kommutieren je zwei Elemente, und nur das neutrale Element ist selbst Kommutator. Ist eine Gruppe nicht abelsch, so gibt es Kommutatoren, die nicht das neutrale Element sind.

Sind J und H Untergruppen einer Gruppe G, so schreiben wir

$$[J, H] = \langle [j, h] \mid j \in J, h \in H \rangle$$

für die Untergruppe von G, die von allen Kommutatoren $[j, h]$ ($j \in J, h \in H$) erzeugt wird.

Sei G eine Gruppe. Die *Kommutatoruntergruppe* $G' = [G, G]$ ist die Untergruppe, die von allen Kommutatoren erzeugt wird.

$$[G, G] = \{ g_1 h_1 g_1^{-1} h_1^{-1} g_2 h_2 g_2^{-1} h_2^{-1} \ldots g_n h_n g_n^{-1} h_n^{-1} \mid g_i, h_i \in G \}$$

Ihre Elemente bestehen also aus Produkten von Kommutatoren von G. Nicht jedes Produkt von Kommutatoren ist selbst wieder ein Kommutator, obwohl explizite Beispiele schwer zu finden sind (siehe FISCHER [Fis17]).

© Springer-Verlag GmbH Deutschland, ein Teil von Springer Nature 2020
S. Rosebrock, *Anschauliche Gruppentheorie*,
https://doi.org/10.1007/978-3-662-60787-9_8

Die Kommutatoruntergruppe einer abelschen Gruppe ist die triviale Gruppe. Ist G nicht abelsch, so ist die Kommutatoruntergruppe nichttrivial.

Ist G die Symmetriegruppe einer Figur, dann sind in der Kommutatoruntergruppe G' nur orientierungserhaltende Isometrien enthalten. Jeder Kommutator enthält nämlich gerade viele orientierungsumkehrende Isometrien. Zu jeder orientierungsumkehrenden Isometrie g kommt nämlich auch g^{-1} im Kommutator vor.

Wir berechnen die Kommutatoruntergruppe der Diedergruppe D_n des regulären n-Ecks. Ist s eine Spiegelung und d die Drehung um $360/n$ Grad, dann gilt die Relation $sd^k = d^{n-k}s$ in D_n (siehe Formel (6.4) von Seite 132). $[d^k, s]$ ist ein Element der Kommutatoruntergruppe D'_n. Es gilt

$$[d^k, s] = d^k s d^{-k} s^{-1} = d^k s d^{n-k} s = d^k s s d^k = d^k d^k = d^{2k},$$

weil $d^{n-k} = d^{-k}$ und $s = s^{-1}$. Alle geraden Potenzen von d sind also Kommutatoren. Mehr nichttriviale Kommutatoren gibt es nicht. Die Kommutatoruntergruppe besteht also aus

$$D'_n = \{id, d^2, d^4, \ldots, d^{2(n-1)}\}.$$

Ist n gerade, dann besteht D'_n also aus jeder zweiten Drehung, zum Beispiel: $D'_6 = \{id, d^2, d^4\}$, und D'_n ist isomorph zu $\mathbb{Z}_{n/2}$. Für ungerades n besteht D'_n aus allen Drehungen $D'_n = D^+_n$ und ist isomorph zu $\mathbb{Z}_n$.

Wir überprüfen das mit GAP. `DerivedSubgroup` gibt uns die Kommutatoruntergruppe. Für die Gruppe D_5 erhalten wir als Kommutatoruntergruppe die zyklische Gruppe der Ordnung 5.

```
gap> D5:=DihedralGroup(10);
<pc group of size 10 with 2 generators>
gap> G5:=DerivedSubgroup(D5);
Group([ f2 ])
gap> Size(G5);
5
```

Die Kommutatoruntergruppe der Gruppe D_6 ergibt die zyklische Gruppe der Ordnung 3.

```
gap> D6:=DihedralGroup(12);
<pc group of size 12 with 3 generators>
gap> G6:=DerivedSubgroup(D6);
Group([ f3 ])
gap> Size(G6);
3
```

Die Kommutatoruntergruppe $G' = [G, G]$ ist sogar ein Normalteiler der Gruppe G. Wir zeigen dazu: Ist $h \in G'$ und $g \in G$, dann ist $ghg^{-1} \in G'$. Nach Lemma

3.38 genügt das, um G' als Normalteiler zu erweisen. Ist $h \in G'$, dann ist $ghg^{-1} = (ghg^{-1}h^{-1}) \cdot h$, und weil $ghg^{-1}h^{-1} \in G'$ und $h \in G'$, folgt $(ghg^{-1}h^{-1}) \cdot h \in G'$. G' ist also Normalteiler, und wir können die Faktorgruppe G/G' bilden. G/G' ist eine abelsche Gruppe, weil jeder Kommutator zum neutralen Element quotientiert wird. Jeder Kommutator in G/G' ist das neutrale Element. Man nennt G/G' die *Abelschmachung* von G. Die Kommutatoruntergruppe ist der kleinste Normalteiler, so dass der Quotient abelsch wird.

Satz 8.1 *Die Abelschmachung der freien Gruppe F_n vom Rang n ist $\mathbb{Z}^n$.*

Beweis: Sei $F_n = \langle x_1, \ldots, x_n \rangle$. Die Faktorgruppe $F_n/[F_n, F_n]$ ist abelsch. Jedes Element von $F_n/[F_n, F_n]$ lässt sich also auf genau eine Weise in der Form

$$x_1^{m_1} \ldots x_n^{m_n}[F_n, F_n]$$

darstellen. Die Abbildung

$$x_1^{m_1} \ldots x_n^{m_n}[F_n, F_n] \rightarrow (m_1, \ldots, m_n)$$

ist also ein Isomorphismus zwischen $F_n/[F_n, F_n]$ und $\mathbb{Z}^n$. $\square$

Eine Gruppe heißt *perfekt*, wenn sie gleich ihrer Kommutatoruntergruppe ist. Anders gesagt: Eine Gruppe ist perfekt, wenn jedes ihrer Elemente als Kommutator geschrieben werden kann. Eine nichtabelsche einfache Gruppe G ist perfekt, denn wenn G einfach ist, dann heißt das, dass G keine echten Normalteiler hat. Da die Kommutatoruntergruppe aber nichttrivial ist, weil G nichtabelsch und außerdem normal ist, muss sie gleich der ganzen Gruppe sein. Also ist nach Satz 4.41 die alternierende Gruppe A_5 perfekt.

Wir berechnen noch die Kommutatoruntergruppe der symmetrischen Gruppe S_n für $n \geq 3$. Es gilt:

$$[(1,2),(1,3)] = (1,2) \circ (1,3) \circ (1,2)^{-1} \circ (1,3)^{-1} = (1,2) \circ (1,3) \circ (1,2) \circ (1,3)$$

$$= ((1,2) \circ (1,3))^2 = (1,3,2)^2 = (1,2,3)$$

Also ist $(1,2,3)$ ein Kommutator, und weil die Zahlen in der Rechnung beliebig austauschbar sind, ist jeder 3-Zyklus in S_n ein Kommutator. Weil die alternierende Gruppe A_n von 3-Zyklen erzeugt wird (siehe Satz 4.8), ist also A_n eine Untergruppe der Kommutatoruntergruppe S_n'.
Es gilt aber sogar $A_n = S_n'$. Es ist nämlich eine Transposition (i,j) niemals ein Kommutator. S_n ist nämlich die Symmetriegruppe eines $n-1$-dimensionalen Tetraeders im $\mathbb{R}^{n-1}$ (siehe Aufgabe 2 aus Abschnitt 4.1), und (i,j) beschreibt eine Spiegelung und ist damit orientierungsumkehrend. Es ist also $S_n' \neq S_n$. Die Ordnung von S_n' muss ein Teiler der Gruppenordnung $|S_n| = n!$ sein, und zwar mindestens $|A_n| = n!/2$. Da S_n' die Gruppe A_n enthält, muss sie gleich A_n sein. Man

sieht natürlich auch direkt, dass jeder Kommutator eine gerade Permutation sein muss, weil er sich aus gerade vielen (nämlich 4) Permutationen zusammensetzt. Wir haben also bewiesen:

Satz 8.2 *Für alle $n \geq 3$ gilt $S'_n = A_n$.*

Aufgaben

1. Sei $G = \langle X \mid R \rangle$. Zeigen Sie, dass G/G', die abelsch gemachte Gruppe, die Präsentation $\langle X \mid R, [X,X] \rangle$ hat. Zur Präsentation von G werden also alle Kommutatoren von Erzeugenden dazugeschrieben.

2. Zeigen Sie, dass die Kommutatoruntergruppe Q' der Quaternionengruppe Q (siehe Aufgabe 6 von Abschnitt 7.3) $\{\pm 1\}$ ist. Zeigen Sie, dass $Q/Q' \cong \mathbb{Z}_2 \times \mathbb{Z}_2$ ist.

3. Beweisen Sie: $[x,y] = [y,x]^{-1}$.

4. Seien x, y zwei Elemente einer Gruppe, die kommutieren. Seien die Ordnungen von x und y teilerfremd. Beweisen Sie, dass die Ordnung des Elements xy gleich dem Produkt der Ordnungen von x und von y ist.

8.2   Abelsche Gruppen

Eine Gruppe der Form

$$\mathbb{Z}_{n_1} \times \mathbb{Z}_{n_2} \times \ldots \times \mathbb{Z}_{n_j} \times \mathbb{Z}^k$$

ist abelsch, weil jeder Faktor abelsch ist. Sie ist außerdem endlich erzeugt, weil man die Gruppe mit j Erzeugenden für die endlichen Faktoren und k Erzeugenden für $\mathbb{Z}^k$ erzeugen kann.

Endlich erzeugte abelsche Gruppen lassen sich klassifizieren, und die Klassifikation wollen wir hier beweisen. In dem folgenden Klassifikationssatz heißt das Zeichen $|$ *ist Teiler von*. Zum Beispiel gilt $3|15$.

Satz 8.3 *Jede endlich erzeugte abelsche Gruppe ist isomorph zu einem direkten Produkt der Form*

$$\mathbb{Z}_{n_1} \times \mathbb{Z}_{n_2} \times \ldots \times \mathbb{Z}_{n_j} \times \mathbb{Z}^k. \tag{8.1}$$

Dabei kann $k = 0$ oder $j = 0$ gelten, und die n_i sind natürliche Zahlen $n_i \geq 2$, so dass $n_i | n_{i+1}$.

Eine endliche abelsche Gruppe ist also isomorph zu einem direkten Produkt endlicher zyklischer Gruppen, und eine endlich erzeugte abelsche Gruppe ohne Elemente endlicher Ordnung ist also isomorph zu $\mathbb{Z}^k$, einem direkten Produkt von k $\mathbb{Z}$-Faktoren.

Wir hatten bereits in Aufgabe 4 von Abschnitt 6.1 gesehen, dass $\mathbb{Z}_n$ isomorph zu $\mathbb{Z}_p \times \mathbb{Z}_q$ ist, wenn $n = p \cdot q$ und p, q teilerfremd sind. Das deckt sich mit Satz 8.3. Was ist aber, wenn p, q nicht teilerfremd sind, aber p teilt nicht q? Dann passt das auch in unseren Satz, wie z.B.

$$\mathbb{Z}_6 \times \mathbb{Z}_9 \cong \mathbb{Z}_2 \times \mathbb{Z}_3 \times \mathbb{Z}_9 \cong \mathbb{Z}_3 \times \mathbb{Z}_{18}.$$

Anwenden können wir das auch auf Untergruppen von nichtendlich erzeugten abelschen Gruppen. Sei $U = \langle 2, \sqrt{2} \rangle$ Untergruppe von $(\mathbb{R}, +)$. Weil ein Vielfaches von $\sqrt{2}$ niemals ganzzahlig ist, gilt nach Satz 8.3: $U \cong \mathbb{Z}^2$.

Ein Erzeugendensystem mit t Elementen einer Gruppe G heißt *minimal*, wenn G kein Erzeugendensystem mit $t - 1$ Elementen enthält.

Beweis: (von Satz 8.3) Sei G eine beliebige endlich erzeugte abelsche Gruppe. Sei $\{g_1, \ldots, g_t\}$ ein minimales Erzeugendensystem von G. Jedes Element $w \in G$ lässt sich als

$$w = g_1^{m_1} \ldots g_t^{m_t}$$

schreiben, weil G abelsch ist. Ist

$$1 = g_1^{m_1} \ldots g_t^{m_t}$$

eine Relation in G nur, wenn $m_1 = m_2 = \ldots = m_t = 0$, dann ist $G \cong \mathbb{Z}^t$. Es gibt dann nämlich einen Isomorphismus $\phi \colon G \to \mathbb{Z}^t$, indem man

$$\phi(g_1^{m_1} \ldots g_t^{m_t}) = (m_1, m_2, \ldots, m_t)$$

setzt.

Nehmen wir ab jetzt an, dass es weitere Relationen in G gibt. Unter allen Relationen unter allen minimalen Erzeugendensystemen sei r_1 der kleinste vorkommende Exponent. Wir nehmen an, dass

$$1 = g_1^{r_1} g_2^{m_2} \ldots g_t^{m_t} \tag{8.2}$$

eine solche Relation in einem solchen Erzeugendensystem ist und der Exponent r_1 bei der Erzeugenden g_1 auftritt. Wenn r_1 bei einer anderen Erzeugenden auftritt, nenne man die Erzeugenden um.

r_1 muss ein Teiler von m_2 sein. Um das zu sehen, teilen wir m_2 durch r_1 mit Rest: $m_2 = q r_1 + z$ mit $0 \leq z < r_1$ und zeigen, dass $z = 0$ gelten muss. Die Gleichung (8.2) wird zu:

$$1 = g_1^{r_1} g_2^{q r_1 + z} g_3^{m_3} \ldots g_t^{m_t} = (g_1 g_2^q)^{r_1} g_2^z g_3^{m_3} \ldots g_t^{m_t}$$

Die Menge $\{(g_1 g_2^q), g_2, g_3, \ldots, g_t\}$ ist auch ein minimales Erzeugendensystem, weil sich jedes Gruppenelement $g_1^{m_1} \ldots g_t^{m_t} \in G$ in den neuen Erzeugenden schreiben lässt: $(g_1 g_2^q)^{m_1} g_2^{m_2 - qm_1} g_3^{m_3} \ldots g_t^{m_t}$. Ist $z \neq 0$, dann haben wir, wegen $z < r_1$, einen Widerspruch zur Wahl von r_1 als kleinster vorkommender Exponent. z kommt nämlich im neuen Erzeugendensystem als Exponent von g_2 vor. Also ist $z = 0$ und deswegen $m_2 = qr_1$. Genauso zeigen wir, dass r_1 jede der Zahlen m_3 bis m_t teilt, und wir setzen $q_i = m_i / r_1$ für $3 \leq i \leq t$.

Wir wechseln jetzt das Erzeugendensystem. Wir setzen $h_1 = g_1 g_2^q g_3^{q_3} \ldots g_t^{q_t}$. Unser neues Erzeugendensystem ist $h_1, g_2, \ldots, g_t$. Die Relation (8.2) lautet jetzt

$$1 = h_1^{r_1}. \tag{8.3}$$

Das sieht man, indem man in der Gleichung (8.3) das Element h_1 durch

$$g_1 g_2^q g_3^{q_3} \ldots g_t^{q_t}$$

ersetzt.

r_1 war anfangs als kleinster in einer Relation vorkommender Exponent gewählt, also ist kein kleinerer positiver Exponent von h_1 die Identität, und damit hat h_1 die Ordnung r_1.

Sei $U = \langle h_1 \rangle < G$ und $G_1 = \langle g_2, \ldots, g_t \rangle < G$. U ist isomorph zu $\mathbb{Z}_{r_1}$. Es gilt $UG_1 = G$ und $U \cap G_1 = \{e\}$. Weil G abelsch ist, sind U und G_1 Normalteiler von G. Nach Satz 6.3 gilt also $G = U \times G_1 \cong \mathbb{Z}_{r_1} \times G_1$.

Jetzt machen wir mit G_1 genau dasselbe, was wir vorher mit G gemacht hatten. Wir haben dann also entweder $G_1 = \mathbb{Z}^{t-1}$, und wir sind fertig, oder $G_1 = \mathbb{Z}_{r_2} \times G_2$ und $G \cong \mathbb{Z}_{r_1} \times \mathbb{Z}_{r_2} \times G_2$. Im zweiten Fall muss r_2 als Exponent in einer Relation auftauchen, also

$$1 = x_2^{r_2} x_3^{m_3'} \ldots x_t^{m_t'}.$$

Zusammen mit der Relation (8.3) haben wir eine Relation

$$1 = h_1^{r_1} x_2^{r_2} x_3^{m_3'} \ldots x_t^{m_t'}$$

in G. Oben haben wir aber gesehen, dass in jeder solchen Relation r_1 ein Teiler von r_2 ist. Wir machen mit unserem Beweis mit G_2 weiter wie mit G_1 vorher, dann mit G_3 etc. Nach spätestens insgesamt t Schritten endet der Prozess, und der Satz ist bewiesen. $\qquad \square$

Man kann noch zeigen, dass je zwei solche Gruppen verschieden sind:

Satz 8.4 *Sei* $G_1 = \mathbb{Z}_{n_1} \times \ldots \times \mathbb{Z}_{n_t} \times \mathbb{Z}^k$ *mit* $n_i | n_{i+1}$ *und* $G_2 = \mathbb{Z}_{m_1} \times \ldots \times \mathbb{Z}_{m_s} \times \mathbb{Z}^p$ *mit* $m_i | m_{i+1}$. *Ist* G_1 *isomorph zu* G_2, *dann folgt* $t = s$, $k = p$ *und* $n_i = m_i$ *für* $1 \leq i \leq t$.

Einen Beweis findet man etwa in ARMSTRONG [Arm88].

Damit ist zum Beispiel gezeigt, dass $\mathbb{Z}_9$ nicht isomorph ist zu $\mathbb{Z}_3 \times \mathbb{Z}_3$.

Direkte Produkte abelscher Gruppen sind nicht eindeutig. Wir betrachten dazu ein Beispiel:

Beispiel 8.5 *Sei $U = \langle x \rangle \cong \mathbb{Z}_2$, wobei die Ordnung von x 2 ist und $V = \langle y \rangle \cong \mathbb{Z}$. Sei*

$$G = U \times V = \{(x^n, y^m) \mid n, m \in \mathbb{Z}\} \cong \mathbb{Z}_2 \times \mathbb{Z}.$$

Statt der Untergruppe $V = \{(e, y^m) \mid m \in \mathbb{Z}\}$ (e sei das neutrale Element in U) betrachten wir die Untergruppe $H < G$ definiert durch $H = \{(x^m, y^m) \mid m \in \mathbb{Z}\}$.

Es gilt $G = U \times H$ nach Satz 6.3: Es ist nämlich $G = UH$, denn für $(x^n, y^m) \in G$ mit $n \equiv m \bmod 2$ ist $(x^n, y^m) \in V$, und sonst gilt $(x^n, y^m) = (x, e)(x^{n-1}, y^m)$, wobei $(x^{n-1}, y^m) \in V$. $(x, e) \notin V$, und daher ist $U \cap V = (e, e)$ das neutrale Element von G. Die Gruppe G lässt sich also auf zwei verschiedene Weisen als direktes Produkt darstellen.

Aufgaben

1. Seien $p_1, p_2, \ldots, p_n$ verschiedene Primzahlen. Zeigen Sie, dass eine abelsche Gruppe der Ordnung $p_1 \cdot \ldots \cdot p_n$ zyklisch sein muss.

2. Sei $U = \langle (1, 1) \rangle$ Untergruppe von $\mathbb{Z}_p \times \mathbb{Z}_q$. Welche Ordnung hat U? Zu welcher Gruppe ist U isomorph?

8.3 Auflösbare Gruppen

Sei G eine Gruppe. Die höheren Kommutatorgruppen sind folgendermaßen definiert:

$$G^{(0)} = G, \ G^{(1)} = [G, G], \ G^{(n+1)} = [G^{(n)}, G^{(n)}]$$

Zum Beispiel ist also $G^{(2)}$ die Untergruppe von G, die von allen Kommutatoren von Kommutatoren gebildet wird. $G^{(i)}$ ist Normalteiler von $G^{(i-1)}$, weil $G^{(i)}$ Kommutatoruntergruppe von $G^{(i-1)}$ ist (siehe Abschnitt 8.1).

Man erhält also eine absteigende Kette von Untergruppen, die sogenannte *Kommutatorreihe*:

$$G = G^{(0)} \rhd G^{(1)} \rhd G^{(2)} \rhd G^{(3)} \ldots$$

Für jede Gruppe H gilt, $H/[H, H]$ ist abelsch, d.h., die Faktorgruppen $G^{(i)}/G^{(i+1)}$ sind alle abelsche Gruppen.

Definition 8.6 *Eine* Normalreihe *einer Gruppe G ist eine absteigende Kette von Normalteilern*

$$G = N_0 \triangleright N_1 \triangleright N_2 \triangleright \ldots \triangleright N_k = \{e\}.$$

Die Faktorgruppen N_i/N_{i+1} heißen Faktoren *der Normalreihe.*

Der wichtige Punkt ist hier, dass man mit der trivialen Gruppe endet, was bei absteigenden Kommutatoruntergruppen nicht unbedingt der Fall sein muss.

Als Beispiele für Normalreihen hat man etwa:

$$S_n \triangleright A_n \triangleright \{e\}, \quad \forall n \geq 5$$

Im Satz 8.2 haben wir gesehen, dass $S_n' = A_n$ für $n \geq 3$. Außerdem gilt:

$$S_4 \triangleright A_4 \triangleright V \triangleright \{e\},$$

wobei V die Klein'sche Vierergruppe ist. Sind A_4 die geraden Permutationen der Menge $\{1, 2, 3, 4\}$, dann hat man

$$V = \{id, (1,2)(3,4), (1,3)(2,4), (1,4)(2,3)\}.$$

V besteht aus geraden Permutationen, so dass $V < A_4$ gilt. V ist aber sogar normal in A_4, weil

$$(1,2,3) \circ (1,2)(3,4) \circ (1,3,2) = (1,4)(2,3).$$

Konjugate von Elementen aus V liegen also wieder in V. Das genügt nach Lemma 3.38 bereits, um zu zeigen, dass V normal ist in A_4.

Definition 8.7 *Eine Gruppe G heißt* auflösbar, *wenn G eine Normalreihe mit abelschen Faktoren hat.*

Der Name „auflösbare Gruppe" kommt von der Beziehung zur Auflösbarkeit algebraischer Polynomgleichungen. Darauf gehen wir hier nicht ein.
Jede abelsche Gruppe G ist wegen $G \triangleright \{e\}$ auflösbar.

Lemma 8.8 *Sei G eine Gruppe. Es gibt genau dann ein $k \in \mathbb{N}$ mit $G^{(k)} = \{e\}$, wenn G auflösbar ist.*

Beweis: Wenn es ein $k \in \mathbb{N}$ mit $G^{(k)} = \{e\}$ gibt, dann ist G auflösbar. Man nehme die Kommutatorreihe.
Zur Umkehrung: Sei

$$G = N_0 \triangleright N_1 \triangleright N_2 \triangleright \ldots \triangleright N_k = \{e\}$$

eine Normalreihe mit abelschen Faktoren. Wir zeigen

$$G^{(i)} < N_i \text{ für alle } 0 \leq i \leq k. \tag{8.4}$$

Dann ist wegen $N_k = \{e\}$ und $G^{(k)} < N_k$ die Bedingung $G^{(k)} = \{e\}$ erfüllt.
Für $i = 0$ steht da $G < G$, und das ist wahr. Per Induktion nehmen wir an, die
Beziehung (8.4) ist für i bewiesen. N_i/N_{i+1} ist nach Voraussetzung abelsch, und
weil die Kommutatorgruppe der kleinste Normalteiler ist, der eine Gruppe abelsch
macht, gilt: $[N_i, N_i] < N_{i+1}$. Jetzt folgt:

$$G^{(i+1)} = [G^{(i)}, G^{(i)}] < [N_i, N_i] < N_{i+1}$$

$[G^{(i)}, G^{(i)}] < [N_i, N_i]$ folgt aus der Induktionsannahme $G^{(i)} < N_i$. □

Satz 8.9 *S_n ist auflösbar genau dann, wenn $n \leq 4$.*

Beweis: S_2 ist abelsch und deshalb auflösbar. Die Normalreihen

$$S_3 \rhd A_3 \rhd \{e\} \text{ und } S_4 \rhd A_4 \rhd V \rhd \{e\}$$

haben abelsche Faktoren (die Ordnungen der Faktorgruppen sind Primzahlen, und
von Primzahlordnung gibt es nur abelsche Gruppen, außer $V \rhd \{e\}$), und deshalb
sind S_3 und S_4 auflösbar.
Für $n \geq 5$ beobachte man, dass jeder 3-Zyklus aus A_n ein Kommutator ist:

$$(i, j, k) = (i, j, l) \circ (i, k, m) \circ (l, j, i) \circ (m, k, i)$$

Weil die Gruppe A_n von 3-Zyklen erzeugt wird (siehe Satz 4.8), ist jede Permutation
aus A_n ein Produkt von Kommutatoren, und deshalb gilt $A_n = [A_n, A_n]$. Damit
ist aber $A_n^{(i)} = A_n$ für alle i, und deshalb bricht die Kommutatorreihe

$$S_n \rhd A_n \rhd A_n \rhd A_n \rhd \ldots$$

nicht ab. □

Wir überprüfen mit GAP, ob
die Quaternionengruppe auflösbar ist.

```
gap> Q:=SmallGroup(8,4);;
gap> IsSolvable(Q);
true
```

Man kann beweisen, dass die Gruppe A_5 die kleinste nichtauflösbare Gruppe ist.

Wir betrachten die Gruppe $G = \langle 1 \rangle \cong \mathbb{Z}_{30}$ und zwei Normalreihen von G:

$$G \rhd \langle 10 \rangle \rhd \{e\} \quad \text{und} \quad G \rhd \langle 2 \rangle \rhd \langle 6 \rangle \rhd \{e\}$$

Die erste Normalreihe lässt sich verfeinern, d.h., es lässt sich noch ein Normalteiler
einschieben:

$$G \rhd \langle 5 \rangle \rhd \langle 10 \rangle \rhd \{e\}$$

Nach dieser Verfeinerung betrachten wir die Faktorgruppen der beiden Normalreihen. Die erste Normalreihe hat folgende Faktorgruppen:

$$G/\langle 5 \rangle \cong \mathbb{Z}_5, \quad \langle 5 \rangle/\langle 10 \rangle \cong \mathbb{Z}_2, \quad \langle 10 \rangle/\{e\} \cong \mathbb{Z}_3$$

Die zweite Normalreihe hat folgende Faktorgruppen:

$$G/\langle 2 \rangle \cong \mathbb{Z}_2, \quad \langle 2 \rangle/\langle 6 \rangle \cong \mathbb{Z}_3, \quad \langle 6 \rangle/\{e\} \cong \mathbb{Z}_5$$

Es treten also dieselben Faktorgruppen auf, nur sind sie permutiert. Das motiviert
die folgende Definition:

Definition 8.10 *Sei G eine Gruppe. Eine Normalreihe*

$$G = N_0 \rhd N_1 \rhd N_2 \rhd \ldots \rhd N_k = \{e\}$$

heißt Verfeinerung *einer Normalreihe*

$$G = H_0 \rhd H_1 \rhd H_2 \rhd \ldots \rhd H_n = \{e\},$$

wenn jede Gruppe H_i in $\{N_0, N_1, \ldots, N_k\}$ enthalten ist.
Zwei Normalreihen einer Gruppe G heißen äquivalent, *wenn es eine bijektive Abbildung zwischen ihren Faktorgruppen gibt.*

Wichtig ist hier der folgende Verfeinerungssatz von SCHREIER aus dem Jahr 1928.
Ein Beweis findet sich etwa in ROTMAN [Rot95]:

Satz 8.11 *Je zwei Normalreihen einer Gruppe haben äquivalente Verfeinerungen.*

Wir beweisen:

Satz 8.12 *Sei G eine endliche, auflösbare Gruppe. Dann gibt es eine Normalreihe
mit zyklischen Faktoren von Primzahlordnung.*

Beweis: Wir zeigen:

> *Sei $N \lhd G$, und N sei ein echter Normalteiler von G (d.h. die Fak-
> torgruppe ist nichttrivial). Sei G/N abelsch und endlich. Dann gibt es
> einen Normalteiler $H \lhd G$ mit $N \lhd H$ mit $H/N \cong \mathbb{Z}_p$, wobei p eine
> Primzahl ist.*

Wir nehmen uns dann eine beliebige Normalreihe von G und verfeinern sie, bis alle
Faktoren Primzahlordnung haben.
Zum Beweis der Behauptung: Weil G/N nichttrivial ist, gibt es ein Element $g \in
G/N$, das nichttrivial ist. Die Gruppe $\langle g \rangle < G/N$ ist eine zyklische Gruppe, und
weil G endlich ist, isomorph zu einer Gruppe $\mathbb{Z}_n$.

Nach Aufgabe 8 aus Abschnitt 3.3 gibt es zu jedem Primteiler $p|n$ eine Untergruppe $U < \langle g \rangle$, so dass $U \cong \mathbb{Z}_p$. G/N ist abelsch, also gilt $U \lhd G/N$.
Wir betrachten den surjektiven Homomorphismus $\phi \colon G \to G/N$, und wir definieren H als $\phi^{-1}(U)$. Nach Lemma 8.13, welches wir gleich beweisen, ist H normal in G. Das folgende Diagramm zeigt den Zusammenhang:

$$\begin{array}{ccc} \phi\colon & G & \to & G/N \\ & \triangledown & & \triangledown \\ \phi\colon & H & \to & U \cong \mathbb{Z}_p \end{array}$$

$H/N \cong U$, weil $\phi(H) = U$ und ϕ gerade der kanonische Homomorphismus ist, der nach N faktorisiert. $\qquad\square$

Lemma 8.13 *Sei $\phi \colon G \to J$ ein Gruppenhomomorphismus und $U \lhd J$. Dann gilt $\phi^{-1}(U) \lhd G$.*

Beweis: Urbilder von Untergruppen sind Untergruppen (siehe Satz 3.32), d.h. $\phi^{-1}(U) < G$. Sei $g \in \phi^{-1}(U)$, d.h., es gibt ein $u \in U$ mit $\phi(g) = u$. Für irgendein $h \in G$ gilt:

$$\phi(hgh^{-1}) = \phi(h) \cdot u \cdot \phi(h)^{-1} \in U,$$

weil U normal ist in J. Es folgt $hgh^{-1} \in \phi^{-1}(U)$. $\qquad\square$

Lemma 8.14 *Sei $\phi \colon G \to H$ ein Gruppenhomomorphismus. Dann gilt $\forall n \in \mathbb{N}$:*

$$\phi(G^{(n)}) = \phi(G)^{(n)}$$

Beweis: Wir beweisen die Gleichung mit Induktion über n. Für $n = 0$ wird die Gleichung zu $\phi(G) = \phi(G)$. Sei $n > 1$. Es gilt $\phi([x,y]) = [\phi(x), \phi(y)]$. Daraus folgt

$$\phi(G^{(n+1)}) = \phi([G^{(n)}, G^{(n)}]) = [\phi(G^{(n)}), \phi(G^{(n)})] = [\phi(G)^{(n)}, \phi(G)^{(n)}] = \phi(G)^{(n+1)},$$

denn nach Induktionsannahme gilt: $[\phi(G^{(n)}), \phi(G^{(n)})] = [\phi(G)^{(n)}, \phi(G)^{(n)}]$. $\qquad\square$

Satz 8.15 *Sei $N \lhd G$. G ist auflösbar genau dann, wenn N und G/N auflösbar sind.*

Beweis: Ist G auflösbar, dann ist auch N auflösbar nach Übungsaufgabe 1. Sei $\phi \colon G \to G/N$ der kanonische Homomorphismus. Mit Lemma 8.14 folgt:

$$(G/N)^{(n)} = \phi(G)^{(n)} = \phi(G^{(n)})$$

Ist also $G^{(n)} = \{e\}$, dann ist auch $(G/N)^{(n)} = \{e\}$.

Umgekehrt seien N und G/N auflösbar. Sei $m \in \mathbb{N}$, so dass $N^{(m)}$ und $(G/N)^{(m)}$ jeweils die triviale Gruppe sind. Mit Lemma 8.14 folgt: $\phi(G^{(m)}) = (G/N)^{(m)} = \{e\}$, und deshalb ist $G^{(m)} < N$. Damit folgt

$$G^{(2m)} = (G^{(m)})^{(m)} < N^{(m)} = \{e\},$$

Also bricht die Kommutatorreihe mit der trivialen Gruppe ab. und deshalb ist G auflösbar. □

Satz 8.16 *Jede p-Gruppe ist auflösbar.*

Beweis: Sei G eine Gruppe und $|G| = p^n$, wobei p eine Primzahl ist. Wir beweisen den Satz mit Induktion über n. Für $n = 0$ gibt es nichts zu zeigen. Wir betrachten das Zentrum $C(G) \lhd G$. Weil $C(G)$ eine Untergruppe von G ist, gilt $|C(G)| = p^m$ mit $m \leq n$. Nach Satz 4.44 ist das Zentrum einer p-Gruppe nichttrivial, d.h. $m \geq 1$. Damit folgt $|G/C(G)| = p^{n-m} < p^n$. Nach Induktionsannahme ist also $G/C(G)$ auflösbar, $C(G)$ ist auflösbar, weil es abelsch ist, und die Behauptung folgt aus Satz 8.15. □

FEIT-THOMPSON haben 1963 gezeigt, dass jede endliche Gruppe ungerader Ordnung auflösbar ist. Der Beweis ist über 200 Seiten lang.

Definition 8.17 *Sei G eine Gruppe. Eine* Zentralreihe *von G ist eine Normalreihe*

$$G = N_0 \rhd N_1 \rhd N_2 \rhd \ldots \rhd N_k = \{e\},$$

bei der die Faktoren N_{i-1}/N_i im Zentrum $C(G/N_i)$ liegen. G heißt nilpotent, *wenn G eine Zentralreihe hat. Die Länge der kürzesten Zentralreihe von G ist ihre* Nilpotenzklasse.

Die Bedingung, dass die Faktoren N_{i-1}/N_i im Zentrum $C(G/N_i)$ liegen, ist offensichtlich äquivalent zu der Bedingung, dass $[N, N_{i-1}] < N_i$ ist.

Nur die triviale Gruppe hat Nilpotenzklasse 0. Liegen die Faktoren N_{i-1}/N_i im Zentrum $C(G/N_i)$, dann sind die Faktoren natürlich abelsch, also sind nilpotente Gruppen auflösbar. Die Umkehrung ist jedoch im Allgemeinen falsch. Die Gruppe S_3 ist auflösbar (siehe Satz 8.9), aber nicht nilpotent, denn ihr Zentrum ist trivial (siehe Satz 4.45).

Abelsche Gruppen sind nilpotent mit Nilpotenzklasse 1, denn wenn G abelsch ist, dann ist $C(G/N_i) = G/N_i$. Ist G eine nichtabelsche Gruppe, so dass $G/C(G)$ abelsch ist, dann ist G nilpotent der Nilpotenzklasse 2 mit Zentralreihe

$$G \rhd C(G) \rhd \{e\}.$$

Satz 8.18 *Eine p-Gruppe ist nilpotent.*

Beweis: Sei G eine p-Gruppe mit $|G| > 1$. Nach Satz 4.44 ist das Zentrum $C(G)$ von G nichttrivial. Induktiv können wir, wie im Beweis von Satz 8.16, annehmen, dass $G/C(G)$ nilpotent ist. Wir betrachten eine Zentralreihe

$$G/C(G) = N_0 \triangleright N_1 \triangleright N_2 \triangleright \ldots \triangleright N_k = \{e\}$$

für $G/C(G)$. Es gibt den kanonischen Homomorphismus $\phi\colon G \to G/C(G)$. Die Urbilder $\phi^{-1}(N_i)$ bilden eine Zentralreihe für G, wenn wir an das Urbild $C(G)$ von N_k noch die triviale Gruppe an die entstehende Zentralreihe anhängen. $\qquad\square$

Man kann beweisen, dass eine endliche Gruppe genau dann nilpotent ist, wenn sie direktes Produkt von p-Gruppen ist (für verschiedene Primzahlen p).

Beispiel 8.19 *Die* Heisenberg-Gruppe H *wird präsentiert von*

$$\langle x, y, z \mid [x, z], [y, z], [x, y] = z \rangle.$$

Es gilt $[H, H] = \langle z \rangle \cong \mathbb{Z}$. $H/[H, H]$ *ist abelsch, liegt also im Zentrum* $C(H/[H, H])$. *Aber auch* $[H, H]$ *ist abelsch, und wir haben eine Zentralreihe* $H \triangleright [H, H] \triangleright \{e\}$, *so dass* H *nilpotent der Nilpotenzklasse 2 ist.*

In GAP kann man sich die Nilpotenzklasse von manchen Gruppen ausgeben lassen:

```
gap> NilpotencyClassOfGroup(DihedralGroup(4));
1
gap> NilpotencyClassOfGroup(DihedralGroup(8));
2
```

Das Kommando `DihedralGroup(2n)` gibt die Gruppe D_n. Die Gruppe D_2 ist abelsch und daher von der Nilpotenzklasse 1. Die Gruppe D_4 hat als Kommutatoruntergruppe ihr Zentrum, $D_4' = C(D_4) = \{id, d\}$ mit der Drehung d um 180 Grad. Also hat D_4 die Nilpotenzklasse 2.

Ob eine Gruppe überhaupt nilpotent ist, sieht man folgendermaßen:

```
gap> IsNilpotentGroup(DihedralGroup(8));
true
gap> IsNilpotentGroup(DihedralGroup(10));
false
```

Aufgaben

1. Beweisen Sie: Eine Untergruppe einer auflösbaren Gruppe ist auflösbar.

2. Sind die Diedergruppen D_n auflösbar?

3. Beweisen Sie: Sind H, J auflösbare Gruppen, dann ist $G = H \times J$ auflösbar.

4. Beweisen Sie: Untergruppen nilpotenter Gruppen sind nilpotent.

Kapitel 9

Die hyperbolische Ebene

In diesem Kapitel geben wir eine Einführung in die hyperbolische Geometrie. Im ersten Abschnitt beschreiben wir den axiomatischen Zugang zur Geometrie und führen die hyperbolische Ebene am Poincaré'schen Kreismodell ein. Im nächsten Abschnitt betrachten wir die Isometrien der hyperbolischen Ebene und gewinnen eine Vorstellung von ihnen. Zuletzt untersuchen wir die Zerlegungen der hyperbolischen Ebene und stellen fest, dass die Zerlegungen vom Typ (n, m), die nicht sphärisch oder euklidisch sind, in der hyperbolischen Ebene realisierbar sind.

9.1 Axiomatische Geometrie

Wir geben hier eine nur sehr knappe Einführung in den axiomatischen Zugang zur Geometrie, nämlich nur das, was wir im Weiteren benötigen. Sehr schön lesbare Einführungen in die geometrischen Inhalte aus diesem Kapitel finden sich beispielsweise in [FG91] und [Ced91].

Die meisten geometrischen Sachverhalte in diesem Buch betrafen bisher die euklidische Geometrie. Das ist die Geometrie, die man in der Schule lernt und die wir im ersten Kapitel entwickelt haben. In Abschnitt 7.4 haben wir aber auch Geometrie auf der 2-Sphäre behandelt. Dort gelten plötzlich andere Gesetze: Es gibt keine parallelen Geraden und keine Translationen. Es gibt aber mehr reguläre Zerlegungen als in der euklidischen Geometrie (siehe Satz 7.19).

Wir haben bisher Geometrie naiv betrieben in dem Sinn, dass wir angenommen haben, dass jeder die euklidische Ebene kennt und Begriffe wie Gerade und Punkt bekannt sind.

EUKLID fasste vor etwa 2300 Jahren in den *Elementen* das geometrische Wissen seiner Zeit zusammen. Er führte fünf Axiome ein, die er als Grundlage nahm, um damit geometrische Sätze zu beweisen. Seine Axiome sind folgende:

© Springer-Verlag GmbH Deutschland, ein Teil von Springer Nature 2020
S. Rosebrock, *Anschauliche Gruppentheorie*,
https://doi.org/10.1007/978-3-662-60787-9_9

Gefordert soll sein,

1. *dass man von jedem Punkt nach jedem Punkt die Strecke ziehen kann,*

2. *dass man eine begrenzte Strecke zusammenhängend gerade verlängern kann,*

3. *dass man zu jedem Mittelpunkt und Radius den zugehörigen Kreis zeichnen kann,*

4. *dass alle rechten Winkel einander gleich sind,*

5. *dass, wenn eine Gerade beim Schnitt mit zwei weiteren Geraden bewirkt, dass innen auf derselben Seite entstehende Winkel zusammen kleiner als zwei rechte sind, dann treffen sich die zwei Geraden auf der Seite, auf der die Winkel liegen, die zusammen kleiner als zwei rechte sind.*

Euklids Ansatz, nämlich aus undefinierten Begriffen wie *Punkt* und *Gerade* und *Axiomen*, also unbeweisbaren Postulaten, Folgerungen zu ziehen, also Sätze zu beweisen und Geometrie zu betreiben, ist immer noch aktuell. Euklids Axiomensystem ist aber nicht vollständig. 1930 veröffentlichte HILBERT in seinen *Grundlagen der Geometrie* ein vollständiges Axiomensystem der euklidischen Geometrie.

Wir haben dann in einem *Modell der euklidischen Ebene* gearbeitet, nämlich der üblichen euklidischen Ebene $\mathbb{R} \times \mathbb{R}$ mit Koordinaten und der Abstandsmessung nach Pythagoras: Zu Punkten $P_1 = (x_1, y_1)$ und $P_2 = (x_2, y_2)$ ist ihr Abstand

$$d_e(P_1, P_2) = \sqrt{(x_1 - x_2)^2 + (y_1 - y_2)^2}. \tag{9.1}$$

Ein Modell einer Geometrie ist also eine Realisierung von den nichtdefinierten Begriffen *Punkt, Gerade* und Punkt ist *inzident mit* Gerade, so dass die Axiome dieser Geometrie gültig sind.

Die für unsere Zwecke günstigere Fassung des 5. Axioms ist von PLAYFAIR (1795):

5.' *Zu einer Geraden und zu einem Punkt, der nicht auf der Geraden liegt, gibt es genau eine Gerade durch den Punkt, die parallel zu der ursprünglichen Geraden liegt.*

Dabei heißen zwei Geraden *parallel*, wenn sie keinen Schnittpunkt haben. Auf der Kugeloberfläche ist dieses Axiom verletzt, wie wir bereits gesehen haben (siehe Abschnitt 7.5). Je zwei verschiedene Geraden (Großkreise) auf der 2-Sphäre schneiden sich in genau 2 Punkten. Identifiziert man alle Paare von Diametralpunkten der 2-Sphäre, so erhält man die *projektive Ebene*. In ihr haben je zwei verschiedene Geraden (also Linien, die von Großkreisen der 2-Sphäre kommen) genau einen Schnittpunkt. Die zwei Schnittpunkte auf der Kugeloberfläche sind nämlich Diametralpunkte, die zu einem identifiziert werden. Die zugehörige Geometrie ist die *elliptische Geometrie*, und die projektive Ebene mit entsprechender Definition von Geraden dient als Modell der elliptischen Geometrie. In dieser Geometrie wäre das 5. Axiom zu ersetzen durch:

5e. *Zu einer Geraden und zu einem Punkt, der nicht auf der Geraden liegt, hat jede Gerade durch den Punkt einen Schnittpunkt mit der ursprünglichen Geraden.*

Wir wollen uns in diesem Kapitel jedoch mit *hyperbolischer Geometrie* beschäftigen. Diese Geometrie erhält man, wenn man das Axiom 5 durch das folgende ersetzt:

5h. *Zu einer Geraden und zu einem Punkt, der nicht auf der Geraden liegt, gibt es mindestens zwei verschiedene Geraden durch den Punkt, die keinen Schnittpunkt mit der ursprünglichen Geraden haben.*

Auch für die hyperbolische Geometrie genügen nicht die fünf obigen Axiome, und auch für diese Geometrie hat HILBERT eine vollständige Menge von Axiomen angegeben. Wie in der euklidischen Geometrie gibt es in der hyperbolischen Geometrie Geraden und Punkte. Streng axiomatisch können Geraden und Punkte irgendwelche zwei Mengen sein, die die Axiome erfüllen. Wir geben jetzt das *Poincaré-Modell* der hyperbolischen Ebene an, ohne alle Axiome der hyperbolischen Geometrie zu nennen oder gar zu zeigen, dass diese Axiome in diesem Modell alle gültig sind. Genauer handelt es sich um das Poincaré'sche Kreismodell der hyperbolischen Ebene, hat doch Poincaré noch ein Halbebenenmodell entworfen. Für Details zum Poincaré'schen Kreismodell siehe [Moi90].

Die *Punkte* der *hyperbolischen Ebene* $\mathbb{H}^2$ sollen die inneren Punkte einer Kreisscheibe $D \subset \mathbb{R}^2$ mit Radius 1 sein, aber ohne die Randpunkte. Die *Geraden* der hyperbolischen Ebene sind entweder Durchmesser in D (natürlich ohne die Randpunkte) oder Kreisbögen, die mit einem rechten Winkel an den Rand stoßen. Eine typische hyperbolische Gerade ist die Gerade a in Abbildung 9.1. Wenn in diesem Kapitel von Geraden gesprochen wird, sind damit immer hyperbolische Geraden gemeint. Euklidische Geraden heißen im Weiteren *e-Geraden*. Punkte auf dem Rand der hyperbolischen Ebene gehören nicht zur hyperbolischen Ebene dazu. Sie heißen *Punkte im ∞*.

Winkel werden wie im Euklidischen gemessen, d.h., der Winkel zwischen zwei hyperbolischen Geraden ist der euklidische Winkel zwischen ihren Tangenten im Schnittpunkt. Abstände werden aber nicht wie im Euklidischen nach Formel (9.1) gemessen. Hat man zwei verschiedene Punkte $P, Q \in \mathbb{H}^2$ gegeben, so gibt es eine Gerade, auf der die beiden Punkte liegen. In Abbildung 9.1 liegen die Punkte P, Q auf der hyperbolischen Geraden a. A, B seien die beiden Punkte im ∞ zur Geraden a. Sei $e(P, Q)$ der euklidische Abstand auf dem e-Kreisbogen a. Dann ist der *hyperbolische Abstand* zwischen P und Q definiert als

$$d_h(P, Q) = \frac{1}{2} \left| \ln \frac{e(P, B) \cdot e(Q, A)}{e(P, A) \cdot e(Q, B)} \right|, \tag{9.2}$$

wobei ln der natürliche Logarithmus ist. Wir beobachten zwei wichtige Eigenschaften: Erstens, vertauscht man P und Q in der Formel (9.2), so geht der Bruch in seinen Kehrwert über. Der Logarithmus hat das umgekehrte Vorzeichen, was den

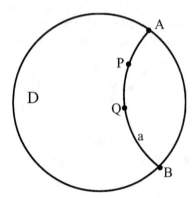

Abbildung 9.1: Die hyperbolische Ebene mit einer Geraden

Betrag unverändert lässt. Es folgt also

$$d_h(P,Q) = d_h(Q,P)$$

was bei jeder Abstandsfunktion erfüllt sein muss. Zweitens, lässt man den Punkt
P immer näher auf a an den Punkt A wandern, so geht $e(P,A)$ gegen 0 und damit
$d_h(P,Q)$ gegen unendlich. Geraden in der hyperbolischen Geometrie sind also unendlich lang, und je näher man dem Rand kommt, desto größer werden Abstände,
um denselben euklidischen Abstand zu überwinden. Will man von einem Punkt in
Randnähe zu einem anderen Punkt in Randnähe, so führt der kürzeste Weg etwas
in die Mitte, weil da Abstände kürzer sind. Deswegen sind Geraden Kreisbögen,
die immer ein Stück in die Mitte führen. Genauso wie in der euklidischen und elliptischen Geometrie auch sind *Geraden* die Realisierungen kürzester Verbindungen.

Sei $\mathcal{H}$ die Gruppe der Isometrien der hyperbolischen Ebene, also der längenerhaltenden Abbildungen von $\mathbb{H}^2$ auf sich, wobei Längen mit d_h gemessen werden. Zwei
Figuren in der hyperbolischen (euklidischen) Ebene heißen *äquivalent*, wenn es ei-
ne Isometrie $g \in \mathcal{H}$ ($g \in \mathcal{E}$) gibt, die die eine Figur auf die andere abbildet. Eine
Eigenschaft einer Figur kann man dann identifizieren mit der Menge aller Figuren,
die diese Eigenschaft haben. Eine Eigenschaft heißt *geometrisch*, wenn mit der Fi-
gur jede äquivalente Figur dieselbe Eigenschaft hat. Eine Eigenschaft ist dann also
eine Vereinigung von Bahnen von Figuren unter der Operation der Gruppe $\mathcal{H}$ (der
Gruppe $\mathcal{E}$).
Nun kann man *hyperbolische Geometrie* als die Eigenschaften der hyperbolischen
Ebene definieren, die sich unter der Gruppe $\mathcal{H}$ nicht ändern. Analog ist *euklidische
Geometrie* die Menge der Eigenschaften, die sich unter der Gruppe $\mathcal{E}$ nicht ändern.
Zu einer Geometrie gehört also ein Raum und eine Gruppe, die auf diesem Raum
operiert. Diese Sichtweise von Geometrie als Operation von Gruppen formulierte
zuerst FELIX KLEIN 1872 in seinem berühmten *Erlanger Programm*.

9.2 Isometrien in der hyperbolischen Ebene

Welche Isometrien sind in der hyperbolischen Ebene möglich? Wir beginnen mit der Beschreibung einer *Spiegelung*. Dazu betrachten wir eine Gerade $a \in \mathbb{H}^2$, an der wir spiegeln wollen (siehe Abbildung 9.2). Die hyperbolische Gerade a ist Teil

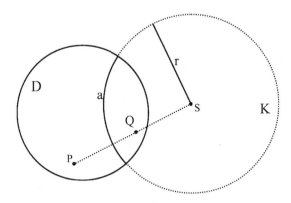

Abbildung 9.2: Spiegelung an einer hyperbolischen Geraden

eines euklidischen Kreises K mit Mittelpunkt S und e-Radius r. Sei jetzt $P \in \mathbb{H}^2$ ein Punkt, den wir an a spiegeln wollen. Der Bildpunkt Q unter dieser Spiegelung liegt auf der e-Geraden durch P und S (in Abbildung 9.2 gestrichelt gezeichnet). Sei $e(P,S)$ der euklidische Abstand von P nach S. Dann wird Q so gewählt, dass

$$e(P,S) \cdot e(Q,S) = r^2. \tag{9.3}$$

Ist die Gerade a ein Durchmesser von D, so soll die Spiegelung als die euklidische Spiegelung definiert sein. Liegt $P \in a$, so wird die Gleichung (9.3) zu $r \cdot r = r^2$, und der Bildpunkt ist wieder P und liegt damit auch auf a. Die Spiegelgerade bleibt also unter der Spiegelung fix, wie bei Spiegelungen üblich. Der Randkreis der Punkte im Unendlichen wird in sich übergeführt. Es ist nicht schwer zu sehen, dass unter dieser Abbildung Punkte von $\mathbb{H}^2$ in Punkte von $\mathbb{H}^2$ übergehen. Dabei gehen die Punkte von einer Seite der Geraden a in die Punkte der anderen Seite über und umgekehrt.

Diese Abbildung kann man bei gegebenem Kreis K für die gesamte euklidische Ebene durchführen, außer für den Mittelpunkt S. Sie heißt *Inversion* am Kreis.

Sei M die Menge der e-Geraden und die Menge der e-Kreise in der euklidischen Ebene. Man kann zeigen, dass eine Inversion am Kreis Elemente von M auf Elemente von M abbildet.

Eine *Drehung* um einen Punkt P dreht jeden Punkt um P, so dass Abstände erhalten bleiben. Um eine Vorstellung von Drehungen zu erhalten, nutzen wir Spiegelungen. Satz 1.9 konstatiert für die euklidische Geometrie: *Das Produkt zweier Spiegelungen entlang Spiegelachsen, die sich in einem Punkt schneiden, ist eine*

Drehung um diesen Punkt um den doppelten Winkel der beiden Spiegelachsen. Der Satz gilt auch im Hyperbolischen, da der Beweis das obige Axiom 5 nicht benutzt. Um also eine Drehung um einen Punkt $P \in \mathbb{H}^2$ mit dem Drehwinkel α durchzuführen, lege man 2 Geraden durch P, die sich im Winkel $\alpha/2$ schneiden, und spiegele hintereinander an den beiden Geraden. Der Leser ist aufgefordert, entsprechende Bilder zu zeichnen.

In der hyperbolischen Geometrie gibt es spezielle Formen von Parallelität. Zwei parallele Geraden, die einen gemeinsamen Punkt im ∞ haben, heißen *asymptotisch*. Um es noch einmal deutlich zu machen, der Punkt im ∞ gehört nicht zu den Geraden und nicht zur hyperbolischen Ebene dazu. Er ist eher so etwas wie ein „Endpunkt" oder „Limespunkt" der Geraden. Sind parallele Geraden nicht asymptotisch, so heißen sie *ultraparallel*.

Spiegelt man an zwei asymptotischen Geraden hintereinander, so hat man so etwas, wie eine Drehung um einen Punkt im Unendlichen, eine sogenannte *Grenzdrehung*. Sei P ein solcher Punkt der beiden asymptotischen Geraden g, h. Spiegelt man erst an g und dann an h, so erhält man eine „Drehung" wie in Abbildung 9.3. Diese Drehung hat unendliche Ordnung in der Gruppe $\mathcal{H}$.

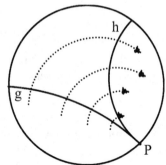

Wir nutzen noch einmal Satz 1.9, um eine Vorstellung von *Translationen* zu bekommen. In der euklidischen sowie in der hyperbolischen Geometrie gilt: *Das Produkt zweier Spiegelungen entlang paralleler Geraden ist eine Translation senkrecht zu den Spiegelachsen um das Doppelte ihres Abstands.*

Satz 9.1 *Zu $P, Q \in \mathbb{H}^2$ existiert eine Translation $\tau \in \mathcal{H}$ mit $\tau(P) = Q$, d.h., $\mathcal{H}$ ist transitiv auf der Menge der Punkte von $\mathbb{H}^2$.*

Abbildung 9.3: Drehung um einen Punkt im ∞

Beweis: Sei $a \in \mathbb{H}^2$ die Verbindungsgerade von P und Q. Sei $g \in \mathbb{H}^2$ die Gerade senkrecht zu a durch P und $h \in \mathbb{H}^2$ die Gerade senkrecht zum Mittelpunkt der Strecke von P nach Q (siehe Abbildung 9.4). g ist parallel zu h, weil beide senkrecht auf derselben Gerade a stehen. Dann ist $\tau = s_h s_g$ eine Translation, wobei s_g die Spiegelung an g ist. Man sieht leicht, dass $\tau(P) = Q$ gilt. $\square$

In der euklidischen Ebene gibt es zu einer Translation unendlich viele parallele Achsen. Eine *Achse* ist eine Gerade, die durch eine Translation auf sich selbst abgebildet wird. Bei einer Translation in der hyperbolischen Geometrie gibt es nur eine Achse, zu ihr parallele Geraden werden durch die Translation nicht auf sich

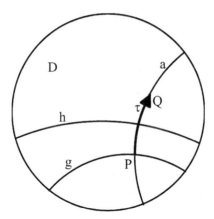

Abbildung 9.4: Translation durch zwei Spiegelungen

abgebildet.

Eine *Gleitspiegelung* ist, wie im Euklidischen, Produkt von Spiegelung und Translation entlang der Spiegelgeraden.

Man kann beweisen, dass Geraden durch Isometrien in Geraden übergehen und Winkel durch Isometrien ihre Größe nicht ändern. Dann kann man folgern:

Satz 9.2 *Jedes Dreieck hat eine Winkelsumme kleiner als π.*

Beweis: Nach Satz 9.1 gibt es eine Translation, die eine Ecke des Dreiecks in den Mittelpunkt von D transformiert. Dadurch gehen zwei Seiten des Dreiecks in euklidische Strecken über. Diese Dreiecksseiten sind Teile von zwei Durchmessern von D.
Die Winkel an der dritten Seite sind, da die Seite ein Kreisbogen ist, kleiner als die Winkel, die man erhielte, wenn man statt des Kreisbogens eine euklidische Seite nehmen würde. Die Winkelsumme ist daher kleiner als im Euklidischen und deshalb kleiner als π. □

Die Winkelsumme eines euklidischen Dreiecks ist genau π, und die Winkelsumme eines Dreiecks auf der 2-Sphäre ist immer größer als π. Es gibt in der hyperbolischen Geometrie auch Dreiecke, bei denen jeder Winkel 0 Grad hat (siehe Abbildung 9.5). Solch ein Dreieck heißt *ideales Dreieck*. Streng genommen handelt es sich hier gar nicht um ein Dreieck, weil die Geraden (asymptotisch) parallel liegen und somit keinen Schnittpunkt haben. Je zwei solcher Dreiecke gehen durch eine Isometrie ineinander über. Seien dazu zwei verschiedene ideale Dreiecke mit Eckpunkten A, B, C und A', B', C' gegeben (die Eckpunkte werden jeweils in der Reihenfolge ihres Auftretens am Rand beim Ablesen im Uhrzeigersinn gelesen). Dann kann man mit einer Grenzdrehung den Punkt A auf A' abbilden.

Mit einer weiteren Grenzdrehung, diesmal um den
Punkt A', kann man B auf B' abbilden. Mit einer Translation entlang der hyperbolischen Geraden
$\overline{A'B'}$ lässt sich schließlich C auf C' abbilden, und
die Hintereinanderausführung der drei Abbildungen bildet also das eine Dreieck auf das andere ab. Also gibt es bis auf Isometrie nur ein ideales Dreieck.

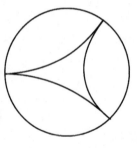

In der hyperbolischen Geometrie sind Dreiecke dünn in
folgendem Sinn: Seien $a, b, c \in \mathbb{H}^2$ Seiten eines beliebigen
Dreiecks. Dann gibt es eine Konstante $\delta \in \mathbb{R}$, so dass
jeder Punkt P auf a Abstand höchstens δ zu b oder zu c hat. Das Dreieck heißt
dann δ-*dünn* (siehe Abbildung 9.6).

Abbildung 9.5: Ein
asymptotisches Dreieck

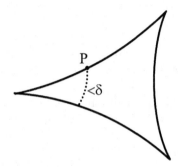

Abbildung 9.6: Ein „dünnes" Dreieck in der hyperbolischen Ebene

Satz 9.3 *Jedes Dreieck in der hyperbolischen Ebene ist δ-dünn, wobei $\delta = \ln 3$.*

Beweis: Zuerst mache man sich klar: Ist ein Dreieck in der hyperbolischen Ebene
δ-dünn mit kleinstmöglichem δ, so gilt für den Durchmesser r seines Inkreises:
$r \geq \delta$.
Dann zeigt man: Das Dreieck mit dem größten Inkreis ist das asymptotische aus
Abbildung 9.5. Dazu sei ein beliebiges, nichtasymptotisches Dreieck gegeben. Ist
eine Randkante des Dreiecks Teil der Geraden g und eine zweite Teil der Geraden
h und $g \cap h = P$, so drehe man die Gerade g um den Punkt P so, dass ein zweiter
Eckpunkt des Dreiecks gegen unendlich wandert. Die Inkreise werden dabei immer
größer und sind ineinander enthalten. Führt man einen ähnlichen Prozess mit den
anderen beiden Ecken aus, so erhält man schließlich ein asymptotisches Dreieck
mit größerem Inkreis als das Originaldreieck.
Zuletzt überzeugt man sich davon, dass der Inkreisdurchmesser bei asymptotischen
Dreiecken genau $\ln 3$ ist. Die Rechnung ist rein technisch, und wir lassen sie aus. $\square$

Für die euklidische Ebene gibt es keine Konstante δ, so dass jedes Dreieck δ-dünn wäre, wie man sich leicht klar macht. Man kann ein Dreieck beliebig groß machen. So hat beispielsweise ein gleichseitiges Dreieck mit Kantenlänge 4δ in der euklidischen Ebene einen Abstand größer als δ von einem Kantenmittelpunkt zu den anderen beiden Kanten.

Jede Isometrie ist, wie im Euklidischen, durch drei Punkte P, Q, R, die nicht auf einer Geraden liegen, festgelegt (siehe Korollar 1.8 auf Seite 9). Ein Punkt A ist nämlich durch seine Abstände zu P, Q und R eindeutig bestimmt und damit auch sein Bildpunkt.

Satz 9.4 *Jede Isometrie der hyperbolischen Ebene ist das Produkt von höchstens drei Spiegelungen. Insbesondere wird $\mathcal{H}$ von Spiegelungen erzeugt.*

Beweis: Sei $g \in \mathcal{H}$ eine beliebige Isometrie, und $P, Q, R \in \mathbb{H}^2$ seien drei Punkte, die nicht auf einer Geraden liegen. Mit einer Spiegelung s_a an der Mittelsenkrechten a der Strecke von P nach $g(P)$ ist bereits der Punkt P richtig abgebildet. Ist $s_a(Q) \neq g(Q)$, so spiegeln wir an der Gerade b durch $g(P)$ und den Mittelpunkt der Strecke von $s_a(Q)$ nach $g(Q)$. Damit sind bereits P und Q richtig abgebildet. Mit höchstens einer weiteren Spiegelung an der Geraden durch $g(P)$ und $g(Q)$ wird $s_b s_a(R)$ auf $g(R)$ abgebildet. $\square$

Man kann beweisen (siehe etwa [Sti92]), dass jede Isometrie der hyperbolischen Ebene entweder eine Drehung, eine Spiegelung, eine Grenzdrehung, eine Translation oder eine Gleitspiegelung ist. Die orientierungserhaltenden Isometrien der hyperbolischen Ebene haben jedoch nach moderner Terminologie eine andere Klassifikation (siehe auch [Löh17]). Es gibt genau die folgenden drei Typen orientierungserhaltender Isometrien:

- *hyperbolisch*: Eine nichttriviale orientierungserhaltende Isometrie der hyperbolischen Ebene heißt *hyperbolisch*, wenn sie keine Fixpunkte hat und wenn sie eine Achse hat. Eine hyperbolische Isometrie entspricht einer Translation.

- *parabolisch*: Eine nichttriviale orientierungserhaltende Isometrie der hyperbolischen Ebene heißt *parabolisch*, wenn sie keine Fixpunkte und keine Achse hat. Eine parabolische Isometrie entspricht einer Grenzdrehung.

- *elliptisch*: Eine nichttriviale orientierungserhaltende Isometrie der hyperbolischen Ebene heißt *elliptisch*, wenn sie einen Fixpunkt hat. Eine elliptische Isometrie entspricht einer Drehung.

Aufgaben

1. Zeigen Sie, dass jedes Element aus $\mathcal{H}$ Geraden auf Geraden abbildet.

2. Beweisen Sie: $\mathcal{H}$ ist transitiv auf der Menge der Geraden der hyperbolischen Ebene.

3. In der euklidischen Geometrie gilt, dass Geraden genau dann parallel sind, wenn sie *äquidistant* sind, d.h., sie haben an jedem Punkt denselben Abstand voneinander. Gilt dasselbe in der hyperbolischen Geometrie?

9.3 Zerlegungen der hyperbolischen Ebene

Zwei Figuren der hyperbolischen Ebene heißen *kongruent*, wenn es eine Isometrie in $\mathcal{H}$ gibt, die die eine Figur auf die andere abbildet.

Satz 9.5 *Seien $\alpha, \beta, \gamma > 0$ Winkel, so dass $\alpha + \beta + \gamma < \pi$. Dann gibt es ein Dreieck in der hyperbolischen Ebene mit den Innenwinkeln α, β, γ (in zyklischer Ordnung im mathematisch positiven Sinn), und je zwei solche Dreiecke sind kongruent.*

Beweis: Wir werden ein Dreieck konstruieren, bei dem ein Eckpunkt, nämlich der Eckpunkt A mit dem Winkel α, genau im Mittelpunkt der Scheibe D unseres Modells der hyperbolischen Ebene liegt. Dieser Punkt unterscheidet sich nicht von den anderen Punkten der hyperbolischen Ebene, genauso wenig wie der Nullpunkt eines Koordinatensystems der euklidischen Ebene. Mit einem anderen Koordinatensystem läge er woanders.

Wir beginnen mit einem beliebigen e-Kreis K mit Mittelpunkt S in der euklidischen Ebene. Sei $\delta = \pi - (\alpha + \beta + \gamma)$. Dann gilt $0 < \delta < \pi$. Seien B, C Punkte auf dem Kreis K, so dass die e-Strecken B, S und C, S den Winkel δ am Punkt S bilden (siehe Abbildung 9.7). Seien b und c e-Halbgeraden durch B und C, die die Winkel β und γ mit dem kürzeren Kreissegment von K zwischen B und C bilden. Nach Definition von δ gilt:

$$\delta + \beta + \gamma = \pi - \alpha < \pi$$

Also ist $\delta + \beta + \gamma + \pi < 2\pi$, so dass ein e-Viereck entsteht, d.h., die e-Halbgeraden b, c müssen sich schneiden. Die Größe des Winkels am Schnittpunkt A ist α, weil $\delta + \beta + \gamma + \alpha + \pi = 2\pi$, die Winkelsumme im e-Viereck.

Sei D die Kreisscheibe mit Mittelpunkt A, deren Rand den Kreis K in rechten Winkeln schneidet. D ist das Modell unserer hyperbolischen Ebene. Der Rand von D schneidet K in den Punkten B' und C'. In D ist das Dreieck A, B, C ein hyperbolisches Dreieck mit den geforderten Winkeln.

Die Punkte B und C liegen innerhalb der Scheibe D. Die e-Strecken c und b treffen nämlich K in den Winkeln γ und β, während die e-Strecken A, C' und

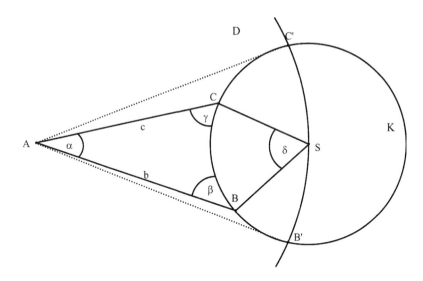

Abbildung 9.7: Konstruktion eines Dreiecks mit vorgegebenen Winkeln

A, B' Tangenten an K sind. Deswegen müssen die Punkte B und C näher an A liegen als die Punkte B' und C'.

Aus der Konstruktion folgt, dass das Dreieck eindeutig ist, bis auf Rotation um den Punkt A. Deshalb sind alle anderen Dreiecke mit denselben Innenwinkeln kongruent zu dem konstruierten.   □

Die hyperbolische Geometrie ist hier klar verschieden von der euklidischen. In der euklidischen Geometrie sind Dreiecke mit gleichen Winkeln im Allgemeinen nicht kongruent, sondern nur ähnlich, d.h., sie gehen durch eine Streckung ineinander über.

Weiterhin bleibt der Satz wahr (mit nur leicht modifiziertem Beweis), wenn einer oder mehr der Innenwinkel 0 sein dürfen, d.h., wenn Eckpunkte auf dem Rand der hyperbolischen Ebene liegen können. Es gibt also bis auf Kongruenz nur ein Dreieck wie das in Abbildung 9.5, bei dem alle Ecken auf dem Rand liegen.

Im Weiteren suchen wir Zerlegungen der hyperbolischen Ebene vom Typ (n, m), d.h., wir suchen Zerlegungen von $\mathbb{H}^2$ in lauter reguläre n-Ecken, von denen immer m an einem Punkt zusammenkommen. Die regulären Zerlegungen der euklidischen Ebene sind vom Typ $(3, 6)$, $(4, 4)$ und $(6, 3)$. Die Zerlegung vom Typ $(3, 6)$ haben wir ausführlich in Abschnitt 4.6 behandelt, und die anderen beiden Typen kamen in den Aufgaben von Abschnitt 4.6 vor. Siehe auch Aufgabe 1 aus Abschnitt 6.1. Die regulären Zerlegungen der 2-Sphäre haben wir in Satz 7.19 auf Seite 152 untersucht. Alle anderen regulären Zerlegungen zerlegen die hyperbolische Ebene:

Satz 9.6 *Es gibt unendlich viele verschiedene reguläre Zerlegungen der hyperbolischen Ebene.*

Beweis: Es sei eine reguläre Zerlegung vom Typ (n, m) der hyperbolischen Ebene gegeben. Wegen Satz 9.2 ist die Winkelsumme in jedem n-Eck kleiner als $(n - 2)\pi$. Da alle Innenwinkel in einem regulären n-Eck gleich groß sind, hat jeder Winkel die Größe kleiner als $(1 - 2/n)\pi$.

An jeder Ecke kommen m dieser Winkel zusammen, die insgesamt 2π ergeben müssen. Also folgt:

$$m(1 - 2/n)\pi > 2\pi$$

Das ist äquivalent zu:

$$\frac{1}{m} + \frac{1}{n} < \frac{1}{2} \tag{9.4}$$

Jedes Zahlenpaar (n,m), das diese Ungleichung erfüllt, führt zu einer Zerlegung der hyperbolischen Ebene. Um das zu sehen, konstruieren wir ein Dreieck $d \in \mathbb{H}^2$, mit den Innenwinkeln $\pi/n, \pi/m, \pi/2$. Die Summe dieser drei Winkel ist wegen (9.4) kleiner als π, und dann gibt uns Satz 9.5 die Existenz eines solchen Dreiecks.

Das Dreieck d wird Fundamentalbereich der Zerlegung vom Typ (n, m). Sind a und c die Kanten des Dreiecks, die den Winkel π/n einschließen, so erzeugen die Spiegelungen an a und c Gruppenelemente, die den Fundamentalbereich d auf ein reguläres n-Eck abbilden (siehe Abbildung 9.8). Die Gruppenelemente sind

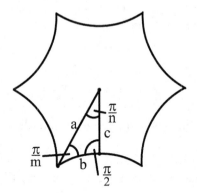

Abbildung 9.8: Fundamentalbereich mit regulärem 6-Eck

$1, a, ac, aca, (ac)^2, (ac)^2a, (ac)^3, \ldots, (ac)^{n-1}, (ac)^{n-1}a$, wie man bereits im Fall der euklidischen Ebene in Abschnitt 4.6 nachvollziehen kann.

Nimmt man zusätzlich die Erzeugende b dazu, so kann man das reguläre n-Eck, analog dem euklidischen, beliebig weiterspiegeln und erhält die gewünschte Zerlegung. $\qquad\square$

Analog zum Euklidischen in Abschnitt 4.6 zeigt man:

Satz 9.7 *Gilt* $\frac{1}{m} + \frac{1}{n} < \frac{1}{2}$, *so wird die Gruppe der Zerlegung der hyperbolischen Ebene vom Typ (n,m) durch*

$$G_{(n,m)} = \langle s_a, s_b, s_c \mid s_a^2, s_b^2, s_c^2, (s_a s_c)^n, (s_a s_b)^m, (s_c s_b)^2 \rangle$$

präsentiert.

Beispiel 9.8 *Wir betrachten die Zerlegung der hyperbolischen Ebene aus Abbildung 9.9 in lauter reguläre 5-Ecke, von denen jeweils 4 an einer Ecke zusammenkommen.*

$1/4 + 1/5 < 1/2$, und so handelt es sich hier um ein Beispiel zu Satz 9.6. Die zugehörige Gruppe wird von

$$G_{(5,4)} = \langle s_a, s_b, s_c \mid s_a^2, s_b^2, s_c^2, (s_a s_c)^4, (s_a s_b)^5, (s_c s_b)^2 \rangle$$

präsentiert und ist unendlich.

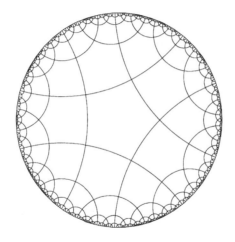

Abbildung 9.9: Zerlegung der hyperbolischen Ebene

Noch etwas verallgemeinern kann man Satz 9.7, indem man drei beliebige natürliche Zahlen p, q, r betrachtet, mit $1/p + 1/q + 1/r < 1$. Dann ist $\pi/p + \pi/q + \pi/r < \pi$, und wegen Satz 9.5 gibt es ein Dreieck mit den Innenwinkeln $\pi/p, \pi/q, \pi/r$. Mit diesem Dreieck als Fundamentalbereich erhält man eine Zerlegung der hyperbolischen Ebene und als Symmetriegruppe dieser Zerlegung die folgende *Dreiecksgruppe*:

$$\langle s_a, s_b, s_c \mid s_a^2, s_b^2, s_c^2, (s_a s_c)^p, (s_a s_b)^q, (s_c s_b)^r \rangle$$

Seien a, b, c die drei Geraden in Abbildung 9.5. Sie bilden ein „Dreieck" d, welches als Fundamentalbereich genommen werden kann. Dann gilt für die von den Spiegelungen an den drei Geraden erzeugte Gruppe:

$$\langle s_a, s_b, s_c \mid s_a^2, s_b^2, s_c^2 \rangle = \mathbb{Z}_2 * \mathbb{Z}_2 * \mathbb{Z}_2,$$

weil das Produkt von je zwei dieser Spiegelungen eine Grenzdrehung ist und diese unendliche Ordnung in $\mathcal{H}$ hat. In Abbildung 9.10 sind alle Spiegelungen dieser

Abbildung 9.10: Zerlegung der hyperbolischen Ebene

Gruppe abgebildet.

Die Gruppe einer Zerlegung ist ein Beispiel einer *Coxeter-Gruppe* (siehe [Rat94]). Das sind diskontinuierliche, von endlich vielen Spiegelungen s_i an *Hyperebenen* (also $n-1$-dimensionalen Unterräumen) im n-dimensionalen euklidischen oder anderen Raum erzeugte Gruppen. Hat das Produkt von zwei solchen Spiegelungen $s_i s_j$ endliche Ordnung, so muss es eine Drehung um einen Winkel $2\pi/m_{ij}$ für eine natürliche Zahl m_{ij} sein. Die Präsentation einer solchen Coxeter-Gruppe hat dann Erzeugende s_i und definierende Relationen $(s_i s_j)^{m_{ij}}$, wobei $m_{ij} = m_{ji}$ ist und alle $m_{ii} = 1$. Hat das Produkt $s_i s_j$ unendliche Ordnung, also schneiden sich die zugehörigen Hyperebenen nicht, so setzt man $m_{ij} = \infty$, und die Relation $(s_i s_j)^{m_{ij}}$ kommt in der Präsentation nicht vor. Einfachstes Beispiel ist die Gruppe $\langle s_1 \mid s_1^2 \rangle$ erzeugt von einer Spiegelung in der euklidischen Ebene. Aber auch

$$D_n = \langle s_1, s_2 \mid s_1^2, s_2^2, (s_1 s_2)^n \rangle$$

ist eine Coxeter-Gruppe. Ebenso sind die Gruppen $G_{(n,m)}$ in den von uns angegebenen Präsentationen Coxeter-Gruppen. Auch die Gruppen S_n mit den Präsentationen aus Satz 5.19 sind Beispiele von Coxeter-Gruppen.

Aufgaben

1. Geben Sie Gruppenpräsentationen für Zerlegungen der hyperbolischen Ebene an, die von einem Fundamentalbereich kommen, welcher ein Dreieck ist, mit genau einem (genau zwei) Punkt(en) auf dem Rand der hyperbolischen Ebene.

2. Betrachten Sie die Zerlegung vom Typ (5,4) der hyperbolischen Ebene. Sei f ein reguläres 5-Eck dieser Zerlegung. Die Geraden im Rand dieses 5-Ecks seien a, b, c, d, e, in Reihenfolge abgelesen. Zeigen Sie,

   (a) dass die Gruppe, die von s_a, s_b, s_c, s_d, s_e erzeugt wird, mit f als Fundamentalbereich die Präsentation

   $$G = \langle s_a, s_b, s_c, s_d, s_e \mid$$

   $$s_a^2, s_b^2, s_c^2, s_d^2, s_e^2, (s_a s_b)^2, (s_b s_c)^2, (s_c s_d)^2, (s_d s_e)^2, (s_e s_a)^2 \rangle$$

   hat,

   (b) dass die Untergruppe der orientierungserhaltenden Isometrien die Präsentation

   $$G^+ = \langle d_1, d_2, d_3, d_4, d_5 \mid d_1^2, d_2^2, d_3^2, d_4^2, d_5^2, d_1 d_2 d_3 d_4 d_5 \rangle$$

   hat, wobei $d_1 = s_a s_b, d_2 = s_b s_c, \ldots, d_5 = s_e s_a$. Der Fundamentalbereich besteht dann aus f zusammen mit einem beliebigen an f angrenzenden 5-Eck.

3. Schreiben Sie die Symmetriegruppe der Raute als Präsentation einer Coxeter-Gruppe.

Kapitel 10

Hyperbolische Gruppen

In diesem Kapitel werden Gruppen als geometrische Objekte untersucht. Der Cayley-Graph einer Gruppe beschreibt sie vollständig. Durch die Operation einer Gruppe auf ihrem Cayley-Graphen von Satz 4.52 haben wir eine Operation einer Gruppe auf einem geometrischen Objekt.

Im ersten Abschnitt wird ein Verfahren beschrieben, eine Relation einer gegebenen Präsentation als Graphen in der Ebene darzustellen. Im folgenden Abschnitt wird ein Isometriebegriff für Gruppen definiert, die Quasiisometrie. Danach werden Methoden zur Lösung des Wortproblems in Gruppen beschrieben. Im Abschnitt über hyperbolische Gruppen werden Krümmungsphänomene in Gruppen betrachtet. Sie gestatten eine besonders einfache Lösung des Wortproblems. Im letzten Abschnitt über Kämmungen wird der Begriff der hyperbolischen Gruppe verallgemeinert, aber nur so weit, dass sich noch das Wortproblem lösen lässt.

10.1   van Kampen-Diagramme

Ein Wort w in den Erzeugenden X und ihren Inversen einer Präsentation $P = \langle X \mid R \rangle$ ist nach Satz 5.2 genau dann eine Relation, wenn der zugehörige Weg, ausgehend vom Punkt 1 im Cayley-Graphen, der das Wort w liest, geschlossen ist. Satz 5.14 beschreibt Worte, die Relationen sind, algebraisch: Sie sind Konjugiertenprodukte definierender Relationen. Jede Relation in P lässt sich als endliches Produkt $\prod w_j r_{i_j}^{\epsilon_j} w_j^{-1}$ schreiben, wobei $\epsilon_j = \pm 1$, $r_{i_j} \in R$ und $w_j \in F(X)$. Jedes Wort in X, das sich so darstellen lässt, ist umgekehrt eine Relation in P. Dadurch erhält man die Möglichkeit, Relationen geometrisch durch Zusammensetzen von definierenden Relationen darzustellen, wobei für jede definierende Relation der Länge n ein n-Eck genommen wird. Diese geometrische Darstellung von Relationen beschreiben wir in diesem Abschnitt.

Ein Graph heißt *eben*, wenn er kreuzungsfrei in die Ebene gelegt werden kann.

© Springer-Verlag GmbH Deutschland, ein Teil von Springer Nature 2020
S. Rosebrock, *Anschauliche Gruppentheorie*,
https://doi.org/10.1007/978-3-662-60787-9_10

Definition 10.1 *Sei* $P = \langle X \mid R \rangle$ *eine Gruppenpräsentation und* w *eine Relation in* P. *Sei* Γ *ein endlicher, zusammenhängender, ebener, orientierter Graph, bei dem jede Kante mit einer Erzeugenden beschriftet ist, so dass der Rand jedes Gebietes eine definierende Relation liest. Im Rand von* Γ *liege der* Basispunkt Q, *so dass man, wenn man den Rand des durch* Γ *bestimmten Gebietes gegen den Uhrzeigersinn bei* Q *beginnend abliest, das Wort* w *erhält. Dann heißt* Γ *van Kampen-Diagramm* zu w.

Beispiel 10.2 *Sei* $P = \langle a, b \mid ab = ba \rangle$. *Abbildung 10.1 zeigt ein van Kampen-Diagramm zu* $b^2 a^2 b^{-2} a^{-2}$.

Beginnt man nämlich links unten in Abbildung 10.1 am Basispunkt Q um das Diagramm gegen den Uhrzeigersinn zu lesen, so liest man genau $b^2 a^2 b^{-2} a^{-2}$. Das Diagramm ist auch eines zum Wort $ab^{-2} a^{-2} b^2 a$, indem man nämlich mit dem Basispunkt S zu lesen beginnt.

Van Kampen-Diagramme werden motiviert durch folgenden Satz:

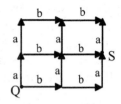

Satz 10.3 *Sei* $P = \langle X \mid R \rangle$ *eine Gruppe und* v *ein Wort in den Erzeugenden und ihren Inversen.* v *ist genau dann eine Relation in* P, *wenn es ein van Kampen-Diagramm zu* v *gibt.*

Abbildung 10.1: van Kampen-Diagramm zu $b^2 a^2 b^{-2} a^{-2}$

Beweis: Ist v eine Relation, so lässt sich v nach Satz 5.14 als Konjugiertenprodukt definierender Relationen schreiben, also:

$$v = \prod_{j=1}^{n} w_j r_{i_j}^{\epsilon_j} w_j^{-1},$$

wobei $\epsilon_j = \pm 1$, $r_{i_j} \in R$ und $w_j \in F(X)$. Abbildung 10.2 zeigt das zugehörige van Kampen-Diagramm. Jeder Kreis soll im Rand eine der Relationen r_{i_j} lesen. Dabei starte man in dem Punkt, an dem das entsprechende w_j endet, dem *Basispunkt* des Gebiets. Von ϵ_j ist es jeweils abhängig, ob man gegen oder im Uhrzeigersinn die jeweilige Relation abliest. Liest man um dieses Diagramm gegen den Uhrzeigersinn herum, so liest man genau v.

Sei umgekehrt ein van Kampen-Diagramm Γ zu v mit Basispunkt Q gegeben. Q ist der Punkt, von dem aus man v um den Rand von Γ liest. Auch jedes Gebiet d hat einen Basispunkt in seinem Rand: der Punkt, an dem man beginnen muss, den Rand von d abzulesen, um die zugehörige Relation zu lesen.

Man nummeriere die Gebiete von Γ durch und wähle für das Gebiet mit der Nummer j einen Weg w_j von Q zum Basispunkt des Gebietes j. Entlang w_j wird aufgeschnitten. Statt diesen Prozess formal zu beschreiben, vollziehen wir ihn am Beispiel von Abbildung 10.1 nach (siehe Abbildung 10.3). Das Gebiet j lese die

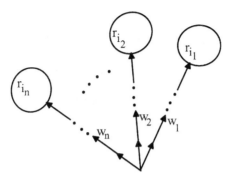

Abbildung 10.2: van Kampen-Diagramm zu v

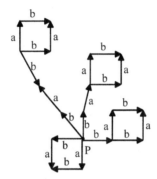

Abbildung 10.3: Aufgeschnittenes van Kampen-Diagramm aus Abbildung 10.1

Relation r_{i_j}. ϵ_j sei $+1$, falls die Relation gegen den Uhrzeigersinn gelesen wird und -1 sonst. Dann lässt sich v als Konjugiertenprodukt schreiben:

$$v = \prod_{j=1}^{n} w_j r_{i_j}^{\epsilon_j} w_j^{-1},$$

wobei $\epsilon_j = \pm 1$, $r_{i_j} \in R$ und $w_j \in F(X)$. Lässt sich aber ein Wort als Konjugiertenprodukt von definierenden Relationen beschreiben, so ist es nach Satz 5.14 eine Relation. $\square$

Wir schreiben das Wort $v = b^2 a^2 b^{-2} a^{-2}$ aus Beispiel 10.2 als Konjugiertenprodukt und lesen dazu Abbildung 10.3 ab:

$$v = b \, bab^{-1}a^{-1} \, b^{-1} \cdot ba \, bab^{-1}a^{-1} \, (ba)^{-1} \cdot bab^{-1} \, bab^{-1}a^{-1} \, ba^{-1}b^{-1} \cdot bab^{-1}a^{-1}$$

Der Leser prüfe, dass sich das Wort genau zu $b^2 a^2 b^{-2} a^{-2}$ kürzt.

Beispiel 10.4 *Die Quaternionengruppe haben wir in Aufgabe 6 von Abschnitt 7.3 eingeführt. Eine mögliche Präsentation dieser Gruppe ist:*

$$Q = \langle k, j \mid k^2 = j^2, j = kjk \rangle$$

k^4 ist eine Relation in Q, was durch das van Kampen-Diagramm in Abbildung 10.4 bewiesen wird.

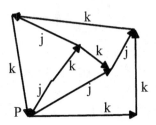

Abbildung 10.4: van Kampen-Diagramm zu k^4

Definition 10.5 *Die* Valenz *eines Gebietes in einem van Kampen-Diagramm ist die Anzahl seiner Randkanten. Stößt dabei ein Gebiet an einer Kante an sich selbst, so zählt diese Kante doppelt. Die* Valenz *einer Ecke in einem van Kampen-Diagramm ist die Anzahl der von ihr ausgehenden Kanten. Dabei zählt eine Kante doppelt, wenn beide ihrer Randpunkte dieselbe Ecke sind.*

Hat man ein beliebiges van Kampen-Diagramm gegeben, so kann man die Punkte der Valenz 2 weglassen, indem man an die Kanten nicht mehr Erzeugende, sondern Worte schreibt: Vereinigt man zwei Kanten, die einen Punkt der Valenz 2 gemeinsam haben, zu einer, und haben die beiden Kanten die Beschriftung a und b, so hat die eine Kante danach die Beschriftung $a^{\pm 1}b^{\pm 1}$ mit Vorzeichen je nachdem, ob die Richtungen der Kanten vorher und nachher übereinstimmen oder nicht.
In Abbildung 10.5 wird das van Kampen-Diagramm aus Abbildung 10.4 noch einmal dargestellt, aber ohne den Punkt der Valenz zwei.

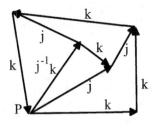

Abbildung 10.5: van Kampen-Diagramm ohne Punkt der Valenz 2

Aufgaben

1. Geben Sie ein van Kampen-Diagramm für die Relation d^2sd^2s in der Gruppe $D_3 = \langle s, d \mid s^2, d^3, sdsd \rangle$ an. Falls Sie nicht weiterkommen, lesen Sie noch einmal Abschnitt 5.1.

2. Weisen Sie nach, dass die Präsentation Q aus Beispiel 10.4 eine Präsentation der Quaternionengruppe ist, indem Sie die Relationen aus Aufgabe 6 von Abschnitt 7.3 auf Q zurückführen. Zeigen Sie, dass in Q die Relation $k = jkj$ gilt.

3. Sei $P = \langle a, b \mid a^3 = b^2, ab = ba^2 \rangle$. Zeichnen Sie ein van Kampen Diagramm zur Relation $a^3 = 1$.

10.2 Quasiisometrien und der Satz von Švarc-Milnor

In Abschnitt 4.6 haben wir gesehen, dass der Cayley-Graph einer Gruppe, die auf einer Zerlegung operiert, „fast isometrisch" zur Zerlegung ist. Dieser Sachverhalt wird im Satz von Švarc-Milnor präzisiert. Wir geben hier die genaue Formulierung des Satzes von Švarc-Milnor, wie sie in [NS96] beschrieben ist. Ein Beweis steht in [dlH00], siehe auch [BH99] und [Mil68]. Der Satz wurde in den Fünfzigerjahren des letzten Jahrhunderts in Russland bewiesen und von Milnor später wiederentdeckt.

Wir beginnen mit der Definition einer Quasiisometrie, die den Begriff der Isometrie verallgemeinert. Zuerst wollen wir eine Vorstellung aufbauen:

Zwei Räume heißen quasiisometrisch, wenn sie, aus großer Entfernung betrachtet, gleich aussehen. Zum Beispiel ist eine Gerade nicht quasiisometrisch zur Ebene, weil, selbst aus sehr großer Entfernung betrachtet, eine Gerade in der Ebene nicht aussieht wie die Ebene. Zieht man jedoch durch alle ganzzahligen Punkte der x-Achse in der Ebene Parallelen zur y-Achse, so ist die entstehende Geradenmenge quasiisometrisch zur Ebene. Von großer Entfernung betrachtet, sieht die Geradenmenge aus wie die Ebene selbst.

Seien (X, d_X) und (Y, d_Y) metrische Räume. Eine Abbildung $f: (X, d_X) \to (Y, d_Y)$ heißt *quasiisometrische Abbildung*, wenn es Zahlen $\lambda, \epsilon \in \mathbb{R}$ gibt, so dass $\forall a, b \in X$ gilt:

$$\frac{1}{\lambda} d_X(a, b) - \epsilon \leq d_Y(f(a), f(b)) \leq \lambda d_X(a, b) + \epsilon$$

Eine quasiisometrische Abbildung $f: X \to Y$ ist eine *Quasiisometrie* zwischen X und Y, wenn es eine quasiisometrische Abbildung $g: Y \to X$ und eine Konstante $k \in \mathbb{Z}$ gibt, so dass $\forall x \in X$ gilt: $d_X(x, g(f(x))) \leq k$ sowie $\forall y \in Y$:

$d_Y(y, f(g(y))) \le k$. In diesem Fall heißen X und Y *quasiisometrisch*.

Es ist leicht zu sehen, dass Quasiisometrie zwischen metrischen Räumen eine Äquivalenzrelation ist.

Satz 10.6 *Die Cayley-Graphen zu zwei verschiedenen endlichen Erzeugendensystemen einer Gruppe sind quasiisometrisch.*

Beweis: Seien $(g_1, \dots, g_n)$ und $(h_1, \dots, h_m)$ Erzeugendensysteme derselben Gruppe G. Sei Γ der Cayley-Graph von G bezüglich der Erzeugenden $(g_1, \dots, g_n)$ und Γ' der Cayley-Graph von G bezüglich der Erzeugenden $(h_1, \dots, h_m)$.
Wir können jedes Element g_i in den Erzeugenden $(h_1, \dots, h_m)$ schreiben und auch jedes h_j in den $(g_1, \dots, g_n)$. Sei c die maximale Länge der dabei auftretenden Worte. Die Abbildung $f \colon \Gamma \to \Gamma'$, die auf den Elementen von G die Identität ist, aber Worte in den g_i in Worte in den h_j verwandelt, ist eine quasiisometrische Abbildung, wobei wir die Zahlen λ und ϵ aus der Definition von quasiisometrischer Abbildung $\lambda = c$ und $\epsilon = 0$ wählen können. Eine Kante in Γ wird nämlich durch höchstens c Kanten in Γ' ersetzt.
Dasselbe gilt für eine entsprechend konstruierte quasiisometrische Abbildung $g \colon \Gamma' \to \Gamma$. f und g sind Quasiisometrien, und die in der Definition von Quasiisometrie definierte Konstante k kann als $(c^2 + 1)/2$ gewählt werden. $\square$

Umgekehrt definiert man:
Zwei endlich erzeugte Gruppen heißen *quasiisometrisch*, wenn sie Cayley-Graphen haben, die quasiisometrisch sind. Es sind also zum Beispiel je zwei endliche Gruppen quasiisometrisch zueinander, weil endliche Cayley-Graphen quasiisometrisch sind. Man kann als Konstante λ den maximalen Abstand zweier Punkte des Cayley-Graphen nehmen. Von Weitem sieht also jede endliche Gruppe wie die triviale Gruppe aus.

Sei jetzt (X, d_X) ein *geodätischer* metrischer Raum, d.h., kürzeste Abstände in X können durch *Geodäten* realisiert werden. Das bedeutet, sind $x, y \in X$, so gibt es einen Weg (eine Geodäte) in X, dessen Länge gleich $d_X(x, y)$ ist und der x mit y verbindet. Zum Beispiel ist die euklidische Ebene ohne den Ursprung kein geodätischer metrischer Raum, weil der Punkt -1 auf der x-Achse mit dem Punkt 1 auf der x-Achse nicht durch einen Weg der Länge 2 verbunden werden kann. Der Cayley-Graph einer endlich erzeugten Gruppe ist ein geodätischer metrischer Raum, weil der Abstand von zwei Punkten immer auch durch einen Weg realisiert werden kann.
Eine ϵ-*Umgebung* $U_\epsilon(x)$ eines Punktes $x \in X$ sei definiert als:

$$U_\epsilon(x) = \{y \in X \mid d_X(x, y) < \epsilon\}$$

Sei G eine endlich erzeugte Gruppe, die durch Isometrien auf X operiert. Diese Operation sei diskret mit kompaktem Fundamentalbereich. *Diskret* bedeutet, dass

Häufungspunkte nicht erlaubt sind, also dass

$$\forall x \in X, \exists \epsilon > 0 \text{ mit } U_\epsilon(x) \cap g \cdot U_\epsilon(x) = \emptyset, \forall g \in G - \{1\}.$$

Sei $(g_1, \ldots, g_n)$ ein Erzeugendensystem von G, und $P \in X$ sei ein fest gewählter Punkt. Wir definieren eine Abbildung $\Phi \colon \Gamma_G(g_1, \ldots, g_n) \to X$. Ist $h \in G$ eine Ecke des Cayley-Graphen, so sei $\Phi(h) = h(P)$. Für jede Erzeugende g_i wählen wir außerdem einen Weg p_i von P nach $g_i(P)$. Eine Kante von $h' \in \Gamma_G$ nach $h \in \Gamma_G$, beschriftet mit g_i, wird dann durch Φ auf $h'(p_i)$ abgebildet.
Dann gilt der folgende Satz von Švarc-Milnor:

Satz 10.7 *Sei $G = \langle g_1, \ldots, g_n \rangle$ eine endlich erzeugte Gruppe, die durch Isometrien auf einem geodätischen, metrischen Raum X diskret mit kompaktem Fundamentalbereich operiert. Dann ist die Abbildung $\Phi \colon \Gamma_G(g_1, \ldots, g_n) \to X$ eine Quasiisometrie.*

Alle Räume, auf denen eine gegebene Gruppe „schön" operiert, sind also quasiisometrisch. Eine Quasiisometrie zwischen einem Cayley-Graphen Γ_G und einer Zerlegung der euklidischen Ebene, auf dem die zugehörige Gruppe G operiert, ist in Abschnitt 4.6 indirekt angegeben, indem dort der Cayley-Graph in die Zerlegung eingebettet wurde.

Aufgaben

1. Beweisen Sie die im Beweis von Satz 10.6 auftretende Konstante $k = (c^2 + 1)/2$.

2. Zeigen Sie, dass die Cayley-Graphen $\Gamma_\mathbb{Z}(1)$ und $\Gamma_\mathbb{Z}(2, 3)$ quasiisometrisch sind. Bestimmen Sie die auftretenden Konstanten λ, ϵ.

10.3 Isoperimetrische Ungleichungen

Satz 10.3 gibt uns in manchen Fällen ein Werkzeug zur Lösung des Wortproblems in Gruppen. Sei w ein Wort der Länge n, von dem wir wissen wollen, ob es trivial in einer durch eine Präsentation gegebenen Gruppe ist oder nicht. Falls eine Zuordnung $f \colon \mathbb{N} \to \mathbb{N}$ berechnet werden kann, so dass jedes van Kampen-Diagramm zu einem Wort der Länge n höchstens $f(n)$ viele Gebiete braucht, und kennt man $f(n)$, so kann man alle möglichen, endlich vielen van Kampen-Diagramme bauen, die höchstens $f(n)$ viele Gebiete haben und deren Rand die Länge n hat. Ist eines mit Randwort w darunter, so hat man erwiesen, dass w eine Relation ist. Liest keines dieser van Kampen-Diagramme w im Rand, so ist w keine Relation. Das motiviert die folgende Definition.

Wir schreiben $l(w)$ für die Länge eines Wortes w in den Erzeugenden einer Präsentation und $A(w)$ für die Minimalzahl von Gebieten über allen van Kampen-
Diagrammen für w.

Definition 10.8 *Sei $P = \langle X \mid R \rangle$ eine endliche Präsentation. Erfüllt eine Funktion $f \colon \mathbb{N} \to \mathbb{N}$ die* isoperimetrische Ungleichung

$$f(n) \geq \max\{A(w) \mid l(w) \leq n\},$$

so heißt f isoperimetrische Funktion *von P.*

Wir beschränken uns in dieser Definition auf endliche Präsentationen, weil man
sonst als Relationenmenge alle Relationen nehmen könnte und die uninteressante
isoperimetrische Funktion $f(n) = 1$ für jede Gruppe hätte.
Seien $f, g \colon \mathbb{N} \to \mathbb{N}$ zwei Funktionen. Wir definieren $f \preceq g$, falls es $i, j, k, l, m \in \mathbb{N}$
gibt, so dass

$$f(n) \leq ig(jn + k) + ln + m$$

für alle $n \in \mathbb{N}$ gilt. Die Funktionen f und g heißen *äquivalent*, falls $f \preceq g$ und
$g \preceq f$. Sind beispielsweise f und g Polynome vom selben positiven Grad, so sind
sie äquivalent. Ohne Beweis zitieren wir hier (siehe auch Aufgabe 1):

Lemma 10.9 *Isoperimetrische Funktionen quasiisometrischer, endlich präsentier-
ter Gruppen sind äquivalent.*

Da die Cayley-Graphen derselben Gruppe nach Satz 10.6 quasiisometrisch sind,
folgt also, dass bis auf Äquivalenz die isoperimetrische Funktion unabhängig von
der Präsentation ist, in der eine Gruppe gegeben ist. Damit macht die folgende
Sprechweise Sinn: Die Gruppe G hat eine lineare (quadratische, exponentielle etc.)
isoperimetrische Ungleichung, nämlich dann, wenn ihre isoperimetrische Funktion
aus der entsprechenden Klasse ist.
Es ist klar, dass endlich erzeugte freie Gruppen eine lineare isoperimetrische Funktion haben. Eine Präsentation ohne Relationen einer freien Gruppe hat nämlich
die isoperimetrische Funktion $f(n) = 0$, $\forall n \in \mathbb{N}$, und diese ist linear.

Eine Funktion heißt *rekursiv berechenbar*, wenn es ein Computerprogramm gibt,
das zu jedem Urbild den Bildwert berechnen kann. Der folgende Satz zeigt, dass
das Wortproblem in einer Gruppe nur dann nicht entscheidbar ist, wenn seine
isoperimetrische Funktion zu schnell wächst.

Satz 10.10 *Eine endliche Präsentation $P = \langle X \mid R \rangle$ hat lösbares Wortproblem genau dann, wenn die zugehörige isoperimetrische Funktion rekursiv berechenbar ist.*

Beweis: Sei die isoperimetrische Funktion f von P rekursiv berechenbar. Sei w
ein beliebiges Wort in X der Länge n. Ist w eine Relation, so muss es also ein
van Kampen-Diagramm Γ mit höchstens $f(n)$ vielen Gebieten geben. Die Anzahl

dieser van Kampen-Diagramme ist zunächst einmal unbeschränkt, weil es lange 1-dimensionale Verbindungsstücke geben könnte wie in dem van Kampen Diagramm aus Abbildung 10.3. Der Rand des van Kampen-Diagramms hat aber genau die Länge n, so dass es höchstens $n/2$ Kanten in Γ gibt, die nicht im Rand von Gebieten liegen. Von diesen van Kampen-Diagrammen gibt es aber nur endlich viele. Wir testen alle diese und genau dann, wenn eines dabei ist mit w im Rand, ist w Relation.

Wir verzichten auf einen Beweis der Umkehrung. □

Der Algorithmus zur Lösung des Wortproblems, der hier genannt wurde, ist sehr ineffektiv, wenn f eine stark wachsende (etwa exponentiell wachsende) Funktion ist. Meist finden sich dann effektivere Algorithmen zur Lösung des Wortproblems. Im Weiteren stellen wir eine Klasse von Präsentationen mit lösbarem Wortproblem vor. Dazu führen wir die sogenannten *Small-Cancellation-Bedingungen* $C(p), T(q)$ ein. Die Idee hinter der abstrakten Formulierung der Bedingungen ist einfach: Die Bedingung $C(p)$ wird garantieren, dass jedes innere Gebiet in einem van Kampen-Diagramm mindestens Valenz p hat. Die Bedingung $T(q)$ sorgt dafür, dass jede innere Ecke mindestens Valenz q hat. Wir wollen diese Bedingungen aber von der zugehörigen Präsentation ablesen. Formal:

Sei $P = \langle x_1, \ldots, x_n \mid r_1, \ldots, r_m \rangle$ eine endliche Präsentation. Jede Relation r_i sei *zyklisch gekürzt*, d.h., r_i ist reduziert und hat nicht die Form $x_j^\epsilon w x_j^{-\epsilon}$. Wäre r_i nicht zyklisch gekürzt, so könnte man r_i mit Tietze-Transformationen kürzer machen. Die Menge der zyklisch gekürzten Relationen $R = \{r_1, \ldots, r_m\}$ heißt *symmetrisiert*, wenn zu jedem $r_i \in R$ auch $r_i^{-1} \in R$ und außerdem: Schreibt man $r_i \in R$ beliebig als Produkt zweier Worte $r_i = wv$, so muss es ein $r_j \in R$ geben mit $r_j = vw$. Hat man eine beliebige endliche Präsentation, so kann man sie, indem man die Relatorenmenge stark vergrößert, durch Tietze-Transformationen in eine endliche, symmetrisierte Relationenmenge verwandeln.

Sind $r_i = wv$ und $r_j = wu$ verschiedene Relationen von R, so heißt w *Stück* relativ zu R. Hat man ein van Kampen Diagramm ohne Ecken der Valenz 1 über einer symmetrisierten Präsentation gegeben, so grenzen Relationen immer entlang Stücken aneinander.

Definition 10.11 *Eine endliche Präsentation* $P = \langle x_1, \ldots, x_n \mid r_1, \ldots, r_m \rangle$ *erfüllt die Bedingung* $C(p)$, *wenn von der zugehörigen symmetrisierten Präsentation keine Relation sich mit weniger als* p *Stücken schreiben lässt.*

Definition 10.12 *Eine endliche Präsentation* $P = \langle x_1, \ldots, x_n \mid r_1, \ldots, r_m \rangle$ *erfüllt die Bedingung* $T(q)$, *wenn für alle* k *mit* $3 \leq k < q$ *Folgendes erfüllt ist: Seien* $r_{i_1}, \ldots, r_{i_k}$ *Relationen der zugehörigen symmetrisierten Relationenmenge, so dass* $r_{i_j}^{-1} \neq r_{i_{j+1}}$. *Dann ist bei mindestens einem der Produkte* $r_{i_1} r_{i_2}, \ldots, r_{i_{k-1}} r_{i_k}, r_{i_k} r_{i_1}$ *keine Kürzung möglich.*

Sei F eine zusammenhängende Figur in der euklidischen Ebene. Sei F zerlegt in S Gebiete, K Kanten und V Ecken. Jedes Gebiet sei dabei ein n-Eck (ein Loch in einem Gebiet ist verboten). Von F lässt sich die *Euler-Charakteristik* ausrechnen (siehe etwa [Sti92]). Sie ergibt sich nach folgender Formel:

$$\chi(F) = S - K + V$$

Dabei können verschiedene Komponenten von F, wie zum Beispiel bei dem van Kampen-Diagramm aus Abbildung 10.3, jeweils durchaus nur über einen Zug von Kanten und Ecken verbunden sein. Leicht beweist man:

Satz 10.13 *Ist F ein zusammenhängendes Gebiet der Ebene, so gilt $\chi(F) = 1$.*

Satz 10.14 *Ist $P = \langle x_1, \ldots, x_n \mid r_1, \ldots, r_m \rangle$ eine endliche Präsentation, die $C(3), T(7)$ oder $C(4), T(5)$ oder $C(5), T(4)$ oder $C(7), T(3)$ genügt, so erfüllt P eine lineare isoperimetrische Ungleichung.*

Beweis: Sei F ein van Kampen-Diagramm ohne Ecken der Valenz 2 über der Präsentation P zu einem Wort w. Zuerst machen wir uns klar: Erfüllt P die Bedingung $C(p)$, so hat jedes innere Gebiet von F (also jedes Gebiet ohne Kanten im Rand von F) mindestens Valenz p. Zwei Relationen haben nämlich höchstens ein Stück gemeinsam. Jedes solche Stück kann zu einer Kante werden, und nach Definition 10.11 hat jede Relation mindestens p Stücke.

Ebenso: Erfüllt eine Präsentation die Bedingung $T(q)$, so hat jede innere Ecke von F (also Ecke, die nicht im Rand von F liegt) die Valenz q. Hätte eine innere Ecke nämlich Valenz $k < q$, so müssten zu angrenzenden Gebieten gehörende Relationen sich an gemeinsamen Kanten kürzen, und das ist nach Definition 10.12 gerade verboten (siehe Abbildung 10.6).

Exemplarisch sei hier der Fall $C(5), T(4)$ bewiesen, die anderen Fälle gehen analog.

F habe S Gebiete, V Ecken und K Kanten. Sei k die Anzahl der Kanten im Rand von F.

$2K - k$ zählt alle Kanten doppelt außer denen im Rand, die nur einfach gezählt werden. Jedes Gebiet hat Valenz mindestens 5, und deswegen gibt $5S$ die minimale Anzahl der Kanten im Rand von Gebieten doppelt an, außer denen, die im Rand von F liegen und nur einfach zählen. Es folgt:

Abbildung   10.6: Ecke der Valenz k

$$5S \leq 2K - k \tag{10.1}$$

Es gibt höchstens $V - k$ innere Ecken, und diese haben, wegen $T(4)$, alle Valenz mindestens 4. Damit folgt:

$$4(V - k) \leq 2(K - k) - \bar{K}, \tag{10.2}$$

wobei $\bar{K}$ die Anzahl Kanten mit genau einem Punkt im Rand von F bezeichne.

Äquivalent zu (10.2) ist:

$$4V - 2k \leq 2K - \bar{K} \tag{10.3}$$

Addiert man die Ungleichungen (10.1) und (10.3), so erhält man:

$$5S + 4V - 2k \ \leq \ 4K - k - \bar{K}$$
$$S + (4S - 4K + 4V) \ \leq \ k - \bar{K}$$

Aus der Euler-Charakteristik von F (siehe Satz 10.13) erhält man jetzt:

$$S + 4 \leq k - \bar{K}$$

und damit also:

$$S \leq k - \bar{K} - 4 \leq k - 4 \leq l(w) - 4$$

Dabei ist $l(w)$ die Länge von w, und wir erhalten eine lineare isoperimetrische Ungleichung. $\qquad\square$

Beispiel 10.15 *Die Präsentation $\langle a, b, c, d \mid [a, b][c, d] \rangle$ ist vom Typ C(8), T(3), und hat damit eine lineare isoperimetrische Funktion.*

Zum Beweis mache man sich klar, dass Stücke in dieser Präsentation die Länge 1 haben.

Eine Zerlegung vom Typ (n, m) entspricht im Prinzip den Bedingungen $C(n)$ und $T(m)$: Einmal handelt es sich um Zerlegungen der hyperbolischen oder euklidischen Ebene oder der 2-Sphäre, und im anderen Fall sind es Zerlegungen von Gebieten in der Ebene. Zerlegungen vom Typ $(3, 7), (4, 5), (5, 4)$ und $(7, 3)$ sind Zerlegungen der hyperbolischen Ebene (siehe Satz 9.7). Das lässt vermuten, dass die Präsentationen aus Satz 10.14 in irgendeinem Sinn „hyperbolisch" sind. Diesen Sachverhalt werden wir in Abschnitt 10.4 präzisieren.
Den folgenden Satz geben wir ohne Beweis an (einen Beweis finden Sie in [HR93a]).

Satz 10.16 *Ist $P = \langle x_1, \ldots, x_n \mid r_1, \ldots, r_m \rangle$ eine endliche Präsentation, die $C(3), T(6)$ oder C(4), T(4) oder C(6), T(3) genügt, so erfüllt P eine quadratische isoperimetrische Ungleichung.*

Die in diesem Satz genannten Fälle entsprechen den euklidischen Zerlegungen. In der Tat ist der Zusammenhang zwischen Randlänge und Flächeninhalt eines Gebiets in der euklidischen Ebene quadratisch. Als Beispiel sei M_n ein Quadrat mit Kantenlänge n in der euklidischen Ebene, bestehend aus n mal n Einheitsquadraten. Dieses Quadrat erfüllt für alle $n \in \mathbb{N}$ die Bedingung C(4),T(4). Seine Randlänge r ist $4n$ und sein Flächeninhalt, also die Anzahl seiner Einheitsquadrate, ist $n^2 = (r/4)^2$. Wir haben also so etwas wie eine isoperimetrische Funktion: $f(r) = (r/4)^2$. Präziser:

Beispiel 10.17 *Die Präsentation $\langle a, b \mid ab = ba \rangle$ der Gruppe $\mathbb{Z} \times \mathbb{Z}$ erfüllt die Bedingungen $C(4), T(4)$ und damit nach Satz 10.16 eine quadratische isoperimetrische Ungleichung.*

Die Bedingungen $C(4)$, $T(4)$ erkennt man gut am van Kampen-Diagramm aus Abbildung 10.1. Der Eckpunkt hat Valenz 4. Jede Erzeugende ist für sich ein Stück. Der Zusammenhang zwischen Flächeninhalt und Randlänge in der hyperbolischen Ebene ist höchstens linear. Es gibt ja sogar Dreiecke mit unendlicher Randlänge, aber endlicher Fläche (siehe Abbildung 9.5).

Aufgaben

1. Beweisen Sie direkt (ohne den Umweg über Quasiisometrie), dass isoperimetrische Funktionen von zwei Präsentationen derselben Gruppe äquivalent sind. (Tipp: Beobachten Sie die Änderung der Längen unter Tietze-Transformationen.)

2. Beweisen Sie Satz 10.14 im Fall $C(4),T(5)$.

3. Beweisen Sie, dass in der Präsentation aus Beispiel 10.15 Stücke die Länge 1 haben.

10.4 Hyperbolische Gruppen

Mit der Einführung hyperbolischer Gruppen im Jahr 1987 durch M. GROMOV (siehe [Gro87]) gab es einen Wendepunkt in der Entwicklung der geometrischen Gruppentheorie. Wir wollen hier eine erste Einführung in die Theorie hyperbolischer Gruppen geben. Die Inhalte dieses Abschnitts geben zum größten Teil am besten [Löh17], aber auch [A+91], [Can02], [dlH00], [BH99] wieder. Etwas schwerer zu lesen ist Gromovs Originalarbeit [Gro87].

Wir erinnern uns an die Operation einer Gruppe auf ihrem Cayley-Graphen von Satz 4.52. Ist $g \in G$ ein Gruppenelement und $x \in \Gamma_G$ ein Punkt des Cayley-Graphen (also auch nichts anderes als ein Gruppenelement $x \in G$), so ist $g(x) = g \cdot x$, wobei $\cdot$ die Verknüpfung in der Gruppe G ist. Das verträgt sich mit der Operation auf den Kanten, denn ist $k \in \Gamma_G$ eine Kante vom Punkt h' nach h, die mit g_i beschriftet ist (d.h., gilt $h' \cdot g_i = h$), so ist $g(k) \in \Gamma_G$ eine Kante vom Punkt $g \cdot h'$ nach $g \cdot h$, die mit g_i beschriftet ist. Mit der Wortmetrik ist die Operation von einem Gruppenelement g auf dem Cayley-Graphen längenerhaltend und damit eine Isometrie. Jede endlich erzeugte Gruppe ist also Symmetriegruppe eines metrischen Raums, nämlich ihres Cayley-Graphen.

In Abschnitt 9.2 haben wir für die hyperbolische Ebene definiert, was es heißt, dünn zu sein. Wir verallgemeinern auf beliebige geodätische metrische Räume (X, d): (X, d) heißt δ-*hyperbolisch*, wenn es eine Konstante $\delta \in \mathbb{R}$ gibt, so dass gilt: Seien $a, b, c \subset X$ Seiten eines beliebigen Dreiecks. Dann hat jeder Punkt P auf a Abstand höchstens δ zu b oder zu c. Das Dreieck heißt dann δ-*dünn* (siehe Abbildung 9.6 auf Seite 182).

Definition 10.18 *Sei $\delta \in \mathbb{R}$ eine Konstante. Die endlich erzeugte Gruppe G heißt* δ-hyperbolisch, worthyperbolisch *oder* hyperbolisch, *wenn sie ein endliches Erzeugendensystem $\{g_1, \ldots, g_n\}$ hat, so dass jedes Dreieck im zugehörigen Cayley-Graphen $\Gamma_G(g_1, \ldots, g_n)$ δ-dünn ist.*

Es gilt der folgende Satz, den wir ohne Beweis angeben. Ein Beweis findet sich etwa in [Löh17].

Satz 10.19 *Seien (X, d_X) und (Y, d_Y) quasiisometrische, geodätische, metrische Räume. Ist (X, d_X) δ-hyperbolisch, so gibt es eine Konstante δ', so dass (Y, d_Y) δ'-hyperbolisch ist.*

Da Cayley-Graphen derselben Gruppe quasiisometrisch sind (siehe Satz 10.6), folgt, dass die Definition einer hyperbolischen Gruppe unabhängig vom gewählten Erzeugendensystem ist, d.h., ist jedes Dreieck δ-dünn im Cayley-Graphen einer Gruppe bezüglich eines endlichen Erzeugendensystems $\{g_1, \ldots, g_n\}$, so gibt es zu einem beliebigen anderen Erzeugendensystem $\{h_1, \ldots, h_m\}$ derselben Gruppe eine Konstante δ', so dass jedes Dreieck δ'-dünn ist im Cayley-Graphen zu $\{h_1, \ldots, h_m\}$. Hyperbolisch zu sein, ist also eine Eigenschaft einer Gruppe.

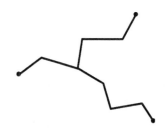

Jede endliche Gruppe ist hyperbolisch. Als Konstante δ lässt sich einfach das Maximum über alle Abstände je zweier Punkte im Cayley-Graphen nehmen.

Abbildung 10.7: Dreieck in einem Baum

Nach Satz 5.10 ist der Cayley-Graph einer freien Gruppe mit passendem Erzeugendensystem ein Baum. Jeder Baum ist aber 0-dünn: Ein Dreieck schrumpft auf ein Dreibein zusammen wie in Abbildung 10.7.

Wir haben also bewiesen:

Satz 10.20 *Endlich erzeugte freie Gruppen sind hyperbolisch.*

$\mathbb{Z} \times \mathbb{Z}$ ist nicht hyperbolisch: Die Untergruppe der Translationen einer Zerlegung der Ebene in Einheitsquadrate ist $\mathbb{Z} \times \mathbb{Z}$ (vergleiche Abschnitt 6.4). Seien a, b Erzeugende dieser Gruppe, die den Translationen um die Länge 1 in horizontaler und vertikaler Richtung entsprechen. Der zugehörige Cayley-Graph ist das Gitter bestehend aus allen horizontalen und vertikalen Geraden in der Ebene an jeweils ganzzahligen Koordinatenpunkten. Wir betrachten für jede Zahl $n \in \mathbb{N}$ das Dreieck bestehend aus den Seiten

- e gegeben durch das Wort a,

- f von a nach $a^n b^n$ gegeben durch das Wort $a^{n-1} b^n$ und

- g gegeben durch das Wort $b^n a^n$

(siehe Abbildung 10.8). Auch wenn es in Abbildung 10.8 nicht so aussieht, so handelt es sich dennoch wirklich um Dreiecke. Die Kanten sind alle drei Geodäten. Mit steigendem n ist der Abstand vom Punkt b^n zu den beiden anderen Kanten

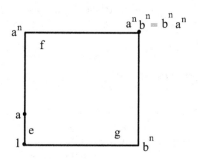

Abbildung 10.8: Dreieck im Cayley-Graphen zu $\mathbb{Z} \times \mathbb{Z}$

e, f beliebig groß, und deswegen gibt es keine Konstante δ für alle diese Dreiecke. Dass $\mathbb{Z} \times \mathbb{Z}$ nicht hyperbolisch ist, ist nicht erstaunlich. Die Gruppe kommt von einer Zerlegung der euklidischen Ebene. Der Cayley-Graph liegt also in natürlicher Weise in der euklidischen Ebene, und dort existiert keine Konstante δ, so dass alle Dreiecke δ-dünn sind, wie in Abschnitt 9.2 begründet wird. Man kann sogar beweisen, dass, wenn eine Gruppe $\mathbb{Z} \times \mathbb{Z}$ als Untergruppe enthält, sie dann nicht hyperbolisch ist.

Weitere Beispiele hyperbolischer Gruppen sind die der Zerlegungen aus Satz 9.7 auf Seite 186. Jede dieser Gruppen und der darunter stehenden Dreiecksgruppen kommt von einer Zerlegung der hyperbolischen Ebene: Der Cayley-Graph liegt also in natürlicher Weise in der hyperbolischen Ebene, und wir können folgern:

Satz 10.21 *Gilt* $\frac{1}{m} + \frac{1}{n} < \frac{1}{2}$, *so ist die Gruppe* $G_{(n,m)}$ *der Zerlegung der hyperbolischen Ebene vom Typ* (n,m) *hyperbolisch.*

Beweis: Sei Γ der Cayley-Graph der Gruppe $G_{(n,m)}$ für natürliche Zahlen n, m, für die gilt: $\frac{1}{m} + \frac{1}{n} < \frac{1}{2}$. Nach dem Satz von ŠVARC-MILNOR, Satz 10.7, ist Γ quasiisometrisch zur hyperbolischen Ebene. Diese ist nach Satz 9.3 δ-hyperbolisch, und wegen Satz 10.19 ist auch Γ δ-hyperbolisch. $\square$

Es gibt einen sehr effektiven Algorithmus zur Lösung des Wortproblems in hyperbolischen Gruppen, den sogenannten Dehn-Algorithmus. Er ist benannt nach MAX DEHN, der damit Anfang des letzten Jahrhunderts in mehreren Aufsätzen das Wortproblem für Flächengruppen gelöst hat.

Ist $w = uv$ eine Relation in einer Gruppe bestehend aus den Teilwörtern u, v, so ist auch $w' = u^{-1} \cdot uv \cdot u = vu$ eine Relation. Wir sagen, w' entsteht aus w durch *zyklische Konjugation*.

Definition 10.22 *Eine Dehn-Präsentation ist eine endliche Präsentation, bei der jede nichttriviale reduzierte Relation (nach eventuellem Invertieren und zyklischem Konjugieren) ein Teilwort enthält, das sich in einer definierenden Relation r wiederfindet und länger ist als die Hälfte von r.*

Die endliche Präsentation $\langle X \mid R \rangle$ ist also eine Dehn-Präsentation, wenn es für alle reduzierten Relationen w in den Erzeugenden und ihren Inversen mit $l(w) > 0$ eine definierende Relation $r = r_1 r_2 \in R'$ der symmetrisierten Relatorenmenge R' von R gibt, mit $w = u r_1 v$ und $l(r_1) > l(r_2)$.

Hat eine Gruppe eine Dehn-Präsentation $\langle X \mid R \rangle$, so können wir mit folgendem *Dehn-Algorithmus* das Wortproblem lösen: Wir betrachten alle Teilwörter eines gegebenen Wortes w. Findet sich ein Teilwort r_1 in $w = u r_1 v$, was in einer Relation $r = r_1 r_2$ vorkommt und mehr als halb so lang ist wie die Relation, so ersetzen wir $w = u r_1 v$ durch $w' = u r_2^{-1} v$ und haben ein kürzeres Wort gefunden, das demselben Gruppenelement entspricht. Finden wir ein solches Teilwort nicht in w, so ist w keine Relation, und wir brechen ab. Findet sich aber ein solches Teilwort, so machen wir mit w' nach eventuellen freien Reduktionen induktiv weiter. Enden wir beim leeren Wort, so ist w eine Relation. Mussten wir nach irgendeinem Teilschritt abbrechen, so ist w nichttrivial in der Gruppe.

Mit diesem Algorithmus ist das Wortproblem sehr effizient lösbar. So effizient, dass man dafür im Allgemeinen keinen Computer braucht.

Beispiel 10.23 *Die Präsentation $\langle a, b, c, d \mid [a, b][c, d] \rangle$ aus Beispiel 10.15 ist eine Dehn-Präsentation.*

Der Originalbeweis von Dehn zeigt, dass der Cayley-Graph dieser Gruppe als Zerlegung vom Typ $(8, 8)$ in der hyperbolischen Ebene liegt. Der Weg im Cayley-Graphen, der zu einer Relation gehört, hat einen maximalen Abstand von dem Punkt 1. Dort befindet sich das Teilwort von w, das mehr als die Hälfte einer definierenden Relation enthält (siehe auch Aufgabe 3).

Satz 10.24 *Hat eine Gruppe einen Dehn-Algorithmus, so hat sie eine lineare isoperimetrische Funktion.*

Beweis: Beim Kürzen eines Teilwortes einer Relation w durch den kürzeren Teil einer definierenden Relation wird die Anzahl der Relationen um eins kleiner und w um mindestens eins kürzer. Daraus ergibt sich die isoperimetrische Funktion $f(n) = n$.   □

Satz 10.25 *Sei G eine δ-hyperbolische Gruppe mit endlichem Erzeugendensystem X. Sei R die Menge aller Relationen in G der Länge höchstens $16\delta + 1$. Dann ist $\langle X \mid R \rangle$ eine Dehn-Präsentation für G.*

Man kann zeigen, dass sogar die Menge aller Relationen der Länge höchstens 8δ für eine Dehn-Präsentation genügt (siehe [A+91]).
Ist $\delta = 0$, so ist G eine freie Gruppe mit freiem Erzeugendensystem X. In dem Fall folgt die Aussage des Satzes. Wir setzen also im Weiteren $\delta \geq 1$ voraus.
Der Beweis von Satz 10.25 arbeitet mit Längenabschätzungen im Cayley-Graphen. Wir identifizieren wieder Punkte des Cayley-Graphen mit Gruppenelementen und Worte in den Erzeugenden (und ihren Inversen) mit Wegen im Cayley-Graphen von der 1 zum zugehörigen Gruppenelement.

Definition 10.26 *Ein Weg w im Cayley-Graphen ist eine k-lokale Geodäte, wenn jeder Teilweg der Länge höchstens k eine Geodäte ist.*

Mit $d(P, Q)$ bezeichnen wir den Abstand vom Punkt P zum Punkt Q im Cayley-Graphen bezüglich der Wortmetrik. Ist w ein Weg und P ein Punkt, so sei $d(P, w)$ der kürzeste Abstand von P zu einem beliebigen Punkt auf w.

Zum Beweis von Satz 10.25 benötigen wir folgenden Hilfssatz:

Lemma 10.27 *Sei G eine δ-hyperbolische Gruppe und u eine k-lokale Geodäte, wobei $k > 8\delta$. Sei v eine Geodäte die am selben Gruppenelement g endet wie u. Sei P ein beliebiger Punkt auf u. Dann gilt $d(P, v) \leq 2\delta$.*

Beweis: Sei $P \in u$ ein Punkt größten Abstands zu v. Wir nehmen zuerst an, dass $d(1, P) > 4\delta$ und $d(P, g) > 4\delta$. Sei Q ein Punkt auf u zwischen 1 und P, so dass $k/2 > d(Q, P) > 4\delta$. Ebenso sei S ein Punkt auf u zwischen P und g, so dass $k/2 > d(S, P) > 4\delta$ (siehe Abbildung 10.9).

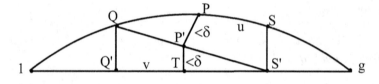

Abbildung 10.9: Eine Geodäte und eine k-lokale Geodäte

Sei Q' der Punkt auf v mit kleinstem Abstand zu Q und S' der Punkt auf v mit kleinstem Abstand zu S. Wir betrachten das Quadrat Q, S, S', Q'. Wir ziehen die Diagonale QS' in dieses Quadrat und erhalten 2 Dreiecke. Nun wenden wir das Kriterium für δ-dünne Dreiecke auf das obere Dreieck von P aus an. Zuerst betrachten wir den Fall, dass wir von P den Abstand höchstens δ zu einem Punkt P' auf QS' haben. Der Fall, dass dieser Punkt auf SS' liegt, wird später behandelt. Ebenso wenden wir auf das Dreieck $QQ'S'$ von P' aus das Kriterium für δ-dünne Dreiecke an und erhalten so einen weiteren Punkt T auf QQ' oder auf $Q'S'$ mit Abstand höchstens δ von P'. Liegt T auf $Q'S'$, so hat P höchstens Abstand 2δ zu T und damit zu v, und die Aussage wäre bewiesen. Liegt T auf QQ', so erhalten wir auf folgende Weise einen Widerspruch:

$$
\begin{aligned}
d(P,Q') - d(Q,Q') &\leq \big(d(P,T) + d(T,Q')\big) - \big(d(Q,T) + d(T,Q')\big) \\
&= d(P,T) - d(Q,T) \\
&\leq d(P,T) - (d(Q,P) - d(P,T)) \\
&= 2d(P,T) - d(P,Q) \\
&< 4\delta - 4\delta = 0
\end{aligned}
$$

Es folgt also $d(P,Q') < d(Q,Q') = d(Q,v)$, und das steht im Widerspruch dazu, dass P der Punkt größten Abstands zu v sein soll. Es liegt also T auf $Q'S'$, und P hat den Abstand höchstens 2δ zu T und damit zu v.

Im Fall, dass P' auf SS' liegt, gibt uns eine analoge Rechnung (ersetze oben T, Q, Q' durch P', S, S') einen Widerspruch. Ist $d(1, P) \leq 4\delta$ oder $d(P,g) \leq 4\delta$, führen ähnliche Argumente zum Beweis. In diesem Fall hat P sogar nur den Abstand δ zu v. $\qquad\square$

Beweis: (von Satz 10.25) Sei w eine Relation und $k = 8\delta + 1$. Ist w keine k-lokale Geodäte, so hat w einen Teilweg der Länge höchstens $8\delta + 1$, der nicht eine Geodäte ist. Die zugehörige Geodäte hat Länge höchstens 8δ und gibt zusammen mit dem Teilweg eine Relation, die aufgrund ihrer Längenbeschränkung in der vorgegebenen Präsentation ist. w kann also gekürzt werden.

Sei w nun eine k-lokale Geodäte. Da w eine Relation ist, ist der Weg geschlossen, und die zugehörige Geodäte ist der konstante Weg, der auf der 1 bleibt. Nach Lemma 10.27 hat also jeder Punkt auf w den Abstand höchstens 2δ von der 1. Aber dann hat w höchstens die Länge 2δ, denn hätte w einen Teilweg, beginnend bei der 1, der Länge $2\delta + 1$, dann wäre dieser Teilweg eine Geodäte und hätte an seinem Ende den Abstand $2\delta + 1$ von der 1. Widerspruch! $\qquad\square$

Aus Satz 10.25 folgt sofort:

Korollar 10.28 *Hyperbolische Gruppen sind endlich präsentiert.*

Insgesamt gilt sogar der folgende Satz (siehe [A$^+$91], [BH99]):

Satz 10.29 *Für eine endlich erzeugte Gruppe G sind folgende Aussagen äquivalent:*

1. *G ist hyperbolisch.*

2. *G erfüllt eine lineare isoperimetrische Ungleichung.*

3. *G hat eine Dehn-Präsentation.*

Aufgaben

1. Sind die Gruppen von Bandornamenten hyperbolisch?

2. Beweisen Sie, dass die Operation eines Elements einer endlich erzeugten Gruppe auf ihrem Cayley-Graphen eine Isometrie ist.

3. Beweisen Sie die Aussage von Beispiel 10.23.

10.5   Kämmungen

In bestimmten Fällen lassen sich für Präsentationen quadratische isoperimetrische Ungleichungen angeben. Eines der einfachsten Verfahren dafür ist die Angabe einer Normalform von Worten für die Gruppe mit bestimmten Eigenschaften, die Kämmung heißt (siehe dazu auch [E^{+}92]).

Zuvor brauchen wir eine genauere Beschreibung von Wegen im Cayley-Graphen. Ist G eine Gruppe mit endlichem Erzeugendensystem $X = \{x_1, \ldots x_n\}$ und $g \in G$, so betrachten wir eine Normalform w_g in den Erzeugenden und ihren Inversen. Jeder Normalform entspricht ein Weg – den wir auch w_g nennen wollen – im Cayley-Graphen von dem Punkt 1 zum Punkt g. Genauer: w_g ist eine stetige Abbildung $w_g \colon \mathbb{R}^+ \to \Gamma_G$. Wir wollen, dass der Weg in g endet und dort für große t bleibt: Es gibt also ein $r \in \mathbb{R}^+$, so dass $w_g(t) = g$ für alle $t \geq r$.

Definition 10.30 *Sei G eine Gruppe mit einem endlichen Erzeugendensystem X. Gibt es Konstanten $c, k \in \mathbb{N}$ und für jedes Element $g \in G$ einen Weg $w_g \in \Gamma_G$ im Cayley-Graphen zwischen 1 und g mit*

1. *$|w_g| \leq c \cdot d(1, g)$, und*

2. *ist $w_g(t) \in \Gamma_G$ ein Eckpunkt auf dem Weg w_g, so gilt für jede Erzeugende und ihre Inverse $x \in X^{\pm 1}$ die Ungleichung $d(w_g(t), w_{gx}(t)) \leq k$,*

so heißt G kämmbar bezüglich X (siehe Abbildung 10.10).

Als Beispiel betrachten wir wieder die Untergruppe der Translationen der Zerlegung der
Ebene in Einheitsquadrate mit den Erzeugenden a, b, die den Translationen der Länge 1
in horizontaler und vertikaler Richtung entsprechen. Es handelt sich um die Gruppe $\mathbb{Z} \times$
$\mathbb{Z}$, und eine Präsentation haben wir durch
$\langle a, b \mid ab = ba \rangle$.
Wählen wir die Normalform der Worte so, dass

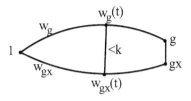

Abbildung 10.10: Abstand zwischen Wegen im Cayley-Graphen

wir grundsätzlich zuerst die Translationen in a-
und dann in b-Richtung durchführen, so erhalten wir Geodäten (wir können also
$c = 1$ wählen), und diese liegen nah beieinander (wähle $k = 1$).

Ist G kämmbar bezüglich des endlichen Erzeugendensystems X, so ist G kämmbar
bezüglich jeden anderen endlichen Erzeugendensystems. Es gilt sogar:

Satz 10.31 *Sind die Cayley-Graphen $\Gamma_G(x_1, \ldots x_n)$ und $\Gamma_H(y_1, \ldots, y_m)$ der
Gruppen G und H quasiisometrisch und ist G kämmbar bezüglich $\{x_1, \ldots x_n\}$, so
ist H kämmbar bezüglich $\{y_1, \ldots, y_m\}$.*

Beweis: Hat man eine Quasiisometrie $f \colon \Gamma_G(x_1, \ldots x_n) \to \Gamma_H(y_1, \ldots, y_m)$ gegeben, so kann man leicht die Konstanten in Γ_G durch die in Γ_H ausdrücken und
umgekehrt. $\qquad \square$

Wir können also davon sprechen, dass Gruppen kämmbar sind oder nicht. Eben
haben wir gesehen, dass Folgendes gilt:

Satz 10.32 *Die Gruppe $\mathbb{Z} \times \mathbb{Z}$ ist kämmbar.*

Kämmungen werden eingeführt aufgrund des folgenden Satzes:

Satz 10.33 *Ist die Gruppe G kämmbar, so ist sie endlich präsentiert und hat eine
quadratische isoperimetrische Ungleichung.*

Beweis: Ist v ein Wort in den endlich vielen Erzeugenden $X = \{x_1, \ldots x_n\}$ und
ihren Inversen, so entspricht diesem Wort ein Weg $v \in \Gamma_G$ beginnend bei dem
Punkt 1. Ist $v = 1$ in G, so endet der Weg auch bei der 1. Hat v die Länge m in der
Wortmetrik, so nennen wir die Eckpunkte, die v abläuft, $1 = P_1, \ldots, P_m = 1$. Wir
betrachten die Wege w_{P_i} und verbinden benachbarte Eckpunkte $w_{P_i}(t)$ mit $w_{P_{i+1}}(t)$
durch Geodäten im Cayley-Graphen (siehe Abbildung 10.11). Diese Verbindungen
haben, weil G kämmbar ist, höchstens die Länge k. Dabei entstehen geschlossene
Wege (im Bild die kleinen Rechtecke) der Länge höchstens $2k + 2$. Ist R also
die Menge aller Worte der Länge höchstens $2k + 2$, die trivial sind in G, so ist
$P = \langle X \mid R \rangle$ eine endliche Präsentation für G. Jede Relation lässt sich nämlich so
wie v durch diese kurzen Relationen trivialisieren.

Abbildung 10.11 gibt uns ein Diagramm für v. Wir schätzen die Anzahl seiner Gebiete nach oben ab. m ist die Länge von v. Es sei v_i das Wort, bestehend aus den ersten i Buchstaben von v. c sei die Konstante aus Bedingung 1. der Definition 10.30. Es gilt für alle i: $|w_{P_i}| \leq c \cdot d(1, v_i) \leq c \cdot m/2$. Es gibt m Worte $v_1, \ldots, v_m$, und deshalb gibt es im Diagramm der Abbildung 10.11 höchstens $m \cdot cm/2 = c \cdot m^2/2$ viele Gebiete. Dadurch erhalten wir eine quadratische isoperimetrische Funktion für G.   □

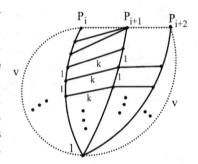

Abbildung 10.11: Kämmung eines Wortes $v = 1$ in G

Eine Klasse kämmbarer Gruppen findet sich sehr leicht:

Satz 10.34 *Hyperbolische Gruppen sind kämmbar.*

Beweis: Nimmt man Geodäten im Cayley-Graphen als Normalformen für Gruppenelemente, so bilden zwei Gruppenelemente g und gx mit Abstand 1 zusammen mit dem Punkt 1 ein Dreieck. Die Wege w_g und w_{gx} sind, weil die Gruppe δ-hyperbolisch ist, an jedem Punkt höchstens $\delta + 1$ voneinander entfernt. Die Schranke $\delta + 1$ kann dabei nur an dem Punkt P des Weges w_g angenommen werden, der δ entfernt von g liegt. Alle Punkte von w_g, die näher an der 1 liegen als P, haben den Abstand höchstens δ von w_{gx}. Alle Punkte von w_g, die näher an g liegen als P, haben in dem Weg über g zu gx den Abstand höchstens δ von w_{gx}.   □

In [E⁺92] und [HR93b] finden sich abgeschwächte Kämmungsbegriffe, die zu isoperimetrischen Ungleichungen führen, die nicht mehr quadratisch sind.

Aufgaben

1. Beweisen Sie Satz 10.31 sorgfältig. Dazu rechnen Sie die Konstanten aus, die sich im Beweis von Satz 10.31 ergeben.

2. Weisen Sie nach, dass $\mathbb{Z} \times \mathbb{Z} \times \mathbb{Z}$ kämmbar ist.

Anhang

A Die Isometrien der Ebene

Hier holen wir den Beweis eines Satzes aus dem ersten Kapitel nach:

Satz 1.6 *Eine Isometrie der Ebene mit Fixpunkt ist eine Drehung, wenn sie die Orientierung erhält, eine Spiegelung, wenn sie die Orientierung nicht erhält. Eine Isometrie der Ebene ohne Fixpunkt ist eine Translation, wenn sie die Orientierung erhält, und sonst eine Gleitspiegelung.*

Beweis: Sei f eine Isometrie mit Fixpunkt P. Da f längenerhaltend ist, bildet es jeden Kreis mit Mittelpunkt P auf sich ab. Ein Kreis lässt als Deckabbildungen nur Drehungen und Spiegelungen zu (das sollte man sich an dieser Stelle klarmachen), und damit ist f eine Drehung oder eine Spiegelung.

Sei ab jetzt f fixpunktfrei. Dann hat f^2 auch keinen Fixpunkt. Würde nämlich $f^2(P) = P$ für einen beliebigen Punkt P gelten, so würde also die Isometrie f den Punkt P mit $f(P)$ vertauschen, und der Mittelpunkt A des Intervalls $[P, f(P)]$ wäre Fixpunkt wegen

$$\overline{f(P), f(A)} = \overline{P, A} = \overline{f(P), A} = \overline{P, f(A)}.$$

Sei f zusätzlich orientierungserhaltend und P ein beliebiger Punkt. Wenn die Strecken $\overline{P, f(P)}$ und $\overline{f(P), f^2(P)}$ nicht parallel sind, dann schneiden sich die beiden Senkrechten auf den Kantenmittelpunkten in einem Punkt Q (siehe Abbildung 1). f bildet die ganze Strecke $\overline{P, f(P)}$ auf $\overline{f(P), f^2(P)}$ ab und, weil f orientierungserhaltend ist, Q auf sich, und das steht im Widerspruch zur Fixpunktfreiheit. Also sind die Strecken $\overline{P, f(P)}$ und $\overline{f(P), f^2(P)}$ parallel. Damit liegen die Punkte P, $f(P)$, $f^2(P)$ alle auf einer Geraden g und sind alle drei verschieden. Dann liegen aber alle $f^k(P)$ auf g. f operiert also auf dieser Geraden durch Translation.

Wir wählen einen Punkt $P' \notin g$ und wenden dieselben Argumente auf P' an wie eben auf P. Wir finden eine Gerade g', so dass alle $f^k(P')$ auf g' liegen. Hätten g und g' einen Schnittpunkt S, so hätte S ein Urbild auf g und eines auf g' unter f und wäre nicht injektiv. Also ist g' zu g parallel, und f wirkt auf g' durch dieselbe

© Springer-Verlag GmbH Deutschland, ein Teil von Springer Nature 2020
S. Rosebrock, *Anschauliche Gruppentheorie*,
https://doi.org/10.1007/978-3-662-60787-9

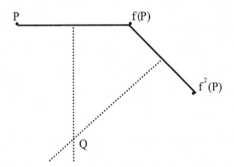

Abbildung 1: f orientierungserhaltend und fixpunktfrei

Translation. Damit wirkt es auf der gesamten Ebene durch Translation.

Ist f fixpunktfrei und orientierungsumkehrend, so ist f^2 orientierungserhaltend. Die eben angeführten Argumente, angewandt auf f^2, zeigen, dass f^2 eine nichttriviale Translation ist. Sei P ein beliebiger Punkt. f^2 lässt die Gerade g_1, durch die Punkte P und $f^2(P)$, ebenso wie die Gerade g_2, durch die Punkte $f(P)$ und $f^3(P)$, invariant. Deswegen sind g_1 und g_2 parallel (und nicht notwendig verschieden). f bildet g_1 auf g_2 ab und umgekehrt (siehe Abbildung 2).

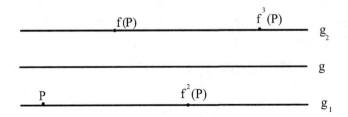

Abbildung 2: f orientierungsumkehrend und fixpunktfrei

Damit ist die Gerade g zwischen g_1 und g_2 invariant unter f. Da f^2 als Translation auf g wirkt, operiert auch f als Translation t auf g. Da f orientierungsumkehrend ist, gilt $f = t \circ s_g$. Also ist f eine Gleitspiegelung. $\qquad\square$

B Matrizen

Zum Verständnis dieses Abschnitts sind Kenntnisse in linearer Algebra notwendig. Matrixgruppen sind wichtige Beispiele von Gruppen, und viele Autoren benutzen sie. Auch lassen sich viele der im Buch behandelten Gruppen als Matrixgruppen beschreiben, so dass wir auf eine kurze Einführung in Matrixgruppen nicht verzichten wollen.

Hat man zwei lineare Abbildungen $g, f \colon \mathbb{R}^n \to \mathbb{R}^n$ gegeben, so kann man sie hintereinander ausführen, und diese Hintereinanderausführung ist assoziativ wie allgemein bei Abbildungen. Betrachtet man nur alle invertierbaren linearen Abbildungen des $\mathbb{R}^n$ auf sich, so bilden diese also eine Gruppe, die *lineare Gruppe*, abgekürzt $\mathrm{GL}(n, \mathbb{R})$. Zweckmäßigerweise stellt man lineare Abbildungen durch Matrizen dar. Ist $f \colon \mathbb{R}^n \to \mathbb{R}^n$ eine invertierbare lineare Abbildung, so gibt es eine invertierbare $n \times n$-Matrix A mit reellen Einträgen, die f bezüglich der Standardbasis, bestehend aus Einheitsvektoren, beschreibt. Ist $\vec{x}$ also ein Vektor im $\mathbb{R}^n$, so wird $f(\vec{x})$ durch $A\vec{x}$ beschrieben.

Die Gruppe $\mathrm{GL}(n, \mathbb{R})$ lässt sich also auch als die Gruppe der invertierbaren $n \times n$-Matrizen mit reellen Einträgen bezüglich Matrixmultiplikation beschreiben. Das neutrale Element ist die $n \times n$-Einheitsmatrix:

$$
I_n = \begin{pmatrix} 1 & 0 & \cdots & 0 \\ 0 & 1 & \cdots & 0 \\ \vdots & \vdots & & \vdots \\ 0 & 0 & \cdots & 1 \end{pmatrix}
$$

Die Hintereinanderausführung von linearen Abbildungen entspricht dabei genau der Multiplikation von Matrizen, wie sie in der linearen Algebra üblich ist. Für $n = 1$ handelt es sich um die Multiplikation invertierbarer reeller Zahlen. Die Gruppe $\mathrm{GL}(1, \mathbb{R})$ ist also isomorph zur Gruppe $\mathbb{R} - \{0\}$ mit der gewöhnlichen Multiplikation. Für $n \geq 2$ sind die Gruppen $\mathrm{GL}(n, \mathbb{R})$ nicht kommutativ.

Isometrien des $\mathbb{R}^n$ auf sich, die den Ursprung festhalten, sind invertierbare lineare Abbildungen. Dazu gehören Spiegelungen an Hyperebenen durch den Ursprung und Drehungen um Unterräume der Dimension $n - 2$ durch den Ursprung. In der euklidischen Ebene sind das Spiegelungen an Ursprungsgeraden und Drehungen um den Ursprung.

Zum Beispiel beschreibt die Matrix

$$
\begin{pmatrix} 0 & 1 \\ 1 & 0 \end{pmatrix}
$$

wegen

$$
\begin{pmatrix} 0 & 1 \\ 1 & 0 \end{pmatrix} \begin{pmatrix} 1 \\ 0 \end{pmatrix} = \begin{pmatrix} 0 \\ 1 \end{pmatrix} \quad \text{und} \quad \begin{pmatrix} 0 & 1 \\ 1 & 0 \end{pmatrix} \begin{pmatrix} 0 \\ 1 \end{pmatrix} = \begin{pmatrix} 1 \\ 0 \end{pmatrix}
$$

eine Spiegelung an der Winkelhalbierenden in der euklidischen Ebene.

Eine invertierbare $n \times n$-Matrix A heißt *orthogonal*, wenn ihre Transponierte A^t gleich ihrer Inversen A^{-1} ist. Multipliziert man also die i-te Zeile $\vec{a}$ von A^t mit der i-ten Spalte von A, so muss dies $\vec{a} \cdot \vec{a} = 1$ ergeben. Die Spaltenvektoren von A sind also Vektoren der Länge 1. Multipliziert man die j-te Zeile von A^t mit der i-ten Spalte von A für $i \neq j$, so muss dies 0 ergeben. Die Spaltenvektoren von A stehen also senkrecht aufeinander. Da $\det A^t = \det A$ und $\det A^t \cdot \det A = 1$, ist die Determinante $\det A$ einer orthogonalen Matrix A immer ± 1.

Die Untergruppe der linearen Gruppe $\mathrm{GL}(n, \mathbb{R})$, die nur aus den orthogonalen Matrizen besteht, ist die uns bereits bekannte *orthogonale Gruppe* $\mathcal{O}_n$, der Stabilisator des Nullpunkts in der Symmetriegruppe des $\mathbb{R}^n$. Es handelt sich dabei tatsächlich um eine Untergruppe, denn wenn A und B orthogonal sind, so ist auch AB^{-1} orthogonal, wie man leicht nachrechnet, und nach Satz 3.9 auf Seite 38 folgt also $\mathcal{O}_n < \mathrm{GL}(n, \mathbb{R})$. Die Untergruppe von $\mathcal{O}_n$ der orientierungserhaltenden Isometrien, also der Matrizen mit Determinante $+1$, ist die *spezielle orthogonale Gruppe* $\mathcal{SO}_n$. Bisher haben wir sie mit $\mathcal{O}_n^+$ bezeichnet.

In der euklidischen Ebene sind nur die Drehungen um den Ursprung orientierungserhaltende Isometrien, die den Ursprung festhalten. Die zugehörigen Matrizen haben die Form:

$$\begin{pmatrix} \cos\phi & -\sin\phi \\ \sin\phi & \cos\phi \end{pmatrix}$$

Dies folgt, weil Drehungen orthogonale Abbildungen sind (die Spaltenvektoren liegen also auf dem Einheitskreis und stehen senkrecht aufeinander). Es gilt also:

$$\mathcal{SO}_2 = \left\{ \begin{pmatrix} \cos\phi & -\sin\phi \\ \sin\phi & \cos\phi \end{pmatrix} \mid 0 \leq \phi < 2\pi \right\}$$

Es lassen sich viele der behandelten Gruppen als Matrixgruppen wiederfinden. Zum Beispiel: Die Gruppe D_3 des gleichseitigen Dreiecks mit den Ecken $(1, -\sqrt{3}), (1, \sqrt{3}), (-2, 0)$ wird erzeugt von den Matrizen

$$\begin{pmatrix} 1 & 0 \\ 0 & -1 \end{pmatrix} \quad \text{und} \quad \begin{pmatrix} -1/2 & \frac{\sqrt{3}}{2} \\ \frac{\sqrt{3}}{2} & 1/2 \end{pmatrix},$$

die einer Spiegelung an der x-Achse und an der Geraden durch die Punkte $(1, \sqrt{3})$ und $(0, 0)$ entsprechen.

In GAP betrachten wir die Gruppe D_4, erzeugt von der Spiegelung $\mathbf{a}$ an der x-Achse und der Spiegelung $\mathbf{b}$ an der Winkelhalbierenden. Matrizen werden in GAP als [*Zeile 1, Zeile 2,...*] notiert, wobei jede Zeile eine in eckigen Klammern stehende Liste von mit Komma getrennten Werten ist.

```
gap> a:= [ [ 1, 0 ], [ 0, -1] ];;
gap> b:= [ [ 0, 1 ], [ 1,  0] ];;
gap> D4:=Group(a,b);
Group([ [ [ 1, 0 ], [ 0, -1 ] ], [ [ 0, 1 ], [ 1, 0 ] ] ])
gap> Size(D4);
8
gap> Elements(D4);
[ [ [ -1, 0 ], [ 0, -1 ] ],  [ [ -1, 0 ], [ 0, 1 ] ],
  [ [ 0, -1 ], [ -1, 0 ] ],  [ [ 0, -1 ], [ 1, 0 ] ],
  [ [ 0, 1 ], [ -1, 0 ] ],   [ [ 0, 1 ], [ 1, 0 ] ],
  [ [ 1, 0 ], [ 0, -1 ] ],   [ [ 1, 0 ], [ 0, 1 ] ] ]
```

Manchmal lassen sich mit Hilfe von Matrizen algebraische und sogar geometrische Sachverhalte leichter einsehen als über andere Methoden. Wir zeigen das an einem Beispiel:

Satz *Ist G eine Untergruppe der Gruppe $\mathcal{O}_n$, die eine Punktspiegelung g enthält, so liegt g im Zentrum von G.*

Beweis: Die Punktspiegelung muss am Koordinatenursprung erfolgen. Jede Koordinate wird durch g auf ihr Negatives abgebildet. Die Punktspiegelung lässt sich also als Matrix in folgender Form darstellen:

$$-I_n = \begin{pmatrix} -1 & 0 & \cdots & 0 \\ 0 & -1 & \cdots & 0 \\ \vdots & \vdots & & \vdots \\ 0 & 0 & \cdots & -1 \end{pmatrix}$$

Leicht sieht man, dass $-I_n$ mit jeder anderen Matrix aus $\mathcal{O}_n$ kommutiert, denn für $A \in \mathcal{O}_n$ gilt $(-I_n) \cdot A = -A = A \cdot (-I_n)$. $\qquad\square$

Wir holen den Beweis eines Satzes aus Kapitel 4 nach.

Satz 4.19 *Eine orientierungserhaltende Isometrie im $\mathbb{R}^3$, die den Ursprung festhält, ist eine Drehung um eine Ursprungsgerade.*

Beweis: Sei A die Matrix einer orientierungserhaltenden Isometrie im $\mathbb{R}^3$, die den Ursprung festhält, also $A \in \mathcal{SO}_3$. Das charakteristische Polynom, also die Determinante $\det(A - \lambda I_3)$, ist ein Polynom dritten Grades, hat also (mindestens) eine reelle Nullstelle. A hat also einen reellen Eigenwert. Dieser Eigenwert muss sogar $+1$ sein, da das Produkt der Eigenwerte die Determinante von A ergeben muss und $A \in \mathcal{SO}_3$ ist. Die zu A gehörende lineare Abbildung lässt sich also nach einem Basiswechsel durch eine Matrix der Form

$$\begin{pmatrix} 1 & 0 & 0 \\ 0 & a & b \\ 0 & c & d \end{pmatrix}$$

darstellen. Dabei gilt $\begin{pmatrix} a & b \\ c & d \end{pmatrix} \in \mathcal{SO}_2$, und diese Matrix lässt sich als Drehung in einer Ebene durch den Ursprung im $\mathbb{R}^3$ deuten. Die Drehachse verläuft durch den Basiswechsel senkrecht auf dieser Ebene im Ursprung. $\square$

Eine $n \times n$-Matrix, die nur Einträge 0 und 1 und in jeder Spalte und jeder Zeile genau eine 1 hat, permutiert einen Vektor der Länge n. Ein Beispiel im Fall $n = 3$:

$$\begin{pmatrix} 1 & 0 & 0 \\ 0 & 0 & 1 \\ 0 & 1 & 0 \end{pmatrix} \cdot \begin{pmatrix} a \\ b \\ c \end{pmatrix} = \begin{pmatrix} a \\ c \\ b \end{pmatrix} \tag{4}$$

Die Menge aller dieser $n \times n$-Matrizen entspricht also der Menge aller Permutationen eines n-Tupels. Zwei solche Matrizen verknüpfen sich entsprechend der Verknüpfung von Permutationen, so dass wir insgesamt eine Darstellung der symmetrischen Gruppe S_n als Matrixgruppe gewonnen haben:

Satz: *Es gilt:*
$S_n = \{A \in GL(n, \mathbb{R}) \mid a_{ij} \in \{0, 1\}, \text{ genau eine 1 in jeder Spalte und jeder Zeile}\}.$

Nach Satz 4.2 lässt sich die Gruppe S_n durch Transpositionen erzeugen. Die der Transposition (i, j) entsprechende Matrix erhält man, wenn man in der Einheitsmatrix die i-te mit der j-ten Zeile vertauscht. Die Matrix aus (4) entspricht der Transposition (2,3) in der Gruppe S_3.

Nach Satz 4.3 ist jede endliche Gruppe Untergruppe einer der Gruppen S_n. Es folgt also:

Satz: *Jede endliche Gruppe G mit $|G| = n$ ist Untergruppe der Gruppe $GL(n, \mathbb{R})$.*

Satz: *Die Gruppe $GL(n, \mathbb{Z})$, also die invertierbaren $n \times n$-Matrizen mit Einträgen aus $\mathbb{Z}$, ist residuell endlich.*

Zum Beweis: Sei $A \in GL(n, \mathbb{Z})$. Wähle eine Primzahl p, die größer ist als jeder Eintrag von A. Dann ist A nichttrivial in $GL(n, \mathbb{Z}_p)$. $GL(n, \mathbb{Z}_p)$ ist ein endlicher Quotient von $GL(n, \mathbb{Z})$.

C Zeichenerklärung

Symbol	Erklärung
$\mathbb{N}$	Die natürlichen Zahlen
$\mathbb{Z}$	Die ganzen Zahlen
$\mathbb{Z}_n$	Die Zahlen $\{0, \dots, n-1\}$
$n\mathbb{Z}$	Die ganzen Zahlen, die durch n teilbar sind
$\mathbb{Q}$	Die rationalen Zahlen
$\mathbb{R}^2$	Die euklidische Ebene
$\mathbb{R}^n$	Der euklidische Raum der Dimension n
$\mathbb{H}^2$	Die hyperbolische Ebene
$\mathbb{R}$	Die reellen Zahlen
$\in$	Element von
$\notin$	Nicht Element von
$\mid$	Ist Teiler von
$\subset$	Teilmenge von
$\subsetneq$	Echte Teilmenge von
$\cup$	Vereinigt
$\cap$	Geschnitten
$\Rightarrow$	Daraus folgt
$\Leftrightarrow$	Genau dann, wenn
$\forall$	Für alle
$\exists$	Es existiert
$\prod w_i$	Produkt der w_i
$!$	Fakultät
$\times$	Kartesisches Produkt (siehe Definition 6.1)
$\wedge$	Und
$\vee$	Oder
$\binom{n}{k}$	Binomialkoeffizient (siehe Abschnitt 7.1)
$[r, t]$	Das abgeschlossene Intervall, d.h. alle reellen Zahlen s, für die gilt: $r \le s \le t$ für $r \le t$.
$]r, t[$	Das offene Intervall, d.h. alle reellen Zahlen s, für die gilt: $r < s < t$ für $r < t$.
$d(P, Q)$	Der Abstand vom Punkt P zum Punkt Q
$\det(A)$	Die Determinante der Matrix A
$\square$	Beweisende

Symbol	Erklärung
$(1,2)$	Die Permutation, die 1 mit 2 vertauscht
id	Identität (neutrales Element in einer Gruppe von Isometrien)
$\circ$	Verknüpfungszeichen für die Hintereinanderausführung von Isometrien und Permutationen
$\|G\|$	Ordnung (Anzahl Elemente) der Gruppe G (siehe Definition 2.7)
$\|g\|$	Ordnung eines Elements der Gruppe G (siehe Definition 2.19)
$+_n$	Addition modulo n (siehe S. 23)
$\cong$	isomorph zu (siehe Definition 3.22)
$\langle a, b \rangle$	Die von a und b erzeugte Gruppe (siehe Definition 2.5)
$a \bmod b$	Der Rest beim Teilen von a durch b (siehe S. 23)
$U < G$	U ist Untergruppe der Gruppe G (siehe Definition 3.2)
G^+	Untergruppe der orientierungserhaltenden Isometrien für eine Symmetriegruppe G
gH	Linksnebenklasse zu $H < G$ und $g \in G$ (siehe Abschnitt 3.2)
Hg	Rechtsnebenklasse zu $H < G$ und $g \in G$ (siehe Abschnitt 3.2)
$[G : U]$	Index der Untergruppe U in G (siehe Definition 3.15)
$\varphi(m)$	Euler'sche Phi-Funktion (siehe Aufgabe 5 von Abschnitt 3.2)
$Aut(G)$	Automorphismengruppe von G (siehe Abschnitt 3.3)
$Inn(G)$	Die Gruppe der inneren Automorphismen von G (siehe Abschnitt 3.3)
$N \lhd G$	N ist Normalteiler in G (siehe Definition 3.33)
G/N	Faktorgruppe von G nach N (siehe Definition 3.35)
$G(x)$	Stabilisator von x in der Gruppe G (siehe Abschnitt 3.1)
Gx	Bahn von x in der Gruppe G (siehe Definition 4.11)
$Z(x)$	Zentralisator eines Elements $x \in G$ (siehe Abschnitt 4.4)
$G(H)$	Normalisator von $H < G$ (siehe Abschnitt 7.2)
Kx	Konjugationsklasse eines Elements $x \in G$ (siehe Abschnitt 4.3)
$C(G)$	Zentrum der Gruppe G (siehe Abschnitt 4.4)
Γ_G	Cayley-Graph zur Gruppe G (siehe Definition 4.48)
$\bar{R}$	Normalenabschluss von R (siehe Seite 109)
$\langle X \mid R \rangle$	Präsentation einer Gruppe mit Erzeugenden X und Relationen R (siehe Definition 5.4)
$G \times H$	Direktes Produkt der Gruppen G, H (siehe Definition 6.2)
$G * H$	Freies Produkt der Gruppen G, H (siehe Definition 6.9)
$N \rtimes H$	semidirektes Produkt von N und H (siehe Definition 6.13)
$[a, b]$	Der Kommutator der Gruppenelemente a und b, definiert als $[a, b] = aba^{-1}b^{-1}$ (siehe Definition 6.4)
$[G, G]$	Die Kommutatoruntergruppe von G, wird auch mit G' bezeichnet (siehe Abschnitt 8.1)
$f \preceq g$	$f(n) \le ig(jn + k) + ln + m$ (siehe Seite 198)

D   Wichtige Gruppen

Gruppe	Erklärung	in GAP
$\{e\}$	Die triviale Gruppe	`TrivialGroup()`
$\mathcal{E}$	Symmetriegruppe der euklidischen Ebene	
$\mathcal{T}$	Untergruppe der Translationen	
$\mathcal{O}_n$	Die orthogonale Gruppe: Stabilisator des 0-Punkts in der Symmetriegruppe des $\mathbb{R}^n$	
$\mathcal{SO}_n = \mathcal{O}_n^+$	Die spezielle orthogonale Gruppe: Stabilisator des 0-Punkts in der Gruppe der orientierungserhaltenden Isometrien des $\mathbb{R}^n$	
D_n	Diedergruppe: Symmetriegruppe des regulären n-Ecks in der euklidischen Ebene	`DihedralGroup(2n)`
D_∞	Die unendliche Diedergruppe (siehe Beispiel 6.11).	
$\mathcal{H}$	Symmetriegruppe der hyperbolischen Ebene	
$\mathbb{Z}$	Die unendlich zyklische Gruppe: Die ganzen Zahlen mit der gewöhnlichen Addition	`FreeGroup(1)`
$\mathbb{Z}_n = D_n^+$	Die endlichen zyklischen Gruppen: Die ganzen Zahlen von 0 bis $n-1$ mit der Addition mod n	`CyclicGroup(n)`
$\mathbb{Z}_2 \times \mathbb{Z}_2$	Die Klein'sche Vierergruppe (siehe Definition 2.20).	
$\mathbb{Z}_n^*$	Die Gruppe der primen Restklassen mod n (siehe Aufgabe 5 von Abschnitt 3.2).	
S_n	Symmetrische Gruppe über n Elementen	`SymmetricGroup(n)`
S_X	Symmetrische Gruppe über der Menge X	
A_n	Alternierende Gruppe über n Elementen	`AlternatingGroup(n)`
F_n	Die freie Gruppe vom Rang n	`FreeGroup(n)`
$G_{(n,m)}$	Symmetriegruppe zur Zerlegung in reguläre n-Ecke, wobei immer m an einer Ecke zusammenkommen (siehe S. 95)	
$G_{m,n}$	Die durch $\langle x,y \mid x^m, y^n, xy = y^2x \rangle$ präsentierte Gruppe	
Q	Die Quaternionengruppe (siehe Aufgabe 6 von Abschnitt 7.3)	`SmallGroup(8,4)`
$GL(n,\mathbb{R})$	Die lineare Gruppe (invertierbare lineare Abbildungen des $\mathbb{R}^n$ auf sich)	

E   Verwendete GAP-Kommandos

GAP-Kommando	Erklärung
`ActionHomomorphism(G,M)`	Erzeugt Homomorphismus von G in die symmetrische Gruppe über M
`AllGroups(n)`	Gibt alle Gruppen der Ordnung n
`AlternatingGroup(n)`	Die alternierende Gruppe über n Elementen
`AutomorphismGroup(G)`	Die Automorphismengruppe der Gruppe G
`Binomial(n,k)`	Der Binomialkoeffizient $\binom{n}{k}$
`Centralizer(G,g)`	Der Zentralisator von g in der Gruppe G
`Centre(G)`	Das Zentrum der Gruppe G
`ConjugacyClasses(G)`	Die Konjugationsklassen der Gruppe G
`ConjugacyClassesSubgroups(G)`	Konjugationsklassen von Untergruppen
`CyclicGroup(n)`	Die zyklische Gruppe der Ordnung n
`DerivedSubgroup(G)`	Kommutatoruntergruppe von G
`DihedralGroup(n)`	Die Diedergruppe der Ordnung n
`DirectProduct(G,H)`	Das direkte Produkt der Gruppen G und H
`Elements(G)`	Die Elemente der Gruppe G
`FactorGroup(G,N)`	Die Faktorgruppe von G modulo dem Normalteiler N
`FreeGroup("x", "y")`	Die freie Gruppe erzeugt von x und y
`Group(g,h)`	Die von g, h erzeugte Gruppe
`GroupHomomorphismByImages`	Ein Gruppenhomomorphismus durch Angabe von Urbildern und Bildern
`Image(hom)`	Das Bild des Homomorphismus *hom*
`Index(G,H)`	Der Index von H in G
`IsCyclic(G)`	Prüft, ob G eine zyklische Gruppe ist
`IsNilpotentGroup(G)`	Prüft, ob G nilpotent ist
`IsNormal(G,H)`	Prüft, ob H normal in G ist
`IsSolvable(G)`	Prüft, ob G auflösbar ist
`IsomorphismGroups(G,H)`	Ein Isomorphismus zwischen G und H
`Kernel(hom)`	Der Kern des Homomorphismus *hom*
`List(l,f)`	Wendet die Funktion f auf die Elemente der Liste l an
`MinimalGeneratingSet(G)`	Ein kleinstes Erzeugendensystem für die Gruppe G
`MultiplicationTable(Elements(G))`	Verknüpfungstafel für die Gruppe G
`NaturalHomomorphismByNormalSubgroup(G,N)`	Bildet den Homomorphismus $G \to G/N$

GAP-**Kommando**	**Erklärung**
NilpotencyClassOfGroup(G)	Nilpotenzklasse der Gruppe G
Normalizer(G,H)	Der Normalisator von H in G
NormalSubgroups(G)	Die Normalteiler der Gruppe G
Orbit(G,g)	Die Bahn von g in der Gruppe G
Order(g)	Die Ordnung des Elements g
PresentationFpGroup(G)	Eine Präsentation für die Gruppe G
SemidirectProduct(H,hom,N)	Semidirektes Produkt von N mit H
SimplifyPresentation(P)	Vereinfacht eine Gruppenpräsentation P mit Tietze-Transformationen
Size(G)	Die Ordnung der Gruppe G
SmallGroupsInformation(n)	Die Gruppen der Ordnung n
Stabilizer(G,g)	Der Stabilisator von g in der Gruppe G
StructureDescription(G)	Gibt den Standardnamen der Gruppe G
Subgroup(G,[g,h,j])	Die von g, h und j erzeugte Untergruppe der Gruppe G
SylowSubgroup(G,n)	Eine Sylowuntergruppe der Gruppe G
SymmetricGroup(n)	Die symmetrische Gruppe über n Elementen
TzPrintRelators(P)	Die Relatoren der Präsentation P
TzSubstitute(P)	Vereinfacht die Präsentation P mittels Tietze-Transformationen

F   Lösungshinweise zu den Übungsaufgaben

Abschnitt 1.1

1. Es gibt Spiegelungen mit jeweils drei Spiegelachsen durch jeden Dreiecksmittelpunkt und sechs Spiegelachsen durch die Eckpunkte der Zerlegung. In diesen Punkten lassen sich auch jeweils Drehungen ausführen. Es gibt noch weitere Drehungen um 180 Grad um die Kantenmittelpunkte. Translationen gibt es in verschiedene Richtungen, die aber aus Translationen in nur zwei Richtungen zusammengesetzt sind. Ebenso gibt es Gleitspiegelungen, die sich aus Spiegelungen und Translationen zusammensetzen lassen.

2. Es gibt n Spiegelungen und n Drehungen um $2\pi/n$ und Vielfache davon.

3. Siehe zum Beispiel Abbildung 6.2.

Abschnitt 1.2

1. Ein Rechteck lässt 2 Spiegelungen und Drehungen um 180 Grad und 0 Grad zu. Ein Parallelogramm lässt sich außer der Identität nur am Mittelpunkt um 180 Grad drehen.

2. Eine Drehung um 180 Grad. In diesem Fall gilt das Kommutativgesetz für die Spiegelachsen.

3. Siehe zum Beispiel Abbildung 2.3.

Abschnitt 1.3

1. $(1,3)(2,4)$ ja (die 180 Grad Drehung), $(1,2,3)$ nicht.

2. 2 Spiegelachsen parallel zueinander zur Erzeugung der Translation und die dritte senkrecht dazu.

Abschnitt 1.4

1. Die Kugeloberfläche lässt Spiegelungen an allen Ebenen durch den Mittelpunkt, Spiegelungen und Drehungen um alle Achsen durch den Mittelpunkt und eine Punktspiegelung zu. Die Isometrien des Tetraeders werden in Abschnitt 2.5 beschrieben.

2. $(1,7)(2,3,4,8,5,6)$, falls man zuerst dreht.

3. (a) Mit einer Translation verschieben wir einen beliebigen Punkt auf seinen Bildpunkt. Wir drehen weitere $n-1$ linear unabhängige Punkte aufeinander und müssen eventuell am Schluss noch einmal spiegeln.

   (b) Translation und Drehung stellen wir jeweils als Produkt von 2 Spiegelungen dar.

Abschnitt 2.1

1. $D_4 = \{id, (1,2,3,4), (1,3)(2,4), (1,4,3,2), (1,3), (2,4), (1,4)(2,3),$
    $(1,2)(3,4)\}$. Es gilt $(1,2,3,4)^{-1} = (1,4,3,2)$, und die anderen Elemente
    sind zu sich selbst invers.

2. 0 ist das neutrale Element. Für $p \in \mathbb{Q}$ ist $-p$ das inverse Element.

3. Das neutrale Element ist $e(x) = 0 \cdot x + 0$. Das Inverse zu $f(x) = ax + b$
    ist $g(x) = -ax - b$.

4. Es gibt natürlich unbegrenzt viele Möglichkeiten. Zum Beispiel ist $a \diamond b =$
    $a - 2ab + b$ assoziativ und kommutativ. Es gibt ein neutrales Element, die
    0. Die 1 ist zu sich selbst invers, aber die 3 hat kein Inverses. Deswegen
    handelt es sich nicht um eine Gruppe.

5. Alle Drehungen erhält man durch $d, d^2, \ldots, d^n = id$ und alle Spiegelun-
    gen durch $ds, d^2s, \ldots, d^n s = s$.

Abschnitt 2.2

1. Ja.

2. $(0,0)$ bildet das neutrale Element. Das Inverse zu (a,b) ist $(-a,-b)$.
    Die Gruppe ist kommutativ weil: $(a,b) + (n,m) = (a+n, b+m) =$
    $(n,m) + (a,b)$.

3. $(1,2,3,\ldots,n)$,
    $(1,2,3,\ldots,n)^2 = (1,3,5,\ldots,n-1)(2,4,6,\ldots,n)$ für gerades n und
    $(1,2,3,\ldots,n)^2 = (1,3,5,\ldots,n,2,4,6,\ldots,n-1)$ für ungerades n etc.

4. Die ungeraden Zahlen bilden keine Gruppe, weil es keine ungerade Zahl
    u gibt, so dass $k + u = k$ für ungerade Zahlen $k \in \mathbb{Z}$. Es lässt sich also
    kein neutrales Element finden.

5. Die Gruppe D_n ist nicht kommutativ für $n \geq 3$. Eine Spiegelung lässt
    sich nicht mit einer Drehung um einen Winkel verschieden von 180 Grad
    vertauschen.

6. Jede ganze Zahl kann als Summe von Einsen oder minus Einsen geschrie-
    ben werden, d.h. $\mathbb{Z} = \langle 1 \rangle$. Aus 2 und 3 lässt sich die 1 erzeugen, indem
    wir $3 + (-2)$ schreiben. Von der 1 wissen wir bereits, dass sie erzeugt,
    d.h. $\mathbb{Z} = \langle 2, 3 \rangle$. Jede Menge teilerfremder ganzer Zahlen erzeugt $\mathbb{Z}$.

Abschnitt 2.3

1. 5 und 4.
2. Ja. Addiert man Vielfache von 4 mod 12 zueinander, so erhält man wieder ein Vielfaches von 4 mod 12. Das Inverse der 4 ist die 8.
3. Ja. Jedes Element ist zu sich selbst invers. Es gilt zum Beispiel $3 \cdot 5 = 7$.
4. Die Länge eines Translationsvektors verhält sich wie eine reelle Zahl bei der Addition.
5. (a) Die 1 muss das neutrale Element sein, und dann hat die 0 kein Inverses.
   (b) In $\mathbb{J}_8$ hat die 2 kein Inverses. Ist n eine Primzahl, so ist $\mathbb{J}_n$ eine Gruppe bezüglich Multiplikation mod n.
6. Die Elemente 1, 5, 7, 11 erzeugen jeweils für sich genommen. Für die 5 sieht man das so: $5, 5 +_{12} 5 = 10, 5 +_{12} 10 = 3, 5 +_{12} 3 = 8, 5 +_{12} 8 = 1$, und von der 1 wissen wir, dass sie erzeugt. Die Zahl 3 erzeugt nicht die ganze Gruppe $\mathbb{Z}_{12}$, sondern nur die Elemente 3, 6, 9.

Abschnitt 2.4

1. $d = bc^{-1}$.
2. Nach Multiplikation von beiden Seiten der Gleichung von links mit $(1,3)$ erhalten wir: $x = (1,2,3,4)$.
3. Nach Satz 2.16, 3. gilt $(g^{-1})^{-1} = g$, und damit folgt $((g^{-1})^{-1})^{-1} = g^{-1}$.

Abschnitt 2.5

1. Die Ordnung der 3 in $\mathbb{Z}_7$ ist 7.
2. Unendlich.
3. Im regulären 12-Eck wähle man eine beliebige Spiegelung und die Drehungen um 120 und 90 Grad.
4. Seien a und b zwei beliebige Elemente der Gruppe. Da a, b die Ordnung 2 haben, folgt $a = a^{-1}$ und $b = b^{-1}$. ab hat die Ordnung 2, also $abab = 1$. Daraus folgt $ab = b^{-1}a^{-1} = ba$, was die Behauptung war.
5. Zum Beispiel: $(1,3) \circ (2,4) = (1,3)(2,4)$ und $(1,2) \circ (1,3) = (1,2,3)$.
6. Es gibt überabzählbar viele Winkel zwischen 0 und 360 Grad und damit überabzählbar viele Drehungen, die den Kreis in sich überführen.
7. 48. Ein Oktaeder lässt sich nämlich in einen Würfel einbeschreiben, so dass jede Ecke des Oktaeders im Mittelpunkt eines Randquadrats des Würfels liegt. Jede Isometrie des Würfels ist dann eine des Oktaeders und umgekehrt. Die Symmetriegruppen des Würfels und des Oktaeders sind also isomorph.

8. Die Gruppentafel der Klein'schen Vierergruppe (siehe Definition 2.20) ist:

	id	d	s_a	s_b
id	id	d	s_a	s_b
d	d	id	s_b	s_a
s_a	s_a	s_b	id	d
s_b	s_b	s_a	d	id

9. Wäre $\mathbb{Q}$ endlich erzeugt, und $\{a_1/b_1, \ldots, a_n/b_n\}$ wären die Erzeugenden, dann müsste sich jedes Element von Q als c/d darstellen lassen, wobei d das kleinste gemeinsame Vielfache der b_i ist, was nicht stimmt.

Abschnitt 3.1

1. Jede rationale Zahl ist auch eine reelle Zahl. Das Produkt zweier rationaler Zahlen ist rational.

2. Mit zwei Elementen aus dem Durchschnitt ist ihr Produkt im Durchschnitt.

3. Nein, denn man kann mit 2 Drehungen um verschiedene Punkte der Ebene eine Translation erzeugen.

4. Sind c und d zwei Elemente von G, so schreiben wir sie als Produkte in a und b und ihren Inversen. Multipliziert man die beiden Produkte, so kann man wegen $ab = ba$ das eine an dem anderen vorbeischieben und dabei bleibt das Produkt gleich. Es folgt $cd = dc$, und G ist abelsch.

5. Hat a die Ordnung n und b die Ordnung m, so hat ab höchstens die Ordnung nm, und a^{-1} hat auch die Ordnung m.

6. $\mathbb{Z}_n$ für $n \in \mathbb{N}$, $n > 1$ und $\mathbb{Z}$.

7. Wenn für je zwei Elemente g, h einer Gruppe klar ist, was $g \cdot h$ ist, so ist die Gruppe vollständig bestimmt. Für das Ergebnis des Produkts $g \cdot h$ gibt es aber nur endlich viele Möglichkeiten.

8. () hat Ordnung 1, $(1, 10)(2, 11)(3, 12)(4, 13)(5, 14)(6, 15)(7, 16)(8, 17)(9, 18)$ hat Ordnung 2, $(1, 13, 7)(2, 14, 8)(3, 15, 9)(4, 16, 10)(5, 17, 11)(6, 18, 12)$ hat Ordnung 3, $(1, 16, 13, 10, 7, 4)(2, 17, 14, 11, 8, 5)(3, 18, 15, 12, 9, 6)$ hat Ordnung 6, und $(1, 11, 3, 13, 5, 15, 7, 17, 9)(2, 12, 4, 14, 6, 16, 8, 18, 10)$ hat Ordnung 9.

9. Gruppen mit Primzahlordnung sind zyklisch. Sei G eine Gruppe der Ordnung 4. Hat ein Element von G die Ordnung 4, so ist G zyklisch. Ansonsten ist G die Klein'sche Vierergruppe.

Abschnitt 3.2

1. Ein reguläres n-Eck lässt sich in ein reguläres $2n$-Eck einbeschreiben. $[D_{2n} : D_n] = 2$.

2. Die Summe zweier Elemente aus $n\mathbb{Z}$ ist wegen $n \cdot k + n \cdot m = n \cdot (k + m)$ wieder in $n\mathbb{Z}$. Das neutrale Element 0 liegt in $n\mathbb{Z}$, und das Inverse zu $n \cdot k$ ist $n \cdot (-k)$. $[\mathbb{Z} : n\mathbb{Z}] = n$.

3. Man erzeuge in GAP die Würfelgruppe, wie am Ende von Abschnitt 2.1 beschrieben, und dann:

    ```
    gap> S4:=Subgroup(W,[(1,3)(5,7), (6,3)(5,4), (1,8)(2,7)]);
    Group([ (1,3)(5,7), (3,6)(4,5), (1,8)(2,7) ])
    gap> Size(S4);
    24
    gap> Index(W, S4);
    2
    ```

4. Jede Linksnebenklasse hat die Form $r + \mathbb{Z}$ für $0 \leq r < 1$. Deshalb gibt es überabzählbar viele Nebenklassen.

5. $\mathbb{Z}_m^*$ hat die Ordnung $\phi(m)$. Also gilt nach Korollar 3.21 für alle Elemente $a \in \mathbb{Z}_m^*$, dass $a^{\phi(m)} = id$.

6. U ist isomorph zur Klein'schen Vierergruppe. $[D_6 : U] = 3$.

7. Aus $g_1 H = g_2 H$ folgt durch Multiplikation von g_1^{-1} auf beiden Seiten, dass $g_1^{-1} g_2 H$ in H liegen muss und daraus die Behauptung. Gilt umgekehrt $g_1 H \neq g_2 H$, so muss es ein Element $x \in g_1 H$ geben, das nicht in $g_2 H$ liegt. $g_1^{-1} x \in H$, aber $g_1^{-1} x \notin g_1^{-1} g_2 H$.

8. Sei $g \in U \cap V$. Ist $n = |U|$ und $m = |V|$, so gilt $g^n = g^m = id$. Sind n und m teilerfremd, so kann man sich mit Hilfe des euklidischen Algorithmus überlegen, dass $g = id$ gelten muss.

Abschnitt 3.3

1. Das folgt direkt aus der folgenden Aussage: Für $u \neq v \in U$ gilt: $gug^{-1} \neq gvg^{-1}$.

2. x habe die Ordnung n, dann folgt aus der Homomorphismuseigenschaft: $1 = \phi(1) = \phi(x^n) = \phi(x)^n$. $\phi(x)$ hat also höchstens die Ordnung n. Hätte $\phi(x)$ die Ordnung $k < n$, so würde mit $1 = \phi(x)^k = \phi(x^k)$ folgen, dass x die Ordnung k hat.

3. Jede Isometrie, die einen Kreis um den Koordinatenursprung auf sich abbildet, ist aus $\mathcal{O}_2$ und umgekehrt.

4. Die Abbildung $\phi \colon \mathbb{Z} \to n\mathbb{Z}$ gegeben durch $k \to n \cdot k$ ist ein Isomorphismus.

5. $\phi_n(k + m) = n \cdot (k + m) = nk + nm = \phi_n(k) + \phi_n(m)$.
    $\psi_n(k + m) = n + k + m \neq (n + k) + (n + m) = \psi_n(k) + \psi_n(m)$.

6. Die Automorphismengruppe von $\mathbb{Z}$ ist $\mathbb{Z}_2$, weil die 1 nur auf die 1 oder auf -1 abgebildet werden kann. Ein Homomorphismus $\phi\colon \mathbb{Z} \to \mathbb{Z}$ mit $\phi(1) = n$ und $n > 1$ oder $n < -1$ ist nicht surjektiv.

7. Ist n prim, so kann die 1 auf jedes Element von $\mathbb{Z}_n$ außer auf die 0 abgebildet werden, und die Automorphismengruppe ist isomorph zu $\mathbb{Z}_{n-1}$. Was passiert für nichtprimes n? Zum Beispiel:

```
gap> au:=AutomorphismGroup(CyclicGroup(12));;
gap> Size(au); IsCyclic(au);
4
false
```

8. Sei $n = k \cdot m$. Die Elemente $0, k, 2k, 3k, \ldots, (m-1)k$ bilden eine Untergruppe von $\mathbb{Z}_n$, die isomorph zu $\mathbb{Z}_m$ ist.

Abschnitt 3.4

1. Wir bilden die reelle Zahl r auf eine Drehung um r Grad ab. Im Kern liegen alle Drehungen um Vielfache von 360 Grad. Er ist damit isomorph zu $\mathbb{Z}$.

2. U besteht aus der Spiegelung und der Identität. Ist $U = \langle (1,2) \rangle$, so erhalten wir etwa die Nebenklasse $(1,2,3)U = \{(1,2,3), (1,3)\}$. U ist nicht normal in G, was man durch die Berechnung von $U(1,2,3)$ sieht.

3. Da H vom Index 2 ist, können wir $G = H \cup gH$ und genauso $G = H \cup Hg$ schreiben. Daraus folgt $gH = Hg$.

4. Nach Aufgabe 2 aus Abschnitt 3.1 ist $H \cap H'$ Untergruppe. Sei $h \in H \cap H'$. Es folgt $hG = Gh$, weil $h \in H'$, und H' ist normal in G.

5. Die Nebenklassen $g \circ D_2$ und $D_2 \circ g$ sind für $g = (1,4,7,2,5,8,3,6)$ verschieden.

6. p kommutiert mit allen Elementen von D_6. Deswegen ist U normal in D_6. Ist $d \in D_6$ die Drehung um 60 Grad und $s \in D_6$ eine Spiegelung, so haben wir folgende Nebenklassen: $U, d \circ U, d^2 \circ U, s \circ U, ds \circ U, d^2 s \circ U$. Diese Nebenklassen verhalten sich wie die Elemente der Gruppe D_3.

Abschnitt 3.5

1. (a) Seien $b, c \in C(G)$. Dann folgt für beliebige $g \in G$: $bcg = bgc = gbc$, und damit ist $bc \in C(G)$.
   (b) Die Drehung um 180 Grad liegt im Zentrum von D_4.
   (c) Hat D_n eine Drehung um 180 Grad, so liegt diese im Zentrum. Sonst ist das Zentrum trivial.
   (d) Es gilt $S_3 \cong D_3$, und D_3 hat nach (c) triviales Zentrum.

2. Sei G die Symmetriegruppe des $\mathbb{R}^n$ und $\mathcal{O}_n$ der Stabilisator des 0-Punkts. Wir definieren eine Abbildung $\phi\colon G \to \mathcal{O}_n$: Sei $g \in G$ und P das Bild des 0-Punktes unter g. Sei τ die Translation, die P auf den 0-Punkt abbildet. Dann sei $\phi(g) = \tau \circ g$.

3. Auf Seite 59 wird beschrieben, wie man τ und d' findet.

Abschnitt 4.1

1. Es gibt bis auf Isomorphie nur eine Gruppe der Ordnung 3. Da beide Gruppen die Ordnung 3 haben, müssen sie isomorph sein.

2. Zu je zwei Ecken i, j des n-Simplex gibt es eine Kante, die i mit j verbindet. Der Hyperraum durch den Mittelpunkt dieser Kante, der alle anderen Ecken enthält, bildet durch eine Spiegelung das n-Simplex auf sich ab. Also enthält die Symmetriegruppe des n-Simplex alle Transpositionen und damit nach Satz 4.2 die gesamte Gruppe S_n.

3. Siehe Beweis von Satz 5.19.

Abschnitt 4.2

1. (a) $G(\text{Ecke}) \cong D_3$.

    (b) $G(\text{Kante}) \cong D_2$.

    (c) $G(\text{Seite}) \cong D_4$.

    (d) $D_4 \times \mathbb{Z}_2$.

    (e) $\mathbb{Z}_2 \times \mathbb{Z}_2 \times \mathbb{Z}_2$, die Gruppe eines Quaders ohne quadratische Seitenflächen.

    (f) Das hängt von der Lage der Seitenflächen im Verhältnis zu dem Kantenpaar ab.

2. (a) Nein.

    (b) Ja. Ein Quadrat lässt sich in ein 8-Eck einzeichnen, indem jede zweite Ecke des Achtecks als Quadratecke genommen wird.

    (c) Ja. Analog zu (b) kann man ein 7-Eck in ein 56-Eck einbetten.

    (d) Nein.

    (e) Ja: Der Stabilisator einer Ecke in der Gruppe S_4 ist isomorph zur Gruppe D_3.

3. Wir benutzen die Eckenbezeichnungen des Würfels aus Abbildung 1.8:

```
gap> a:=(1,2)(5,6)(4,3)(8,7);;
gap> b:=(1,3)(5,7);;c:=(5,4)(6,3);;
gap> W:=Group(a,b,c);;
gap> diag := Orbit( W, [1,7], OnSets );
[ [ 1, 7 ], [ 4, 6 ], [ 2, 8 ], [ 3, 5 ] ]
gap> hom := ActionHomomorphism( W, diag, OnSets );;
gap> H := Image( hom );
Group([ (1,2)(3,4), (1,3)(2,4), (2,4), (1,4,2,3), (2,4,3) ])
gap> s4 := SymmetricGroup( 4 );;
gap> IsomorphismGroups( H, s4 );
[ (1,2)(3,4), (1,3)(2,4), (2,4), (1,4,2,3), (2,4,3) ] ->
[ (1,2)(3,4), (1,3)(2,4), (1,3), (1,3,2,4), (1,2,3) ]
gap> k := Kernel( hom );
Group([ (1,7)(2,8)(3,5)(4,6) ])
```

Die Bahn einer Diagonale besteht aus allen Diagonalen. Wir erhalten einen Homomorphismus, indem wir die Wirkung eines Gruppenelements auf den Diagonalen betrachten; die Würfelgruppe operiert auf den Diagonalen. Das Bild ist isomorph zur Gruppe S_4 mit $kern(hom)$ gleich der orientierungsumkehrenden Spiegelung s_M am Würfelmittelpunkt.

4. Durch eine Drehung können wir je zwei gegebene Ecken des Würfels aufeinander abbilden. Das geht ebenso mit den Kanten und den Seitenflächen. Alle drei Operationen sind also transitiv.

Abschnitt 4.3

1. Ist g konjugiert zu h, so gibt es ein $t \in G$ mit $t^{-1}gt = h$. Ist h konjugiert zu j, so gibt es ein $s \in G$ mit $s^{-1}hs = j$. Es folgt $j = s^{-1}hs = s^{-1}t^{-1}gts$.
2. $t^{12} + t^{10} + t^7 + 2t^6 + t^5 + 2t^4 + 2t^3 + 3t^2 + t$.
3. $f_g(h)f_g(h') = g^{-1}hgg^{-1}h'g = f_g(hh')$.
4. Das sind zu H isomorphe Drehgruppen um andere Punkte der Ebene.
5. Stabilisatoren der anderen Würfelseiten.
6. Konjugierte Untergruppen zu $\{id, t\}$ bestehen aus der Identität und einer anderen Spiegelung aus D_4.

Abschnitt 4.4

1. Sei s eine Seitenfläche des Würfels. Es gilt: $|W^+| = |W^+(s)| \cdot |W^+s| = 4 \cdot 6 = 24$.

2. Der Zentralisator eines Gruppenelements sind alle Elemente, die mit ihm kommutieren. In einer abelschen Gruppe kommutiert jedes Element mit einem Gegebenen, und deswegen ist der Zentralisator die ganze Gruppe. Nur Drehungen kommutieren mit Drehungen, keine Spiegelungen. Eine Ausnahme ist die Drehung um 180 Grad, die mit allen Gruppenelementen kommutiert.

3. Die Konjugationsklassen sind $\{id\}$, $\{(2,4),(1,3)\}$, $\{(1,2)(3,4),(1,4)(2,3)\}$, $\{(1,2,3,4),(1,4,3,2)\}$ und $\{(1,3)(2,4)\}$.

4. Sei $h \in G(x)$. Dann folgt: $ghg^{-1}(y) = gh(x) = g(x) = y$.

5. Ist $x \in S_r^{n-1}$ und $g \in \mathcal{O}_n$, so gilt $g(x) \in S_r^{n-1}$. Zu $x, y \in S_r^{n-1}$ gibt es eine Spiegelung $s \in \mathcal{O}_n$ mit $s(x) = y$.

6. Ein Element $g \in G$ ist genau dann im Zentrum einer Gruppe, wenn es mit allen Gruppenelementen kommutiert. Das ist genau dann der Fall, wenn es in jedem Zentralisator von allen Gruppenelementen liegt.

Abschnitt 4.5

1. Für die Gruppe D_5 ergibt sich ein „doppeltes Fünfeck", ähnlich wie das doppelte Dreieck aus Abbildung 4.9.

2. Siehe Abbildung 3.

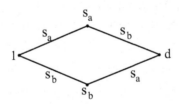

Abbildung 3: Cayley-Graph zur Gruppe D_2

3. Zu zwei Punkten des Cayley-Graphen, also Gruppenelementen $g, h \in G$, gibt es ein Gruppenelement, nämlich $v = hg^{-1}$, welches g nach h überführt. Daran anschließende Kanten übertragen sich mit demselben Gruppenelement.

4. Sind $g, h \in G$ zwei Punkte des Cayley-Graphen, so schreibe man das Element hg^{-1} in den Erzeugenden. Dieses Wort ist die Kantenbeschriftung des Weges von g nach h.

5. Es ergibt sich ein Gitter aus lauter Quadraten.

6. Seien $g, h \in G$ mit $d_\Gamma(g, h) > |G|$. Das heißt das Wort $g^{-1}h$ hat in den Erzeugenden X und ihren Inversen die Länge $n > |G|$, also $g^{-1}h = a_1 \dots a_n$ mit $a_i \in X^{\pm 1}$, und n ist minimal. Die Elemente $v_i = a_1 \dots a_i$ für $i = 1, \dots n$ können nicht alle verschieden sein. Aus $v_k = v_j$ für $k < j$ folgt $a_{k+1} \dots a_j = 1$, und $g^{-1}h$ lässt sich im Widerspruch zur Minimalität von n kürzer schreiben.

7. Die Eckenmenge ist $\mathbb{Z}$. Es gibt mit 2 beschriftete Kanten von i nach $i+2$ und mit 3 beschriftete Kanten von i nach $i+3$ für alle $i \in \mathbb{Z}$.

Abschnitt 4.6

2. Der Fundamentalbereich ist ein rechtwinkliges Dreieck, ein Achtel eines Quadrats mit Ecken in der Seitenmitte, einem angrenzenden Eckpunkt des Quadrats und der Quadratmitte (siehe Abbildung 2.1).

3. $G_{(4,4)}/G = D_4$.

4. Jedes Sechseck wird durch Spiegelachsen in 12 rechtwinklige Dreiecke zerlegt, von denen eines als Fundamentalbereich dient. Jedes dieser Dreiecke hat dieselben Innenwinkel wie die Dreiecke aus Abbildung 4.12, so dass die Spiegelungen an den Seiten eines solchen Dreiecks dieselbe Gruppe erzeugen.

5. Der Cayley-Graph ist ein Sechseck.

6. H ist nicht normal in S_4, was man durch folgenden GAP-Code sieht:

```
gap> S4:=Group((1,2,3,4),(1,2));
Group([ (1,2,3,4), (1,2) ])
gap> H:=Subgroup(S4,[(1,2,4,3)]);;
gap> h:=Elements(H);
[ (), (1,2,4,3), (1,3,4,2), (1,4)(2,3) ]
gap> (1,2)*h;
[ (1,2), (1,4,3), (2,3,4), (1,3,2,4) ]
gap> h*(1,2);
[ (1,2), (2,4,3), (1,3,4), (1,4,2,3) ]
```

Abschnitt 5.1

1. Da $a = a^{-1}$, $b = b^{-1}$, $aba = b$ und $bab = a$, bleiben nur die 4 Elemente id, a, b, ab als Gruppenelemente. Man sieht das auch dem Cayley-Graphen in Abbildung 3 der Lösung von Aufgabe 2 von Abschnitt 4.4 an.

2. Zum Beispiel: $\langle a, b \mid a^2, b^2, (ab)^2 \rangle$, $\langle a, b \mid a^2, ab^2a, (ab)^2 \rangle$.

3. Wir streichen die Erzeugende τ und die Relation $s^2 = \tau$. Die letzte Relation wird dadurch überflüssig, und wir erhalten $\langle s \mid \rangle$ als Präsentation von $\mathbb{Z}$.

4. Wir beginnen mit den Eckpunkten id, d, d^2, d^3, d^4 und s, ds, d^2s, d^3s, d^4s. Wir ziehen eine orientierte Kante von d^k nach d^{k+1} für $0 \leq k \leq 3$ und wegen der Relation d^5 von d^4 nach id. Alle diese Kanten werden mit d beschriftet. Eine unorientierte, mit s beschriftete Kante verbindet d^k mit $d^k s$ für $k \leq 0 \leq 4$. Außerdem gibt es wegen der Relation $sdsd$ orientierte, mit d beschriftete Kanten von $d^{k+1}s$ nach $d^k s$ für $k \leq 0 \leq 3$ und von s nach $d^4 s$.

5. Zum Beispiel: $\langle x \mid x^n \rangle$.

6. (a) Die Elemente $\{\pm 1, \pm k, \pm i, \pm j\}$ sind alle verschieden, und weitere gibt es nicht, wie man an den Relationen ablesen kann.
   (b) Das Element -1. Die Elemente $\pm k, \pm i, \pm j$ haben alle die Ordnung 4, und Kommutatoren zwischen ihnen sind -1.
   (c) Die Gruppe D_4 enthält 5 Elemente der Ordnung 2, die Gruppe Q nach (b) nur eines.
   (d) Zum Beispiel: $U = \langle k \rangle = \{1, k, -1, -k\}$. Man überzeuge sich: $iU = Ui$, $jU = Uj$.
   (e) Setze $x = i$ und $y = j$.

Abschnitt 5.2

1. In Abbildung 4 ist ein Ausschnitt des Cayley-Graphen zur freien Gruppe erzeugt von a und b dargestellt, wobei alle waagerechten Kanten mit a und alle senkrechten Kanten mit b beschriftet sind. Es handelt sich um einen Baum, bei dem jeder *Eckengrad* (Anzahl ausgehender Kanten einer Ecke) 4 ist.

2. Zeigen Sie, dass die Nebenklasse aH alle Elemente ungerader Länge aus F_2 enthält.

3. In einer freien Gruppe kommutiert ein nichttriviales Gruppenelement nur mit Potenzen von sich selbst.

4. Hier ist der zugehörige GAP-Code:

```
gap> F := FreeGroup( "a", "b");
<free group on the generators [ a, b ]>
gap> a:=F.1;; b:=F.2;;
gap> G:=F/[a^4*b^-2,a*b*a*b^-1];
<fp group on the generators [ a, b ]>
gap> Size(G);
16
gap> Elements(G);
[ <identity ...>, a, b, a^2, b^2, a*b, a^3, a*b^2, a^2*b^-1,
   b^-1, a^-2, a^-1*b, a*b^-1, a^-1, a^2*b, a^-1*b^-1 ]
```

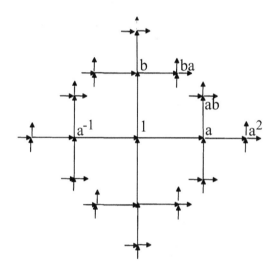

Abbildung 4: Cayley-Graph zur freien Gruppe vom Rang 2

Abschnitt 5.3

1. Man sortiere zunächst die Erzeugenden $g_1, \ldots, g_n$ der abelschen Gruppe. Jedes Wort lässt sich dann in die Form: $g_1^{e_1} \cdots g_n^{e_n}$ mit $e_i \in \mathbb{Z}$ bringen. Im Cayley-Graphen kann man ein gegebenes Wort als Weg beginnend bei der 1 realisieren. Das Wort ist trivial genau dann, wenn der Weg bei der 1 endet.

2. Invertieren einer Relation: Sei $G = \langle X \mid R \rangle$ und $r \in R$. Da $r^{-1} \in \bar{R}$, können wir mit (5.3) die Präsentation $\langle X \mid R, r^{-1} \rangle$ bilden. Anschließend streichen wir mit $(5.3)^{-1}$ die Relation r.

3. Am einfachsten zeigt einem dies GAP:

    ```
    gap> F:=FreeGroup("x","y");;
    gap> x:=F.1;; y:=F.2;;
    gap> G:=F/[x*y*y*x^-1*y^-3, y*x*x*y^-1*x^-3];
    <fp group on the generators [ x, y ]>
    gap> Size(G);
    1
    ```

    Dabei sieht man allerdings nicht, warum das so ist. Versuchen Sie einen Beweis durch eine geschickte Sequenz von Tietze-Transformationen.

4. $\langle a, b, s \mid ab = ba, s^2, as = sb \rangle$ mit Translationen a, b und der Spiegelung s. Eine Normalform ist $a^k b^n s^\delta$ mit $\delta \in \{0, 1\}$ und $n, k \in \mathbb{Z}$. Es kann nämlich jedes Teilwort $sb^d a^e s$ in $a^d b^e$ verwandelt werden, so dass man alle s (bis auf höchstens eines) eliminieren kann.

5. Zwei Worte sind in F konjugiert, wenn man nach freiem Reduzieren das eine als Teilwort im anderen findet, so dass das Komplement sich frei zu 1 reduziert.

Abschnitt 6.1

1. (a) $\langle a, b, c \mid (ab)^4, (bc)^4, (ac)^2 \rangle$.
    (b) Man kann das Quadratgitter nach rechts (oder links) und nach oben (oder unten) verschieben. Diese Verschiebungen erzeugen jeweils eine $\mathbb{Z}$-Komponente. Die Verschiebungen kommutieren untereinander.

2. Die Ordnung ist das kleinste gemeinsame Vielfache von m und n.

3. Die Gruppe wird von einer Translation τ und einer Spiegelung s erzeugt, die miteinander kommutieren. Also $\langle s, \tau \mid s^2, s\tau = \tau s \rangle$, und das ist nach Satz 6.5 eine Präsentation von $\mathbb{Z} \times \mathbb{Z}_2$.

4. $\psi(kp + mq) = (m, k)$. Dass $\mathbb{Z}_n$ isomorph zu $\mathbb{Z}_p \times \mathbb{Z}_q$ (p und q teilerfremd) ist, sieht man auch daran, dass beides zyklische Gruppen derselben Ordnung sind.

5. (a) Das Assoziativgesetz ist verletzt: $(4 \diamond 2) \diamond 2 = 2 \diamond 2 = 1$, aber $4 \diamond (2 \diamond 2) = 4 \diamond 1 = 4$.
    (b) M soll nur aus den Zahlen bestehen, bei denen jeder der Primfaktoren $2, 3, 5$ und 7 nur höchstens einmal vorkommt.
    (c) $\mathbb{Z}_2 \times \mathbb{Z}_2 \times \mathbb{Z}_2 \times \mathbb{Z}_2$.

6. Das Element $(e, 1)$ liegt im Zentrum von $A_n \times \mathbb{Z}_2$, wobei $e \in A_n$ das neutrale Element ist.

Abschnitt 6.2

1. Sei $G = U * V$. Ist $1 \neq u \in U$ und $1 \neq v \in V$, so hat $i(u)j(v)$ unendliche Ordnung in G, wobei $i: U \to G$ und $j: V \to G$ die Inklusionen sind.

2. Nach Definition der freien Gruppe ist $\langle a, b \mid \rangle$ eine Präsentation der freien Gruppe vom Rang 2. Da $\mathbb{Z} = \langle t \mid \rangle$, folgt die Behauptung.

Abschnitt 6.3

1. mn.

2. Sei $G_P < \mathcal{E}(l)$ die Untergruppe, die P festlässt. Die Translationsuntergruppe $T < \mathcal{E}(l)$ ist normal in $\mathcal{E}(l)$. Aus Satz 6.17 folgt $\mathcal{E}(l) = T \rtimes G_P$.

Abschnitt 6.4

1. Hat die Bahn von P zu jeder Scheibe $D \subset \mathbb{R}^2$ nur endlich viele Punkte in D, so kann man als D eine Scheibe wählen, die P enthält. Da D nur endlich viele Punkte der Bahn enthält, hat einer dieser Punkte den kleinstmöglichen Abstand l zu P. Die Scheibe D' mit Radius $l/2$ und Mittelpunkt P enthält kein Bild von P unter G außer P selbst.

3. $\langle a, b \mid ab = ba \rangle$.

Abschnitt 7.1

1. Sei $n = 2^k$. Aus der Relation $xy = y^2 x$ folgt: $xy^{2^{k-1}} x^{-1} = y^{2^k} = y^n = 1$ und deswegen $y^{2^{k-1}} = 1$. Jetzt folgt: $xy^{2^{k-2}} x^{-1} = y^{2^{k-1}} = 1$ und deswegen $y^{2^{k-2}} = 1$ etc.

2. Die Relation $b^2 = aba^{-1}$ gibt quadriert $b^4 = ab^2 a^{-1}$. Ersetzt man b^2 darin durch aba^{-1}, so erhält man $b^4 = a^2 b a^{-2}$. Jetzt folgt

$$b^2 = b^8 = ab^4 a^{-1} = a^3 b a^{-3} = b$$

und deswegen $b = 1$.

3. $G_{2,3} = \langle x, y \mid x^2, y^3, xy = y^2 x \rangle$. Die dritte Relation lässt sich durch Tietze-Transformationen in $xy = y^{-1} x^{-1}$ und damit nach $(xy)^2$ verwandeln. Die Präsentation, die man erhält, entspricht der aus Satz 5.5.

Abschnitt 7.2

1. $G(G) = G$.
2. $\mathbb{Z}_{15}$ ist abelsch, d.h. $\mathbb{Z}_{15}(H) = \mathbb{Z}_{15}$.
3. Zum Beispiel mit GAP:

```
gap> G:=Group((1,3),(1,2,3,4));
Group([ (1,3), (1,2,3,4) ])
gap> Normalizer(G,Subgroup(G,[(2,4)]));
Group([ (2,4), (1,3) ])
gap> Elements(last);
[ (), (2,4), (1,3), (1,3)(2,4) ]
```

Man kann sich aber auch leicht überlegen, dass außer s der Normalisator noch die Spiegelung an der zu s senkrechten Achse und die Drehung um 180 Grad enthält.

Abschnitt 7.3

1. Nach Satz 7.12 sind alle Gruppen der Ordnung p^2 abelsch. Enthält eine solche Gruppe ein Element der Ordnung p^2, so handelt es sich um die Gruppe $\mathbb{Z}_{p^2}$. Ansonsten haben alle nichttrivialen Elemente die Ordnung p. Seien x, y zwei solche, wobei x keine Potenz von y ist. Da die Gruppe abelsch ist, müssen diese beiden Elemente kommutieren, und wir erhalten die Präsentation $\langle x, y \mid x^p, y^p, yx = xy \rangle$.

2. $A_4 \not\cong D_6$, weil die Diedergruppe Drehungen der Ordnung 6 enthält, aber in der Gruppe A_4 haben alle nichttrivialen Elemente die Ordnungen 2 und 3.

3. Das folgt direkt aus Satz 7.13.

4. Hätte die Gruppe A_5 eine Untergruppe der Ordnung 30, so wäre sie, weil sie Index 2 in der A_5 hat, nach Aufgabe 3 von Abschnitt 3.4 ein Normalteiler. Die Gruppe A_5 ist aber nach Satz 4.41 einfach.

5. Alle Permutationen, die sich in der Form (a,b,c,d) darstellen lassen. Das sind 30 verschiedene.

6. Ein Zyklus der Länge k entspricht einer Drehung um $360/k$ Grad in der Gruppe der Drehungen eines regulären k-Ecks. Dieser Zyklus erzeugt die Gruppe, und die Gruppe ist isomorph zu $\mathbb{Z}_k$.

7. (a) Sind a und b zwei Elemente der Gruppe S_n, so lassen sich die Zyklen aus a an b vorbeischieben, deren Elemente in b nicht vorkommen.
   (c) $(5,9)(1,2,6) \circ (1,5,6)(3,9) \circ (6,2,1)(5,9) = (1,2,9)(3,5)$.
   (d) Wegen Satz 4.24 braucht man nur zu prüfen, wie viele Permutationen mit welcher Zyklenstruktur es gibt: $24 = 1 + 3 + 6 + 6 + 8$.

Abschnitt 7.4

1. G kann keine Gleitspiegelung enthalten, denn diese, zweimal hinterein-ander ausgeführt, ist eine Translation. Enthält G eine Drehung und ein weiteres Element, das den Drehpunkt nicht fix lässt, so erzeugen Sie daraus eine Translation. Enthält G keine Drehung, so kann es nur eine Spiegelung enthalten.

2. Sei s die Spiegelung an einer beliebigen Ursprungsgeraden. sO_2^+ sind die Spiegelungen an allen Ursprungsgeraden.

Abschnitt 7.5

1. Weil G fahnentransitiv operiert, operiert es transitiv auf den Ecken, d.h., zu je zwei Ecken gibt es ein Gruppenelement, welches die eine Ecke in die andere abbildet. Also haben je zwei Ecken denselben Grad. Da G transi-tiv auf den n-Ecken operiert, müssen je zwei dieselbe Anzahl Randkanten haben. Aus fahnentransitiv folgt, dass sich je zwei Innenwinkel und je zwei Kanten aufeinander abbilden lassen, und somit sind alle n-Ecke reguläre n-Ecke.

2. $G_{(4,3)}{}^+ = \langle a, b, c \mid a^4, b^3, c^2, abc \rangle$.

3. Sie müssen immer einen von drei Spiegeln nach hinten kippen. Beispiels-weise sehen Sie zwei Seiten eines Würfels, wenn Sie drei Spiegel zu einem gleichschenklig rechtwinkligen Dreieck aufstellen und den Spiegel einer Kathete nach hinten um 45 Grad kippen.

Abschnitt 7.6

1. Es gibt 12 Kanten und damit 2^{12} Färbungen. Wir haben dieselben Kon-jugationsklassen wie in Annas Fall. Für jede der 5 Konjugationsklassen überlege man sich, welche Würfel fix bleiben. Zum Beispiel: Für die 8 Drehungen um die Würfeldiagonalen bleiben je 2^4 Würfel fix.

2. Die Gruppe ist hier die D_8^+, die Gruppe der Drehungen des regulären 8-Ecks. Weil die Gruppe abelsch ist, ist jedes Element seine eigene Konju-gationsklasse. Es gibt 2^8 Weisen, Kerzen zu stecken, ohne die Drehungen zu berücksichtigen. Führt man die Rechnung durch, kommt man auf

$$\frac{1}{8}(2^8 + 2 + 2^2 + 2 + 2^4 + 2 + 2^2 + 2) = 36$$

verschiedene Weisen.

3. Weil G transitiv operiert, gibt es nur eine Bahn, und aus Satz 7.25 folgt $|G| = \sum_{g \in G} |X^g|$. Ist $e \in G$ die Identität, so gilt $|X^e| = |X| > 1$. Würde für alle anderen $g \in G$ gelten $|X^g| \geq 1$, dann wäre $\sum_{g \in G} |X^g| > |G|$.

Abschnitt 8.1

1. Kommutieren die Erzeugenden einer Gruppe, dann kommutieren alle Gruppenelemente miteinander.
2. $Q/Q' = \{id, i, j, k\}$ und $ij = k, ik = j, jk = i, i^2 = j^2 = k^2 = id$, und damit rechnet es sich in Q/Q' wie in der Klein'schen Vierergruppe.
3. $xyx^{-1}y^{-1} = (yxy^{-1}x^{-1})^{-1}$.
4. Sei p die Ordnung von x und q die Ordnung von y. Es gilt $(xy)^{pq} = x^{pq}y^{pq} = e$, weil x und y kommutieren. Ist $n < pq$, so ist $x^n \neq e$ oder $y^n \neq e$. Außerdem gilt $x^n \neq y^{-n}$.

Abschnitt 8.2

1. Das folgt direkt aus dem Klassifikationssatz 8.3.
2. Sei k das kleinste gemeinsame Vielfache von p und q. Dann ist $|U| = k$ und $U \cong \mathbb{Z}_k$.

Abschnitt 8.3

1. Sei G auflösbar. Dann gibt es nach Lemma 8.8 ein $k \in \mathbb{N}$, sodass $G^{(k)} = \{e\}$. Ist H Untergruppe von G, folgt wegen $H^{(i)} < G^{(i)}$ (beweisen Sie das mit Hilfe von Lemma 8.14 für den Homomorphismus, der H nach G einbettet) die Behauptung.
2. In Abschnitt 8.1 haben wir gesehen, dass die Kommutatoruntergruppe der D_n eine Gruppe von Drehungen ist, die abelsch ist.
3. $H \triangleleft G$, $G/H = J$, und wenden Sie Satz 8.15 an.
4. Ist U Untergruppe der nilpotenten Gruppe G mit der Zentralreihe $G = N_0 \triangleright N_1 \triangleright \ldots \triangleright N_k = \{e\}$, so ergeben die Gruppen $U \cap N_i$ eine Zentralreihe für U.

Abschnitt 9.2

1. Isometrien sind längenerhaltend. Würde eine Gerade durch eine Isometrie auf eine „krumme" Linie abgebildet, so würden sich unter der Abbildung Längen verkürzen.
2. Es ist zu beweisen, dass es zu je zwei Geraden g, h der hyperbolischen Ebene eine Isometrie gibt, die g auf h abbildet. Man bilde dazu g per Translation oder Spiegelung so ab, dass es sich mit h schneidet. Anschließend drehe man um den Schnittpunkt.
3. Nein.

Abschnitt 9.3

1. Liegen beispielsweise zwei Eckpunkte des Fundamentalbereichs auf dem Rand der hyperbolischen Ebene, und an der dritten Ecke gibt es einen Winkel von 90 Grad, so erhalten wir die Präsentation $\langle a, b, c \mid a^2, b^2, c^2, (ab)^2 \rangle$.

2. (a) Wir erhalten den Cayley-Graphen durch Dualisieren der Zerlegung. Um jede Ecke der Zerlegung erhalten wir dual ein Viereck, welches zu den Relationen vom Typ $(s_a s_b)^2$ führt.

    (b) Jedes d_i entspricht einer Drehung um 180 Grad, und man erhält die Relationen d_i^2. Die letzte Relation erkläre man sich anhand von Abbildung 9.9.

3. $\langle s_1, s_2 \mid s_1^2, s_2^2, (s_1 s_2)^2 \rangle$.

Abschnitt 10.1

1. Abbildung 5 zeigt ein van Kampen Diagramm zu $d^2 s d^2 s$.

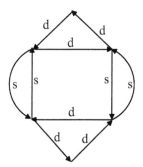

Abbildung 5: van Kampen Diagramm zu $d^2 s d^2 s$

2. Wir streichen die Erzeugenden $-k, -i, -j$ und die Relationen $ji = -k, kj = -i, ik = -j$. Wir streichen ebenso -1 und $j^2 = -1$. Ersetze i durch jk in den Relationen und erhalte: $k^2 = j^2, k = jkj$ und $j = kjk$. Zuletzt zeige man, dass die zweite Relation Folge der übrigen ist.

3. Erzeugen Sie zuerst $a = ba^{-1}b$. Das heißt $a^3 = ba^{-1}b^2a^{-1}b^2a^{-1}b$. Es folgt $a^3 = ba^3b = b^4 = b^2a^3$ und deswegen $b^2 = 1$ und damit $a^3 = 1$. Diese Trivialisierungsschritte lassen sich in ein van Kampen Diagramm verwandeln.

Abschnitt 10.2

1. Der Mittelpunkt x einer Kante im Cayley-Graphen Γ hat den Abstand $1/2$ von einem Randpunkt P der Kante. Deswegen hat $f(P)$ den Abstand höchstens $c/2$ von $f(x)$. $g(f(x))$ hat dann höchstens den Abstand $c \cdot c/2$ von P und den Abstand $(c^2 + 1)/2$ von x.

2. Die Abbildung f von den Ecken von $\Gamma_{\mathbb{Z}}(1)$ auf die Ecken von $\Gamma_{\mathbb{Z}}(2,3)$ mit $f(n) = n$ ist eine quasi-Isometrie mit $\lambda = 3$ und $\epsilon = 0$.

Abschnitt 10.3

1. Sei ein van Kampen Diagramm zur Relation w gegeben. Nach dem Anmultiplizieren einer definierenden Relation an eine andere hat das neue
   van Kampen Diagramm zu w höchstens zweimal so viele Gebiete wie das
   alte.

2. Man erhält die Ungleichungen:

$$4S \leq 2K - k \tag{5}$$

und

$$5V - 3k \leq 2K - \bar{K} \tag{6}$$

Addiert man das Vierfache von (5) zum Dreifachen von (6), so erhält
man mit weiteren Umformungen die isoperimetrische Ungleichung:
$S \leq 5l(w) - 15$.

3. Zum Beispiel kommt in der definierenden Relation oder ihrer Inversen
   das Wort ba^{-1} nur genau einmal vor. Mit allen anderen Teilworten der
   Länge 2 der definierenden Relation verhält es sich genauso.

Abschnitt 10.4

1. Ja. Ihre Cayley-Graphen sind quasi-isometrisch zum Cayley-Graphen
   $\Gamma_{\mathbb{Z}}(1)$.

2. Die Operation auf dem Cayley-Graphen bildet Kanten mit ihren End-
   punkten auf Kanten mit den entsprechenden Bildern der Endpunkte ab.
   Deswegen werden ganze Wege auf Wege gleicher Länge abgebildet. Die
   Operation ist also längenerhaltend.

3. Zeichnen Sie den Cayley-Graphen dieser Gruppe, und vollziehen Sie die
   Beweisskizze aus Beispiel 10.23 nach.

Abschnitt 10.5

1. Es gelte $|w_g| \leq c \cdot d_G(1, g)$ für alle $g \in G$. Sei $g \in G$, und der Weg w_g
   bestehe aus den Punkten $1, g_1, g_2, \ldots, g_{n-1}, g$ (in der Reihenfolge). Es
   seien λ, ϵ die Konstanten aus der Definition der Quasiisometrie, und es
   gelte $f(1) = 1$ in Γ_H. Wählen wir den Weg $w_{f(g)}$ passend aus den Bildern
   des Wegs des Urbilds, so folgt:

$$|w_{f(g)}| = d_H(f(1), f(g_1)) + d_H(f(g_1), f(g_2)) + \ldots + d_H(f(g_{n-1}), f(g))$$

$$= |w_g| \cdot (\lambda + \epsilon) \leq c \cdot d_G(1, g) \cdot (\lambda + \epsilon) \leq c' \cdot d_H(f(1), f(g)) \cdot (\lambda + \epsilon)$$

2. Wie bei $\mathbb{Z} \times \mathbb{Z}$ sortiere man die Worte nach den Erzeugenden.

G   Erläuterungen zur Literatur

Eine schöne Einführung in euklidische Geometrie und in Weiterführendes zum Kapitel 1 findet sich in [Jen97] und [AF09]. Elementare einführende Bücher in die Gruppentheorie sind: [Ale75], [Far96], [Fra89], [Glo16], [Göt97], [GM71], [Mit77], [Sie66]. Aus ihnen stammt im Wesentlichen das Material für die ersten zwei Kapitel, Teile von Kapitel 3 und der Abschnitt über die symmetrische Gruppe aus Kapitel 4. Die Darstellung in diesen Büchern ist jedoch weniger geometrisch als hier. Unserem Ansatz ähnlich ist [DC04]. In [Car09] werden besonders anschaulich und elementar viele Sachverhalte am Cayley-Graphen erklärt. [Wey55] gibt eine wunderschöne Einführung in Symmetrie. [BR98a] und [BR98b] bereiten die Anfangsgründe für die Schule auf. Vieles von dem, was hier behandelt wird, findet sich auch in [Mei08] und wird dort noch weitergeführt. Ein wunderschönes Buch, aber ohne die Teile über hyperbolische Gruppen. Die geometrischen Sätze in diesem Buch finden sich oft in [Qua94].

Etwas anspruchsvoller sind [Art98], [Bud72], [Rob95], [KM09] und [Sti96]. Diese Bücher decken insbesondere die Kapitel 1–3 ab und behandeln darüber hinaus Material aus den Kapiteln 4 (4.1–4.5), 5, 6 und 7. Die Abschnitte 3.5 und 4.6 und weiteres zu Gruppenoperationen in der Geometrie findet sich in [CM79], sehr anregend in [Lyn85], [Mag74], [Mil68] und [NST94]. [BH99] ist relativ anspruchsvoll. [Thu97] konzentriert sich mehr auf die Geometrie. In [Hen12] werden die Bandornamente klassifiziert. In [Ros05] werden erste Ansätze als Ideen für die Schule vorgestellt.

Kapitel 5 wird in [Coh89], [Joh90], [LS77] und [MKS76] weiter ausgeführt. Eine Übersicht über Entscheidungsfragen für Gruppenpräsentationen findet sich in [HR93a].

Ausführlichere Einführungen in die hyperbolische Geometrie als in Kapitel 9 bieten elementar und sehr schön [Sin97], [Fil93], [HCV96], [Ced91], [Cox63], [FG91], [NST94] und [Sti92]. [Mag74] geht ausführlich auf Zerlegungen der hyperbolischen Ebene ein. Eine leicht lesbare Einführung in das Poincaré'sche Kreismodell findet sich in [Tru98] und in [AF09]. Mehr Details stehen in [Moi90].

Die Inhalte von Kapitel 10 finden sich nur wenig oder ansatzweise in Büchern. Fündig wird man am ehesten in [Löh17], [dlH00], [CRR08] aber auch in [BH99], [BRS07] oder [CDP90]. Zeitschriftenartikel dazu gibt es aber viele, siehe unter vielen anderen [A⁺91], [How99], [HR93a], [NS96] und die dort zitierte Literatur. Die beste Referenz für Abschnitt 10.5 ist [E⁺92].

Viele Bücher nutzen Matrixgruppen als Beispiele für Gruppen. Mehr zu Matrixgruppen als im Anhang findet sich beispielsweise in [Arm88], [Art98], [Cig95], [NST94], [Rob95] und [Rot95].

Literatur

[A+91]   J. Alonso et al. Notes on word hyperbolic groups. In H. Short, editor, *group theory from a geometrical viewpoint*, Seite 3–63. World Scientific, 1991.

[AF09]   I. Agricola und T. Friedrich. *Elementargeometrie.* vieweg und teubner Verlag, 2009.

[Ale75]   P.S. Alexandroff. *Einführung in die Gruppentheorie.* VEB, Deutscher Verlag der Wissenschaften, Berlin, 1975. (Moskau 1951).

[Arm88]   M.A. Armstrong. *Groups and Symmetry.* Springer, 1988.

[Art98]   M. Artin. *Algebra.* Birkhäuser Verlag, Basel, 1998.

[BH99]   M. Bridson und A. Haefliger. *Metric Spaces of non-positive Curvature.* Grundlehren der mathematischen Wissenschaft, 319. Springer Verlag, 1999.

[Bog08]   O. Bogopolski. *Introduction to Group Theory.* EMS Texbooks in Mathematics. European Mathematics Society Publishing House, 2008.

[BR98a]   D. Baldus und S. Rosebrock. Isometrien und ihre Verkettungen (Teil I). *Mathematik in der Schule 3*, Seite 144–156, 1998.

[BR98b]   D. Baldus und S. Rosebrock. Isometrien und ihre Verkettungen (Teil II). *Mathematik in der Schule 4*, Seite 209–220, 1998.

[BRS07]   N. Brady, T. Riley, und H. Short. *The Geometry of the Word Problem for Finitely Generated Groups.* Advanced Courses in Mathematics. Birkhäuser Verlag, Basel, 2007.

[Bud72]   F.J. Budden. *The Fascination of Groups.* Cambridge University Press, 1972.

[Can02]   J. W. Cannon. Geometric group theory. In R.J. Daverman und R.B. Sher, Editoren, *Handbook of Geometric Topology*, Seite 261–305. Elsevier Science B.V., 2002.

© Springer-Verlag GmbH Deutschland, ein Teil von Springer Nature 2020
S. Rosebrock, *Anschauliche Gruppentheorie*,
https://doi.org/10.1007/978-3-662-60787-9

[Car09] N. Carter. *Visual Group Theory*. Mathematical Association of America, 2009.

[Car19] N. Carter. Group explorer 3.0. `https://nathancarter.github.io /group-explorer/index.html`, 2019.

[CDP90] M. Coonaert, T. Delzant, und A. Papadopoulos. *Géometrie et théorie des groupes, Les groupes hyperboliques de Gromov*. Lecture Notes in Mathematics 1441. Springer Verlag, New York, 1990.

[Ce17] M. Clay und D. Margalit (eds.). *Office hours with a geometric group theorist*. Princeton University Press, 2017.

[Ced91] J. N. Cederberg. *A Course in Modern Geometries*. Undergraduate Texts in Mathematics. Springer Verlag, New York, 1991.

[Cig95] J. Cigler. *Körper, Ringe, Gleichungen*. Spektrum Akademischer Verlag, Heidelberg, 1995.

[CM79] H. S. M. Coxeter und W. O. J. Moser. *Generators and Relations for Discrete Groups*. Springer, 1979.

[Coh89] D. E. Cohen. *Combinatorial Group Theory: a topological approach*. London Mathematical Society Student Texts, 14. Cambridge University Press, 1989.

[Cox63] H. S. M. Coxeter. *Unvergängliche Geometrie*. Birkhäuser Verlag, Basel, 1963.

[CRR08] T. Camps, V.g. Rebel, und G. Rosenberger. *Einführung in die kombinatorische und die geometrische Gruppentheorie*. Berliner Studienreihe zur Mathematik, Band 19. Heldermann Verlag, 2008.

[DC04] S. V. Duzhin und B. D. Chebotarevsky. *Transformation Groups for Beginners*, volume 25 of *Student Mathematical Library*. American Mathematical Society, 2004.

[dlH00] P. de la Harpe. *Topics in Geometric Group Theory*. Chicago Lectures in Mathematics; The University of Chicago Press, 2000.

[E+92] D.B.A. Epstein et al. *Word Processing in Groups*. Jones and Bartlett, 1992.

[Far96] D.W. Farmer. *Groups and Symmetry*, volume 5 of *Mathematical World*. American Mathematical Society, 1996.

[FG91] P. A. Firby und C. F. Gardiner. *Surface Topology*. Ellis Horwood Limited, 1991.

[Fil93]   A. Filler. *Euklidische und nichteuklidische Geometrie*. BI Wissenschafts-
           verlag, 1993.

[Fis17]   G. Fischer. *Lehrbuch der Algebra*. Springer Spektrum. Springer Verlag,
           New York, 2017.

[Fra89]   J.B. Fraleigh. *A first course in abstract algebra*. Addison Wesley, 1989.

[GAP19]   GAP. GAP – Groups, Algorithms, and Programming, Version 4.10.2.
          (https://www.gap-system.org), 2019.

[Glo16]   T. Glosauer. *Elementar(st)e Gruppentheorie*. Springer Spektrum. Sprin-
           ger Verlag, New York, 2016.

[GM71]   I. Grossmann und W. Magnus. *Gruppen und ihre Graphen*. Klett Stu-
           dienbücher, Stuttgart, 1971.

[Göt97]   P. Göthner. *Elemente der Algebra*. Mathematik-abc für das Lehramt.
           B.G.Teubner Verlagsgesellschaft, Stuttgart, Leipzig, 1997.

[Gro87]   M. Gromov. Hyperbolic groups. In S. Gersten, editor, *Essays in Group
           Theory*, volume 8 of *M.S.R.I. series*, Seite 75 – 263. Springer Verlag,
           1987.

[HCV96]   D. Hilbert und S. Cohn-Vossen. *Anschauliche Geometrie*. Springer Ver-
          lag, 1996.

[Hen12]   H.-W. Henn. *Geometrie und Algebra im Wechselspiel*. Springer Spek-
           trum, 2012.

[How99]   J. Howie. Hyperbolic groups lecture notes. unpublished, 1999.

[HR93a]   G. Huck und S. Rosebrock. Applications of diagrams to decision pro-
           blems. In A. Sieradski C. Hog-Angeloni, W. Metzler, editor, *Two-
           dimensional homotopy and combinatiorial group theory*, volume 197 of
           London Math. Soc. Lecture Note Ser., Seite 189–218. Cambridge Univer-
           sity Press, 1993.

[HR93b]   G. Huck und S. Rosebrock. A bicombing that implies a sub-exponential
           isoperimetric inequality. *Proceedings of the Edinburgh Math. Soc.*,
           36:515–523, 1993.

[Jen97]   G. A. Jennings. *Modern Geometry with Applications*. Universitext. Sprin-
           ger Verlag, New York, 1997.

[Joh90]   D. L. Johnson. *Presentations of Groups*. London Mathematical Society
           Student Texts, 15. Cambridge University Press, 1990.

[Joy02]   D. Joyner. *Adventures in Group Theory*. The Johns Hopkins University
           Press, 2002.

[KM09]   C. Karpfinger und K. Meyerberg. *Algebra*. Spektrum akademischer Verlag, 2009.

[Löh17]   C. Löh. *Geometric Group Theory*. Universitext. Springer Verlag, New York, 2017.

[LS77]   R. Lyndon und P. Schupp. *Combinatorial group theory*. Springer Verlag, Berlin, 1977.

[Lyn85]   R.C. Lyndon. *Groups and Geometry*, volume 101 of *London Math. Soc. Lecture Note Ser.* Cambridge University Press, 1985.

[Mag74]   W. Magnus. *Non-euclidian Tesselations and Their Groups*. Academic Press, New York, 1974.

[Mei08]   J. Meier. *Groups, Graphs and Trees*. London Mathematical Society Student Texts, 73. Cambridge University Press, 2008.

[Mil68]   J. Milnor. A note on curvature and fundamental group. *J. of Diff. Geometry (2)*, Seite 1–7, 1968.

[Mit77]   A. Mitschka. *Elemente der Gruppentheorie*. Herder Verlag, 1977.

[MKS76]   W. Magnus, A. Karrass, und D. Solitar. *Combinatorial Group Theory*. Dover Publications, New York, 1976.

[Moi90]   E.E. Moise. *Elementary Geometry from an Advanced Standpoint*. Addison-Wesley MA, Third Edititon, 1990.

[NS96]   W. Neumann und M. Shapiro. A short course in geometric group theory. *Notes for the ANU Workshop*, 1996.

[NST94]   P. Neumann, G. Stoy, und E. Thompson. *Groups and Geometry*. Oxford Science Publications, 1994.

[Qua94]   E. Quaisser. *Diskrete Geometrie*. Spektrum Akademischer Verlag, 1994.

[Rat94]   J. G. Ratcliffe. *Foundations of hyperbolic Manifolds*. Graduate Texts in Mathematics 149. Springer Verlag, New York, 1994.

[Rob95]   D. J. S. Robinson. *A Course in the Theory of Groups*. Graduate Texts in Mathematics 80. Springer Verlag, New York, 1995.

[Ros05]   S. Rosebrock. Aus Spiegelachsen Figuren bauen. *Mathematikinformation*, 42:59–65, 2005.

[Rot95]   J. J. Rotman. *An Introduction to the Theory of Groups*. Graduate Texts in Mathematics 148. Springer Verlag, New York, 1995.

[Sie66]   K. Sielaff. *Einführung in die Theorie der Gruppen*, Band 4 der *Schriftenreihe zur Mathematik*. Otto Salle Verlag, 1966.

[Sin97]   D. A. Singer. *Geometry: Plane and Fancy*. Undergraduate Texts in Mathematics. Springer Verlag, New York, 1997.

[Sti92]   J. Stillwell. *Geometry of Surfaces*. Universitext. Springer Verlag, New York, 1992.

[Sti96]   J. Stillwell. *Elements of Algebra*. Undergraduate Texts in Mathematics. Springer Verlag, New York, 1996.

[Thu97]   W. Thurston. *Three-dimensional Geometry and Topology, Volume I*. Princeton Mathematical Series. Princeton University Press, 1997.

[Tru98]   R. Trudeau. *Die geometrische Revolution*. Birkhäuser Verlag, 1998.

[Wey55]   Hermann Weyl. *Symmetrie*. Birkhäuser Verlag, 1955.

Index

© Springer-Verlag GmbH Deutschland, ein Teil von Springer Nature 2020
S. Rosebrock, *Anschauliche Gruppentheorie*,
https://doi.org/10.1007/978-3-662-60787-9